社会资本参与生态环境保护的
市场化机制研究

杨冬民　亢佳欣　著

国家社会科学基金资助项目"社会资本参与生态环境保护的
市场化机制研究"（编号：14XJY006）

科 学 出 版 社

北 京

内 容 简 介

本书从三个方面展开研究。首先,分析了我国社会资本参与生态环境保护市场化的投资状况、主要方式及模式和领域,同时对国外社会资本参与生态环境保护的经验和启示进行了论述。其次,本书论述了社会资本参与生态环境保护市场化机制,包括供求机制、定价机制、合作竞争机制和激励约束机制,并明确了社会资本参与生态环境保护市场化的路径及相应的政策体系。最后,以江苏省和陕西省为例,介绍了发达地区和中西部地区在社会资本参与生态环境保护市场化机制方面的运作方式及政策措施。

本书从理论构建和实践应用两方面对社会资本参与生态环境保护市场化机制进行了深入研究,对从事社会资本参与生态环境保护项目的企业人员、政府相关部门、高校科研单位研究者都具有借鉴价值。

图书在版编目(CIP)数据

社会资本参与生态环境保护的市场化机制研究/杨冬民,亢佳欣著.
—北京:科学出版社,2019.12
ISBN 978-7-03-059325-2

Ⅰ.①社… Ⅱ.①杨… ②亢… Ⅲ.① 社会资本-关系-生态环境保护-研究-中国 Ⅳ.①X321.2

中国版本图书馆 CIP 数据核字(2018)第 250678 号

责任编辑:陈会迎 / 责任校对:贾娜娜
责任印制:张 伟 / 封面设计:无极书装

科 学 出 版 社 出版
北京东黄城根北街 16 号
邮政编码:100717
http://www.sciencep.com

北京凌奇印刷有限责任公司 印刷
科学出版社发行 各地新华书店经销

*

2019 年 12 月第 一 版 开本:720×1000 B5
2021 年 1 月第二次印刷 印张:14 3/4
字数 300 000
定价:**106.00 元**
(如有印装质量问题,我社负责调换)

作者简介

　　杨冬民，女，1963年12月生，陕西澄城人。西安理工大学经济与管理学院教授、硕士生导师、经济学博士。西安理工大学人口、资源与环境经济学学术带头人，陕西省区域经济学研究会副会长，民盟陕西省经济委员会委员。先后主持国家社会科学基金项目及省市研究项目10多项，发表论文40多篇，研究报告获省级优秀成果3项。

前　言

　　树立和践行绿水青山就是金山银山的理念，形成绿色发展方式和生活方式，是十九大报告的内涵之一。经济发展带来的生态环境破坏及环境修复问题逐渐被社会大众所关注，抓住经济转型的关键时期，转变经济发展方式，大力推进可持续发展是经济良性循环的重要助推力。要在经济新常态的局势下，有效治理生态环境问题，单靠政府的财政支持难以为继，需要引入社会资本参与，通过市场化路径高效解决生态环境保护问题，十九大报告中也提出"构建政府为主导、企业为主体、社会组织和公众共同参与的环境治理体系"①。

　　我国政府历来重视生态环境保护工作。"十二五"以来，政府大力支持环境保护工作的推进，生态环境保护全面覆盖大气、水、土壤污染防治等各个方面，持续加大生态环境保护力度。"十三五"期间，经济社会发展不平衡、不协调、不可持续的问题仍然突出，多阶段、多领域、多类型生态环境问题交织，生态环境与人民群众需求和期待差距较大，提高生态环境质量，加强生态环境综合治理，加快补齐生态环境短板，是当前核心任务。我国经济与生态环境发展不平衡的问题日益突出，治理难度较高，且所需资金投入较大。虽然政府制定的排放标准越来越严，治理投入也不断增加，但政府失灵所造成的交易成本和效率损失的客观存在，使生态环境保护和修复问题依然没有得到有效解决，单纯依靠政府有限的财政投入已经远远不能满足社会公众对生态环境保护的需求。按照目前的治理模式达不到应有的治理效果，需要转变思路，寻求一种更加有效的治理方式，来提高生态环境保护的有效性。在生态环境治理领域运用较成功的模式是社会资本参与方式，广泛应用于水污染治理、固体废弃物处理等领域，经过实践检验，相对于传统治理方式而言，社会资本参与生态环境治理方式确实能够有效提高治理效率。

　　十八届三中全会提出了允许社会资本通过特许经营等方式参与城市基础设施投资和运营。国家出台了一系列的政策支持社会资本参与生态环境保护。2010年5月国务院发布的《国务院关于鼓励和引导民间投资健康发展的若干意见》（国发〔2010〕13号）对支持和引导社会资本进入公共事业领域发展起了积极的促进作用。自该意见出台以来，我国民间投资不断发展壮大，已经成为带动经济增长、

_____
① http://sh.people.com.cn/n2/2018/0313/c134768-31338145.html.

促进产业转型升级、繁荣城乡市场、扩大社会就业的中坚力量。把社会资本引入生态环境保护领域对解决我国生态环境保护投资的资金短缺问题、提高生态环境保护效率具有非常重要的意义，这也是我国政府的重大举措。关于政府与社会资本合作问题，2014 年以来政府有关部门陆续出台了一系列相关文件，如《关于推广运用政府和社会资本合作模式有关问题的通知》(财金〔2014〕76 号)、《关于政府和社会资本合作示范项目实施有关问题的通知》(财金〔2014〕112 号)、《关于印发政府和社会资本合作模式操作指南(试行)的通知》(财金〔2014〕113 号)、《国家发展改革委关于开展政府和社会资本合作的指导意见》(发改投资〔2014〕2724 号)、《国务院办公厅转发财政部发展改革委人民银行关于在公共服务领域推广政府和社会资本合作模式指导意见的通知》(国办发〔2015〕42 号)、《国务院关于印发土壤污染防治行动计划的通知》(国发〔2016〕31 号)等，这些文件内容主要涉及各行业主管部门征集政府和社会资本潜在合作项目事宜，其中一定数目文件涉及与生态环境保护、治理有关的项目。随之而来，政府与社会资本合作项目在生态环境污染治理领域受到广泛重视。在 2016 年上半年环境保护部组建设立了水环境管理司、大气环境管理司及土壤环境管理司，出台了《土壤污染防治行动计划》和《关于积极发挥环境保护作用促进供给侧结构性改革的指导意见》，推广环境保护项目的政府和社会资本合作模式，后者还提出国家将在全国范围内组织建立环境保护社会资本参与的中央项目储备库，并向社会推介优质项目。国家进一步明确"十三五"期间要形成政府、企业、公众共治的治理体系。

由此可见，社会资本参与生态环境保护的模式已经受到政府和社会层面的高度重视，并且能够成为未来生态环境污染治理的重要发展方向，但是结合我国的生态环境保护现状来看，环境保护投资的产出较低，环境保护效率不高，究其根本原因是在生态环境保护领域未系统构建社会资本参与的市场化机制。关于生态环境保护市场化问题，已有研究成果做出了多视角的解释，但对社会资本参与生态环境保护市场化机制的研究不够深入，没有制定具体的社会资本参与生态环境保护市场化机制实现路径和政策体系。因此，深入挖掘市场化机制在配置社会资本参与生态环境保护中的巨大潜力，建立与其相应的生态环境保护市场化机制、路径与政策体系是需要深入研究的问题。只有建立社会资本参与生态环境保护市场化机制，才能提高社会资本参与生态环境保护的积极性，从而保障生态环境保护领域有效的市场化运作，并最终实现生态环境保护的高效率。

本书对已有成果进行综述，综合实地调研报告，围绕主题展开了研究，构建了社会资本参与生态环境保护市场化机制，从而对提升生态环境保护效率提出政策建议。本书主要研究工作包括以下内容。

(1)社会资本参与生态环境保护的现状及国外经验和启示。社会资本对提高生态环境保护绩效有显著的正效应。生态环境保护投资是一项持续的、需要大量投入的事业，虽然我国的生态环境保护投资规模呈不断扩大趋势，但生态环境保护投资总量仍然不足，投资效率不高。通过构建社会资本对生态环境保护影响的计量模型，运用 SPSS19.0 软件，采用最小二乘法对该模型进行估计。回归结果表明，社会资本对提高生态环境保护效率、改善生态环境现状有显著的正效应，且其贡献远大于生态环境保护的政府投资和人员投入。国外社会资本参与生态环境保护市场化机制经验对我国具有借鉴价值。

（2）构建我国社会资本参与生态环境保护市场化机制。首先，在分析影响供求均衡内在和外在因素的基础上，建立生态环境保护商品供求互动平衡模型，基于需求表达的偏好显示、需求传递路径的通畅、供给主体责权利关系的界定、供给方式的选择等方面构建供求机制。其次，在进行定价机制的设计中，从生态环境领域与资源属性的确定、产权价值与补偿成本的核算、人工价值的确定等方面计算生态环境保护商品价格。再次，在合作竞争机制构建中，通过分析影响市场主体行为的主要因素，得出从行为主体合作关系的形成、资源共享机制、协调机制、风险分担和利益共享机制四方面构建生态环境保护主体间的合作机制，从主体间有效竞争的形成、社会资本的进入与退出机制、垄断控制机制及恶性竞争控制机制方面来构建生态环境保护主体间的竞争机制。最后，在构建激励约束机制模型的基础上，从报酬激励、控制权激励和声誉激励等方面探讨社会资本参与生态环境保护市场化激励约束机制作用机理及机制设计。

（3）构建社会资本参与生态环境保护市场化的路径和政策体系。界定社会资本的进入条件和方式、刺激对生态环境保护商品的供给与需求、完善生态环境保护商品定价的必要条件、规范生态环境保护市场的竞争秩序、采取合理的激励约束措施及完善生态环境保护领域的配套服务体系。本书通过政策导向、法律规范、环境评价、资源定价等研究政府应采取的政策支撑体系。

（4）社会资本参与生态环境保护市场化机制应用分析。我国不同经济发展地区社会资本参与生态环境保护市场化程度存在差异。本书选取江苏省和陕西省社会资本参与生态环境保护市场化的具体项目进行分析，研究发现，江苏省由于经济实力相对较强，社会资本参与生态环境保护市场化的时间也较陕西省早，为西部经济欠发达地区实施社会资本参与生态环境保护市场化提供了经验借鉴。

本书以国家社会科学基金项目"社会资本参与生态环境保护的市场化机制研究"（立项号：14XJY006）的研究报告为主体，经过整理及进一步研究形成。在研究过程中，从社会调研、查阅资料、数据核对、图表制作到初稿形成，我的历届研究生做了大量工作。其中，王雪、申淑娟、潘雨参与了第 1 章研究，李勇卓、王雪参与了第 2 章研究，王倩、黄蕾参与了第 3 章研究，田维越、亢佳欣参与了第 4 章研究，申淑娟、李鹏伟参与了第 5 章研究，李勇卓参与了第 6 章研究，亢佳欣、李勇卓参与了第 7 章研究，李勇卓参与了第 8 章研究，王倩、亢佳欣参与了第 9 章研究，李鹏伟、周盼盼参与了第 10 章研究，王倩、李鹏伟、周盼盼、潘雨及尚嘉欣等做了大量文字校对工作，对本书的顺利出版做出了积极的贡献。

　　本书围绕社会资本参与生态环境保护市场化机制构建进行了系统研究，但由于社会资本参与生态环境保护市场化机制的构建属于新时代背景下的新问题，涉及多方面的知识，且研究时间有限，获取资料数据有一定难度，有些地方研究还不够深入，存在不足之处在所难免，希望各位同行批评指正。

杨冬民

2019 年 9 月于西安

目 录

第1章 社会资本参与生态环境保护市场化现状

本章着重从相关概念与国内外研究动态、社会资本参与生态环境保护市场化的可行性、社会资本参与生态环境保护市场化的发展概况、社会资本参与生态环境保护市场化绩效影响的实证研究、社会资本参与生态环境保护市场化机制存在的问题等方面展开分析。

1.1 相关概念与国内外研究动态

1.1.1 相关概念界定

（1）社会资本与生态环境保护

1）社会资本。社会资本原是社会学概念，20世纪90年代以来，经济增长理论认为社会资本是影响经济增长的重要因素。

仇颖（2011）将社会资本的存在形式分为经营性资本、投资性资本和金融性资本三种。宋健和刘艳（2016）认为非政府所有的资本就属于社会资本，即社会资本是不包括政府资本和国有企业资本的国内所有资本的统称，这些社会资本就是民营企业的流动资产及家庭的闲散资金。还有些学者提出社会资本就是某个国家或地区除去国有资本和外商资本的所有资本之和，这些资本被民营企业和股份制企业的私人股份所持有。本书基于已有研究，认为社会资本与政府资本平级，是除政府财政投资、由本级政府控股的国有企业资本之外的国内各种类型的经营资本。

2）生态环境保护。生态与环境是人类生存繁衍和传承发展的必要物质保障。生态环境保护通常是指人类以对生态环境问题进行治理，处理人与生态环境的关系，保护人们赖以生存的自然环境及促进社会和经济发展为目的而实施的一系列行为的总称。本书研究的生态环境保护主要是指污染物防治管理、资源可持续管理和生态环境保护建设等，社会资本的参与将不断完善生态环境保护市场化机制，以实现保护生态环境的目的。

3）社会资本参与生态环境保护。其主要通过社会资本的投融资机制逐步集聚资金，集聚的资金通过生态环境保护市场化机制不断优化生态环境现状，解决我国现阶段存在的生态环境问题。本书认为社会资本参与生态环境保护是指社会资本通过不同的投融资机制集聚资金，并将这些资金引入生态环境保护的进程中，不断完善生态环境保护市场化机制，以实现生态环境保护的目的。

(2)社会资本参与生态环境保护市场化

1)生态环境保护市场化。相关学者的主要定义包括：黄立新(2016)认为生态环境保护市场化就是政府采用激励手段促使企业积极加入环保产业，建立完善的生态环境保护商品和服务体系，通过市场这只"看不见的手"来更好地促进政府实现其生态环境保护的目标。储成君等(2017)基于环境保护产业的角度提出了生态环境保护市场化的定义，即在生态环境保护领域形成以生态环境保护为经营内容的环境保护企业。本书对生态环境保护市场化定义如下：在政府宏观调控的大背景下，引入市场运营机制，运用市场手段，在市场化机制的引导下，以法律为保障，以企业为主体，实现生态环境保护全方位的市场化。

2)社会资本参与生态环境保护市场化。其是指生态环境保护产业在成长过程中，形成以完整的生产要素市场为基础，以生态环境保护商品市场为导向，以社会资本为主体，按照市场的实际需求进行生产运营，社会资本以获取市场利润为起点的专业分工型环境保护产业经营方式。

(3)社会资本参与生态环境保护市场化机制

本书研究的社会资本参与生态环境保护市场化机制主要包括供求机制、定价机制、竞争机制、激励约束机制。

1)供求机制。供求机制是指市场上物品供求双方一种价值运动的平衡机制，是对市场主体构成、供求方式、供求变化机理的分析。在这个过程中，供求双方始终处于一种动态的关系，使得市场上生态环境保护商品的供给与需求始终相互制约并达到短期均衡和长期均衡的状态。

2)定价机制。定价机制是社会资本参与生态环境保护市场化机制的重要内容之一。本书首先对生态环境保护商品价值内涵、价值特性与价格构成进行了简单的概述；其次分析了生态环境保护商品定价主体；再次明确了生态环境保护商品的定价原则；最后分析了生态环境保护商品定价方法和程序。

3)竞争机制。竞争机制是市场机制的内容之一，是指市场主体为了追求各自利益而进行资源等的竞争。合理的竞争机制有利于生态环境保护市场公平、有效运行。它是价格变动、资金和劳动力流动等市场活动之间的桥梁。除了买卖双方之间存在竞争，买方和卖方内部也存在竞争。

4)激励约束机制。生态环境保护属于公共产品领域，社会资本自愿参与的动力不足，需要政府给予一定的激励措施，吸引社会资本参与生态环境保护。社会资本参与之后，为了提高社会资本的努力程度，政府需要继续通过激励机制来提高社会资本的积极性，从而达到生态环境保护的目标。为了实现生态环境保护的效益，政府还需要通过一定的约束机制来监督社会资本在参与过程中的表现，约束其不良行为。

社会资本参与生态环境保护市场化机制主要是指通过激活社会资本，释放市场活力，完善供求机制、定价机制、竞争机制和激励约束机制等市场化机制，使生态环境有效改善。

1.1.2　国内外研究动态

（1）社会资本投资相关研究

关于社会资本的投资情况，国内学者的研究主要集中在社会资本投资领域、影响社会资本发展因素和社会资本投融资模式等方面。

1）社会资本投资领域。21 世纪以来，众多学者着力研究如何刺激社会资本投资城市基础设施建设的积极性。Matthews 和 Marzec（2012）认为吸引广大社会资本参与准公益性水利项目建设具有重要的现实意义，并针对准公益性水利项目的特点，为准公益性水利项目吸引社会资本投入有关政策制定提供建议。苑德宇（2013）、严成樑和龚六堂（2014）等相继分析了将社会资本投入城市基础设施建设等领域的可行性及投入的具体方式。王译（2012）、崔昊哲（2014）分别就建设非免费的公路和发展天然气产业中如何引入社会资本进行了系统的研究。

随着我国社会资本投资领域的不断拓宽，很多学者开始研究社会资本参与新领域的情况。Peiró-Palomino 和 Tortosa-Ausina（2015）指出推进城镇化建设和农业现代化发展，都将产生庞大的基础设施建设投资需求，社会资本方以不同方式参与进来，可以用有限的公共财政资金撬动社会资本的更大投入，从而增加公共产品的供给数量并提高其供给效率。晏红杏和何蒲明（2017）通过分析社会资本投向新农村建设的特征，剖析了社会资本投向新农村建设存在的问题，在此基础上提出了社会资本投向新农村建设的政策建议等。

2）影响社会资本发展因素。在我国经济社会发展过程中，社会资本作用不容忽视。通过研究社会资本存在的优势及影响其本身的各种因素能够帮助我们更好地了解社会资本。Ha（2010）发现拥有长期稳定住房的个体比短期租房的个体能积累更多社会资本。Murray 等（2012）指出个体关系网络为社会资本的产生和交换创造了条件，因此个体关系网络质量（频率、强度、多重关系等）及结构对社会资本会产生影响。在此研究基础上，Herian 等（2014）认为信任是个体将关系网络转化为人际资本的重要动机来源，在个体相互之间关系网络中具有枢纽作用。Agampodi 等（2015）认为政府对社会资本态度、民间组织或非营利组织数量和不同国家文化传统都是社会资本形成过程中的重要影响因素。

国内学者顾新莲（2013）认为影响社会资本发展的主要因素包括当前投资环境、市场化发展程度及产业结构情况等。毛佩瑾等（2017）指出教育程度、就业情况、住房产权、电视媒体和报纸媒体对我国社会资本的形成具有明显的促进作用等。

3)社会资本投融资模式。关于社会资本投融资模式相关问题,许多学者进行了深入研究,并且将理论研究与实际情况相结合,提出了一些比较合适的发展模式及途径。

关于建设-运营-转让(build-operate-transfer,BOT)模式,在我国运用最早的案例是 1984 年香港某公司投资兴建了深圳沙角 B 电厂。BOT 模式以市场为基础,同时也加入了政府干预因素,在我国许多领域运用广泛。因此,在社会资本投资基础设施建设等领域,BOT 模式是投资者优先考虑的模式。张平(2015)对在基础设施等领域投资建设中采用 BOT 模式可行性进行了研究,发现在风险投资领域中运用 BOT 模式进行融资也非常可行。

除此之外,公共私营合作制(public private partnership,PPP)模式也是将社会资本引入投资的主要方式。刘倩(2015)提出我国基础设施建设领域可以将 PPP 模式引入社会资本,但是必须要有运行 PPP 模式项目的相应机制。Smith 等(2017)从应急产业投融资模式的选择着手,提出了社会资本以 PPP 模式参与应急产业发展,旨在改善应急产业发展状况,优化社会资源分配,促进社会经济发展。

(2)生态环境保护主要内容相关研究

人类开发利用生态环境资源活动由来已久,随着经济增长,生态环境迅速衰退和恶化,生态灾害频繁发生等问题不容忽视。为此,相关学者主要从海洋、草原、淡水资源和大气等方面研究了生态环境保护状况。

Wright(2015)以新兴海洋可持续能源工业为例,探讨了工业化海洋的治理问题。Germond 和 Germond-Duret(2016)探讨了欧盟海洋治理实践相关机制的构造和运行特征。Smythe(2017)以新英格兰海洋规划框架为例,探讨了空间规划对海洋治理的作用。胡振通等(2016)对我国草原生态保护的主要工程项目进行梳理研究,发现我国草原生态保护取得了一定成效,草原综合植被覆盖度不断上升,但部分地区仍然存在草原生态环境比较脆弱、农牧民草原生态保护意识比较淡薄等问题。

除了海洋资源和草原生态环境,与人们生活息息相关的水资源也是学者研究的重点。庞洪涛等(2017)结合我国国情、水情,首先系统分析了水环境治理存在的主要问题,以及 PPP 模式在水环境治理中的特点和优势;其次剖析了财政部 PPP 模式示范项目中两个流域水环境治理典型案例的运营模式特点;最后总结了 PPP 模式在流域水环境治理中的成功经验,为 PPP 模式在水环境治理领域中的应用提供指导。

近年来,城市大气污染成为困扰世界各国的严峻问题,而中国也不例外。各个城市空气质量普遍低下,相邻城市间环境污染传输态势极为严峻,且城市对农村污染转移问题日益突出,由机动车尾气造成的光化学烟雾的发生次数日益增加(陈健鹏和李佐军,2013),酸雨污染形势依旧严峻,工业燃煤锅炉成为重点治理对象(吕连宏等,2015)等。

(3)生态环境保护市场化相关研究

1)生态环境保护市场化内涵。Swieczko-Zurek(2012)认为生态环境保护市场化就是政府和环保企业管干分离，实现生态环境保护商品供给多元化、竞争化，让民众参与其中进行选择。陈青文(2008)、Miranda 和 Aldy(2008)、Jenkins(2012)基于政府视角提出生态环境保护市场化机制就是政府通过采取一系列措施激励企业积极参与生态环境保护市场活动，通过提供环保产品、技术和服务，逐渐形成完善的生态环保产业体系，并最终实现政府生态环境保护目标。骆建华(2014)指出生态环境保护市场化要转变过于依赖政府的被动局面，改为利用市场来主动引导社会公众自愿参与保护生态环境，有利于形成专业化和企业化的生态环境保护行为，使生态环境保护实现产业化发展。辛璐等(2015)认为可以从以下两方面来阐释我国生态环境保护市场化：一方面是将之前通过政府供给的生态环境保护方面产品和服务的某些部分或全部逐渐转交给市场来供给，将政府主导的生态环境保护资源配置转化为由市场进行自主调节，使市场在资源配置过程中的决定作用得到很好的发挥；另一方面是在生态环境保护领域发挥市场配置资源的主导作用，提高效率，保障公平。

2)生态环境保护市场化的障碍。陈青文(2008)、Koppen(2013)认为生态环境保护市场化还面临许多问题需要解决，主要涉及产权明晰化、"外部性"内在化、"谁污染、谁付费"原则、排污权交易等。蔡长昆(2016)认为现行生态环境保护市场化运转体系存在市场需求旺盛而定价扭曲的反常现象；生态环境保护市场运转资金缺口巨大；因为缺乏直接投融资工具，所以很难在短时间内建立有效的交易，从而抑制了生态环境资产兑现为经济价值的广度和深度。李宝娟等(2016)将我国生态环境保护市场与欧美发达国家作比较，认为目前我国生态环境保护产业市场竞争无序，新兴市场核心技术匮乏，且以国内市场为主，出口份额不足，总体上仍处于自给自足的状态，在世界生态环境保护市场中所占份额较低。

(4)社会资本参与生态环境保护相关研究

1)社会资本参与生态环境保护的意愿。社会资本参与生态环境保护的意愿受许多因素影响，主要包括资本投入数量(Forsman et al.，2012；靳小翠，2016)、投融资机制(Nyqvist et al.，2013；付金存和龚军姣，2016)、社会资本的参与渠道(于少青和王芳，2017)、技术水平(虞慧怡等，2016)和生态环境保护市场激励措施(张丽和杨增亮，2014)等。市场机制越完善，那么社会资本在生态环境保护市场中就越容易进入或退出，需要承担的风险就越小。在这种情况下，社会资本参与生态环境保护的意愿就比较强。国家政策主要有税收优惠、财政补贴等，如果国家加大对社会资本的激励，那么就会直接加强社会资本参与生态环境保护的意愿。如果社会资本具有较强的环境保护意识，并且自身发展水平和技术水平都比较高，达到了参与生态环境保护的资格条件，那么社会资本对生态环境保护活动也会有较高的参与度。

2) 社会资本参与生态环境保护方式。社会资本参与生态环境保护方式有很多，如合同承包(Sven，2005；Caplan and Silva，2010；回超和胡继成，2010)、PPP模式(Li et al.，2008)、私有化经营方式(Mulder et al.，2007)等。具体参与方式与生态环境保护领域市场化的程度密切相关(Merlo and Briales，2011)。对可以完全市场化运营的生态环境保护项目，如污水处理项目(李晓莉，2012)，可以采用私有化运作方式，社会资本自主经营、自负盈亏；对需要政府监督和管理的生态环境保护项目，如森林生态功能修复(张耀启，2011)，可以采用 PPP 模式，这样既引入了社会资本参与，又提高了项目运营效率，政府也能在其中发挥宏观监管职能。因此，在选择社会资本参与生态环境保护具体方式时，首先要明确参与领域，其次要明确对应领域拟实现的市场化程度，最后根据市场化程度的不同，分别选择不同参与方式。

综上所述，国内外学者从社会资本投资、生态环境保护主要内容、生态环境保护市场化和社会资本参与生态环境保护四个方面做了深入研究，构成了本书的研究基础，但是没有全面阐释社会资本参与生态环境保护市场化机制构建问题。本书将在分析社会资本参与生态环境保护现状及国外经验和启示的基础上，从供求、定价、合作竞争、激励约束等方面阐释社会资本参与生态环境保护市场化机制构建问题，进而明确社会资本参与生态环境保护市场化机制的路径与政策体系，最后结合江苏省与陕西省的状况验证本书结论。

1.2　社会资本参与生态环境保护市场化的可行性

1.2.1　生态环境保护市场化持续发展的现实需求

我国当前生态环境保护投资总量仍然不足，生态环境保护效率不高，因此，生态环境保护事业需要社会资本、人才、管理和技术支持。

(1) 增加生态环境保护投入

中国环境科学研究院 20 世纪 80 年代末的一项调查研究显示，生态环境保护投资达到国民生产总值(gross national product，GNP)2%以上时我国的环境质量会有显著改善，达到 1.5%时环境污染才能得到基本控制，不会继续恶化。2012 年我国生态环境保护投入总额为 8253.5 亿元，占当年国内生产总值(gross domestic product，GDP)的比重为 1.5%，2016 年我国生态环境保护投入总额为 9219.8 亿元，占当年 GDP 的比重为 1.2%，五年间生态环境保护投资总额增速缓慢，甚至有所回落，占 GDP 的比重逐年下降(表 1-1)，仅达到控制污染所需资金投入底限，在一定程度上抑制了生态环境继续恶化,但与经济新常态下我国经济 7%左右的增速不匹配。此外，发达国家和组织，如欧盟、美国和日本等，其生态环境保护投入额占 GDP 的比重基本保持在 2%左右。

表 1-1　2012~2016 年生态环境保护投入额及其占 GDP 的比重

年份	生态环境保护投入额/亿元	生态环境保护投入额占 GDP 的比重/%
2012	8253.5	1.5
2013	9037.2	1.5
2014	9575.5	1.5
2015	8806.3	1.3
2016	9219.8	1.2

资料来源：《2017 中国统计年鉴》

从我国生态环境保护投入实际情况来看，我国"十二五"规划中生态环境保护投资需求估算为 3.4 万亿元，而"十二五"期间实际生态环境保护投入超过 5 万亿元，这说明生态环境保护的实际投资需求远远高于计划投资。"十三五"期间，全社会生态环境保护投资预计将达到 17 万亿元，年增速有望达到 18%。生态环境保护需要社会资本的支持，才能更有效率地满足生态环境保护的需要。

(2)生态环境保护主体需要多元化

我国生态环境保护特性决定了政府必须是生态环境保护的主要主体，政府在生态环境保护中发挥制度供给职能和需求管理职能作用。制度供给职能主要涉及：制定和实施相关宏观生态环境保护政策、颁布生态环境保护专项法律、出台相应投融资和优惠方案，以及确定具体生态环境保护投资和污染治理标准等。需求管理职能主要是根据公众对生态环境保护的需求，对区域和整体环境进行污染治理、环境保护基础设施建设等。但在生态环境保护事业后期发展中，一方面要满足生态环境保护的刚性需求，另一方面要弥补历史上生态环境破坏的欠账，依靠政府进行生态环境保护缺乏先进技术和管理经验，难以实现资源有效配置。因此，生态环境保护事业特别需要多元化行为主体，如企业、外资、公众等进入生态环境保护领域，同时需要改善现阶段生态环境保护状况，从而有利于实现生态环境保护市场化，完善生态环境保护市场化机制。

(3)生态环境保护效果亟须提升

在我国生态环境保护投资不断增长情况下，生态环境保护和治理效果却没有很大改善，从近年数据来看，生态环境状况依旧严峻。我国土地面积使用情况基本没有发生大的变化,2016 年国土资源部给出的数据是,耕地面积为 134.9 万 km^2,林地草地面积为 472.3 万 km^2, 建设用地面积占土地总面积的比重为 5.71%[①]; 森林覆盖率从 2004 年的 18.21%增加至 2016 年的 21.63%;水资源基本保持在 25 000 亿~30 000 亿 m^3[②];2004~2016 年水土流失治理面积有所增加,但增加幅度不大。污染物排放不仅没有得到有效控制,反而呈现逐年增加趋势:工业废气排放量有增无减,2000 年工业废气排放量为 138 145 亿 m^3[③], 2015 年工业废气排放量约是 2000 年的五倍, 为 685 190 亿 m^3[④];工业废水排放量由 2004 年的 211.2 亿 t[⑤]增加至 2016 年的 711.1 亿 t[②];工业固体废弃物从 2000 年的 81 608 万 t[③]增加至 2015 年的 331 055 万 t, 十几年间增长了近三倍[④]。我国工业污染治理完成投资从 2005 年的 458.2 万元[⑥]增加至 2016 年的 819.0 万元[②],包括对废水、废气、固体废弃物、噪声等的治理。

1.2.2　社会资本具备参与生态环境保护市场化的实力

　　近年来, 社会资本逐渐累积, 总量不断增加, 增速保持高位, 特别是 2006~2016 年增幅更快, 已成为促进中国经济发展的主要动力。2016 年底, 我国全社会固定资产投资已经达到 60.6 万亿元,占 2016 年 GDP 总量的比重为 81.4%。2004~2016 年国有经济和集体经济占全社会固定资产投资的比重不断降低,特别是国有经济, 其比重由 33.42%下降至 22.7%, 与此同时, 社会资本占全社会固定资产投资的比重不断增加, 其比重由 26.77%增加至 69.0%。

　　从社会资本对 GDP、税收和就业的贡献来看, 社会资本已经成为激发中国经济发展活力的主要力量。《2017 中国民营企业 500 强调研分析报告》指出,2008~2016 年民营企业 500 强占全国税收纳税额的比重稳步提高,贡献逐步增长:2016 年纳税额超过 200 亿元的民营企业有五家。2016 年, 民营企业 500 强营业收入总额达到 193 616.14 亿元, 户均为 387.23 亿元, 与 2015 年相比增长 19.84%; 民营企业 500 强资产总额为 233 926.22 亿元, 户均为 467.85 亿元, 与 2015 年相比增长 35.21%;民营企业 500 强税后净利润总额为 8354.95 亿元, 较 2015 年增长 19.76%。为深化投融资体制改革、激发民间投资活力、提高公共产品和服务供给效率,2016 年有 124 家 500 强民营企业参与 PPP 模式,占 500 强民营企业的 24.80%,比 2015 年增加 26 家;有意愿参与的民营企业数由上年的 164 家增加到 165 家。

---

① 数据来源于《2016 中国国土资源公报》。
② 数据来源于《2017 中国统计年鉴》。
③ 数据来源于《2001 中国统计年鉴》。
④ 数据来源于《2016 中国统计年鉴》。
⑤ 数据来源于《2005 中国统计年鉴》。
⑥ 数据来源于《2006 中国统计年鉴》。

从领域来看，参与 PPP 模式最集中的两个领域是市政设施和交通设施。从地区来看，浙江省参与 PPP 模式的民营企业数量全国领先，参与民营企业数为 32 家。江苏省、河北省和广东省等有 10 家以上民营企业参与。

民营企业为解决就业也做出了巨大贡献，2011～2016 年中国民营企业 500 强企业员工人数及同比增长率见表 1-2。

表 1-2　2011～2016 年中国民营企业 500 强企业员工人数及同比增长率

年份	民营企业 500 强企业员工人数/万人	同比增长率/%
2011	629.51	12.18
2012	675.70	7.30
2013	738.03	11.18
2014	751.28	1.80
2015	826.98	10.08
2016	888.17	7.40

资料来源：《2017 中国民营企业 500 强调研分析报告》

1.2.3　社会资本积累丰富的生态环境保护市场化经验

随着政府和社会公众对社会资本投资逐步了解和认可，社会资本投资领域、影响范围也越来越广。社会资本投资领域涵盖了 19 个行业，2016 年我国社会资本中私人投资占全社会投资总额的比重达到了 90% 以上，其中制造业和房地产业占全社会投资总额的比重达到了 58% 以上；而农、林、牧、渔业，采矿业，交通运输、仓储和邮政业，电力、热力、燃气及水生产和供应业，批发和零售业，住宿和餐饮业，租赁和商务服务业，水利、环境和公共设施管理业等行业，所占社会资本股东资产投资的比重均大于 1%，合计占比约为 20%。近年来社会资本在水利、环境和公共设施管理业中的投资增速明显，2012～2016 年生态环境保护投资总额不断增加，占全社会投资总额的比重不断加大。

国家对生态环境保护产业加大了重视程度，并陆续出台了一系列相关政策，2014 年 5 月环境保护部等部门联合发布了《2011 年全国环境保护相关产业状况公报》[①]，该报告指出 2011 年全国生态环境保护相关产业从业单位中，企业为 20 522 家，占比为 86.2%；事业单位为 2991 家，占比为 12.6%，此外还包括一些公益性质的社会组织、社会机构。在企业单位中，内资企业为 19 072 家，占比为 92.9%；港澳台商投资企业为 525 家，占比为 2.6%；外商投资企业为 925 家，占比为 4.5%。企业单位中，上市公司为 402 家，占比为 2.0%；国家级高新技术企业为 2262 家，

---

① 该公报由环境保护部 10 年发布一次。

占比为 11.0%。社会资本参与生态环境保护产业提升了其在生态环境保护领域的技术水平、运营能力和服务效率；生态环境保护产品的生产使社会资本专业化生产用于生态环境保护、环境污染防治及资源循环利用的生产材料、生产设备、环境监测仪器仪表等，提升了社会资本的专业制造能力及环境保护产品的技术含量。

1.2.4　社会资本参与生态环境保护市场化的政策环境

2016 年 12 月，国家发展和改革委员会(简称国家发改委)等部门共同印发《"十三五"全国城镇污水处理及再生利用设施建设规划》和《"十三五"全国城镇生活垃圾无害化处理设施建设规划》。2017 年 1 月，环境保护部和财政部印发《全国农村环境综合整治"十三五"规划》，2 月，环境保护部印发《国家环境保护"十三五"环境与健康工作规划》，4 月，环境保护部印发《国家环境保护标准"十三五"发展规划》。2016 年 12 月，第十二届全国人民代表大会常务委员会第二十五次会议审议通过了《中华人民共和国环境保护税法》。2017 年 6 月，第十二届全国人民代表大会常务委员会第二十八次会议表决通过了《关于修改水污染防治法的决定》。2016 年 12 月，环境保护部发布《污染地块土壤环境管理办法(试行)》。

2017 年 7 月，财政部等部门印发《关于政府参与的污水、垃圾处理项目全面实施 PPP 模式的通知》。2017 年 11 月，财政部和国务院国有资产监督管理委员会(简称国务院国资委)先后分别印发《关于规范政府和社会资本合作(PPP)综合信息平台项目库管理的通知》(财办金〔2017〕92 号)和《关于加强中央企业 PPP 业务风险管控的通知》(国资发财管〔2017〕192 号)。截至 2017 年底，国务院国资委管理的 98 家中央企业中，涉足环境保护产业的比重已接近 50%。

1.2.5　社会资本参与生态环境保护市场化的主要方式

(1)项目融资

社会资本参与生态环境保护项目融资是指生态环境保护项目投资者为建设某一个项目，在项目建设和运营资金过程中，以政府补贴和银行融资支持为基础设立项目公司，通过吸纳具有独立法人资格非政府国内外企业对项目公司进行融资，并将其作为该项目公司建设和运营的主要资金保障的一种融资方式。社会资本参与生态环境保护项目融资具有如下优势：可以利用项目融资方式确保超过自身筹资能力的生态环境保护项目的顺利实施、项目融资方式有利于民间资本获得银行等融资平台的支持、为政府生态环境保护项目的建设提供多样的融资方式、社会资本可以充分利用项目融资的杠杆效应等。

(2)参与运营和管理

社会资本参与生态环境保护是通过合同的形式来确定运营和管理模式，即政府或国有组织依据法定程序，通过竞拍、招标等方式选择社会资本范畴内的企业，并由这家已签约的企业负责具体生态环境保护项目的运营及企业日常经营活动的管理。政府与社会资本之间的关系是一种通过合同确定的关系，企业不需要对项目投入自有资金，也不承担全部商业风险，但需要在有限合同期限内运用自身的管理模式、技术、专业人员，争取生态环境保护项目的运行效率和最大收益。社会资本参与生态环境保护具有提升项目财务效益、管理水平等效果。

(3)资产重组

资产重组方式包括拍卖、转让特许经营、混合所有制等。西方国家在生态环境保护领域基本实现了私有化，并由民营企业经营生态环境保护项目、设施等。其具体包括建立生态环境保护项目和设施经营的有效机制，国有资产的退出机制，用股份化、补贴补偿和资本置换等途径实现生态环境保护领域投资主体的多元化。

(4)生态环境保护基金

生态环境保护基金包括两大类：公益型基金和投资型基金。公益型基金以中华环境保护基金会为主要代表，其成立于 1993 年 4 月，开展了生态卫生项目、共筑生态长城项目等一系列公益项目，实现了一定社会效益和环境效益。

投资型基金属于产业投资基金，其成立目的是更多地集中社会上存在的闲散资金，投资型基金的设立能弥补生态环境保护建设资金缺口、减少政府支出，其是解决生态环境保护建设资金短缺问题的一项重要路径。

1.3　社会资本参与生态环境保护市场化的发展概况

1.3.1　社会资本参与生态环境保护市场化的投资状况

(1)社会资本参与生态环境保护总投资不足

2011～2016 年的生态环境保护总投资稳步上升，由 6026.2 亿元增加至 9219.8 亿元，增长了 53.0%，与 2005 年的生态环境保护总投资 1414.9 亿元相比，增长了 5.5 倍，且生态环境保护总投资波动上升(表 1-3)，占我国 GDP 的比重保持在 1%以上。

表 1-3　社会资本参与生态环境保护总投资

年份	生态环境保护投资总额/亿元	政府资本投资/亿元	政府资本投资占生态环境保护总投资的比重/%	社会资本投资/亿元	社会资本投资占生态环境保护总投资的比重/%
2005	1414.9	293.1	20.7	1121.8	79.3
2006	2342.6	687.7	29.4	1654.9	70.6
2007	3387.6	995.8	29.4	2391.8	70.6
2008	4490.3	1451.4	32.3	3038.9	67.7
2009	4525.2	1934.0	42.7	2591.2	57.3

续表

年份	生态环境保护投资总额/亿元	政府资本投资/亿元	政府资本投资占生态环境保护总投资的比重/%	社会资本投资/亿元	社会资本投资占生态环境保护总投资的比重/%
2010	6654.2	2442.0	36.7	4212.2	63.3
2011	6026.2	2641.0	43.8	3385.2	56.2
2012	8253.5	2963.4	35.9	5290.1	64.1
2013	9037.2	3435.1	38.0	5602.1	62.0
2014	9575.5	3815.7	39.8	5759.8	60.2
2015	8806.3	4802.8	54.5	4003.5	45.5
2016	9219.8	4734.8	51.4	4485.0	48.6

资料来源：2006～2017 年《中国统计年鉴》，2006～2017 年《中国环境统计年鉴》

从资本配置最优角度和社会资本参与生态环境保护投资增长率两方面来看，社会资本参与生态环境保护投资都应该进一步增大。首先，社会资本占较大比重，约为 60%，政府资本所占比重较小，约为 40%，资本配置结构总是向着最有效率的一方倾斜，社会资本比政府资本投资多，效率高；其次，社会资本参与生态环境保护投资增长率极不稳定，2009 年、2011 年及 2015 年波动较明显；政府资本投资源于财政支出，有明显的预算干预效应，平均增长率高于社会资本增长率。对比发现，社会资本对生态环境保护投资出现疲软，其增长率也逐渐下降，积极性不高。2005～2016 年政府资本投资额和社会资本投资额变化情况如图 1-1 所示。

图 1-1　政府资本投资额和社会资本投资额变化情况

（2）东、中、西部社会资本参与生态环境保护的投资结构不合理

由表 1-4 可知，从 2016 年各省（自治区、直辖市）的社会资本参与生态环境保护情况来看，各省（自治区、直辖市）的社会资本参与程度不同，其中，社会资本占生态环境保护投资总额的比重排在前五名的是新疆、山西、浙江、安徽、山东；

社会资本占生态环境保护投资总额的比重超过 50%的省（自治区、直辖市）有 13 个，社会资本参与生态环境保护资金量少且占比小的省（自治区、直辖市）有一部分集中在我国西部，这些地区生态环境相对较好。

表1-4　2016 年各省（自治区、直辖市）社会资本参与生态环境保护投资额

省（自治区、直辖市）	生态环境保护投资总额/亿元	政府资本投资/亿元	社会资本投资/亿元	社会资本投资占生态环境保护投资总额的比重/%
北京	674.2	363.4	310.8	46.1
河北	399.6	262.8	136.8	34.2
山西	525.7	115.5	410.2	78.0
内蒙古	456.0	159.4	296.6	65.0
辽宁	176.2	87.2	89.0	50.5
黑龙江	173.6	113.4	60.2	34.7
上海	205.3	134.4	70.9	34.5
江苏	765.6	285.1	480.5	62.8
浙江	650.6	161.4	489.2	75.2
安徽	498.2	133.6	364.6	73.2
福建	189.7	130.4	59.3	31.3
江西	313.3	117.9	195.4	62.4
山东	780.8	239.3	541.5	69.4
河南	359.8	195.7	164.1	45.6
湖北	464.7	145.6	319.1	68.7
湖南	200.5	170.9	29.6	14.8
广东	367.6	297.5	70.1	19.1
广西	204.2	90.7	113.5	55.6
重庆	144.2	136.2	8.0	5.5
四川	290.5	166.4	124.1	42.7
陕西	317.4	126.8	190.6	60.1
甘肃	117.7	95.3	22.4	19.0
宁夏	101.2	36.7	64.5	63.7
新疆	312.8	65.1	247.7	79.2

注：天津、吉林、贵州、云南、西藏、青海和海南七个省（自治区、直辖市）的生态环境保护财政支出大于生态环境保护投资总额，因此表中没有包括这七个省（自治区、直辖市）的相关数据，同时也不包括港澳台数据

资料来源：《2017 中国统计年鉴》《2017 中国环境统计年鉴》

　　我国东、中、西部地区的生态环境保护投资状况差异较大，2016 年东部地区生态环境保护投资总额远远高于中、西部地区，社会资本投资额占东、中、西部地区投资总额的比重分别为 55.64%、56.70%和 50.92%，东部地区环境保护政府资本投资支出为 1669.21 亿元，接近中、西部地区政府环境保护支出总和，政府资本投资支出分别占各地区投资总额的 44.36%、43.30%和 49.08%（图 1-2 和图 1-3）。

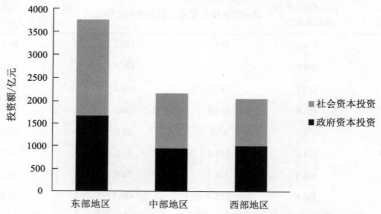

图 1-2　　2016 年我国东、中、西部地区生态环境保护投资概况

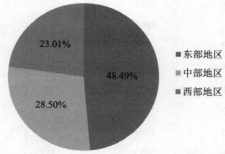

图 1-3　　2016 年我国东、中、西部地区生态环境保护社会资本投资占比

　　（3）社会资本参与的生态环境保护固定资产投资比重低

　　2005～2016 年，生态环境保护固定资产投资从 314.2 亿元增长为 2828.2 亿元，生态环境建设和保护的固定资产投资总量虽然不断增加，但比重只占全社会固定资产投资总额的 1.5%左右，而制造业和房地产业共占全社会固定资产投资总额的 50%以上，生态环境保护类固定资产投资额相比其他行业严重不足。从生态环境保护固定资产投资构成看，国家预算资金占生态环境保护固定资产投资比重较小，约为 22%；而生态环境保护固定资产投资中的社会资本约占 78%，其来源主要包括自筹资金、银行贷款、外资和其他资金四个部分，其中，自筹资金总量最大，外资总量最少（表 1-5）。

表 1-5　2005～2016 年社会资本参与生态环境保护固定资产投资情况（单位：亿元）

年份	生态环境保护固定资产投资	国家预算资金	社会资本合计	社会资本来源			
				银行贷款	外资	自筹资金	其他资金
2005	314.2	68.7	245.5	42.1	8.0	168.8	26.6
2006	454.7	77.3	377.4	58.6	13.9	272.0	32.9
2007	613.3	118.1	495.2	60.6	11.4	355.6	67.6
2008	699.0	143.5	555.5	58.1	15.0	426.5	55.9
2009	1272.4	283.7	988.7	173.2	14.5	692.3	108.7
2010	1537.0	271.6	1265.4	178.6	9.1	945.5	132.2
2011	1637.7	354.4	1283.3	188.8	7.0	961.3	126.2
2012	1093.1	207.6	885.5	103.7	2.7	703.9	75.2
2013	1407.4	245.8	1161.6	112.1	2.7	963.3	83.5
2014	1835.9	302.9	1533.0	129.3	3.2	1272.7	127.8
2015	2187.6	394.3	1793.3	104.7	7.3	1542.5	138.8
2016	2828.2	618.8	2209.4	155.5	10.2	1813.4	230.3

资料来源：2006～2017 年《中国统计年鉴》

　　如表 1-5 所示，生态环境领域社会资本投资均高于国家预算资金。而图 1-4

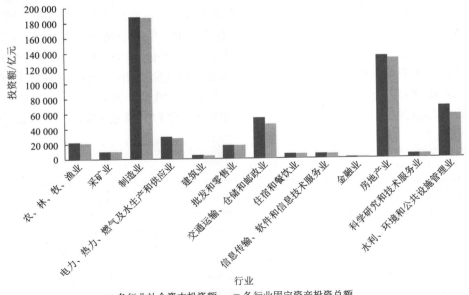

图 1-4　2016 年各行业社会资本投资额与固定资产投资总额状况

所列领域中，特别是采矿业，制造业，住宿和餐饮业，批发和零售业，信息传输、软件和信息技术服务业，科学研究和技术服务业，金融业等领域社会资本投资额与其固定资产投资总额基本持平，占比达到 97%～99%，几乎不需要政府财政资金的支持，且市场化发育成熟。相比之下，生态环境领域社会资本 78%的参与程度不如其他领域，市场化机制还需完善。

1.3.2　社会资本参与生态环境保护市场化的模式和领域

社会资本参与生态环境保护的运营模式大多沿袭污染治理领域和城市基础设施建设领域的模式，包括特许经营、投资补助、政府购买、委托治理、托管运营等形式。要鼓励社会资本的投入，还要不断优化使用方向，明晰对 PPP 模式项目的政策倾斜。鼓励创新环境金融服务方式，如实行排污权、收费权、政府购买服务协议及特许权协议项下收益质押担保融资等。支持开展 PPP 模式的具体运营方式，其中主要包括 O&M、MC、BOT、BOO、TOT、ROT[①]等，并逐渐发展形成使用者付费、政府付费、政府补贴三种付费模式。

十八届三中全会为 PPP 模式的发展提供了有利契机。国家发改委于 2014 年 5 月推出首批 80 个引入社会资本的基础设施建设示范项目。各地方政府也开始关注推行 PPP 模式项目。财政部 2014 年公布的第一批 30 个政府组织的 PPP 模式项目中有 10 个环境保护设施建设项目，涉及相关环境保护的污水处理、垃圾处理、环境综合治理等行业领域，占总项目的 1/3。财政部 2015 年公布的第二批 PPP 模式示范项目名单，引入了大批生态环境 PPP 模式项目，主要涉及水环境治理、河道治理、园林绿化、污水处理、垃圾处理，其中河北、安徽、河南和湖南设立超过四个以上的生态环境 PPP 模式项目，其投资额为 0.45 亿 ～ 257.78 亿元。随着 PPP 模式的逐渐发展，PPP 模式项目也在不断增加。财政部 2016 年公布的第三批 PPP 模式示范项目共 518 个，投资额总计 1.17 万亿元。其中，有 45 个项目属于生态建设和环境保护行业。财政部 2017 年公布的第四批 PPP 模式示范项目共 396 个，

---

① O&M（operations & maintenance），即委托运营。

MC（management contract），是指政府保留存量公共资产的所有权，将公共资产的运营、维护及用户服务职责授权给社会资本或项目公司的项目运作方式，政府向社会资本或项目公司支付相应管理费用。

BOT（build-operate-transfer），即建设-运营-移交，是指由社会资本或项目公司承担新建项目设计、融资、建造、运营、维护和用户服务职责，合同期满后项目资产及相关权利等移交给政府的项目运作方式。

BOO（build-own-operate），即建设-拥有-运营。BOO 方式下社会资本或项目公司拥有项目所有权，但必须在合同中注明保证公益性的约束条款，一般不涉及项目期满移交事宜。

TOT（transfer-operate-transfer），即移交-经营-移交，是指政府部门将存量资产所有权有偿转让给社会资本或项目公司，并由其负责运营、维护和用户服务，合同期满后资产及其所有权等移交给政府的项目运作方式。

ROT（reconstruction-operate-transfer），即重构-运营-移交。采取政府购买服务、企业重组重构的模式，探索官办分离。

涉及投资额达 7588 亿元。其中，有 36 个项目属于生态建设和环境保护行业。

1.4　社会资本参与生态环境保护市场化
绩效影响的实证研究

社会资本参与对生态环境保护的实际影响、对环境保护效率提升的作用等，还有待运用实证方法进行检验。有学者认为社会资本参与生态环境保护具有正效应。在变量选取方面，罗鹏(2012)将工业污染物排放量(废水、废气、固体废弃物等)作为被解释变量，将环境保护投资总额、人均 GDP、第二产业占 GDP 比重、研发投入、外商直接投资(foreign direct investment，FDI)等作为解释变量。徐业傲(2014)选取了环境保护投资中治理工业废气的环境保护投资、工业废气排放量这两个指标，运用向量自回归模型分析了这两个指标之间存在的长期均衡关系和短期动态关系。关于这方面的研究还有很多，如关于环境保护投资运行效率的评价(尹希果等，2005；杨美丽等，2014；赵丽，2017)，环境污染治理投资效率的综合评价(戴红昆，2014；俞会新和林晓彤，2018)等。本节通过构建社会资本对生态环境保护影响的计量模型，运用 SPSS 19.0 软件，采用最小二乘法对计量模型进行估计。

1.4.1　计量模型的设定

从投入产出角度看，生态环境保护投入一般包括资金、人员和技术三方面，其中资金投入包括政府投资和社会资本投资。根据何凌云等(2013)、李宝林等(2014)、陆晓春等(2014)、李树(2014)、林丽梅等(2015)、陈都(2016)、华章琳(2016)的研究，一国的产业结构、对外开放程度等也会影响其生态环境状况。因此，本节设定生态环境保护绩效为被解释变量，生态环境保护的社会资本投资、政府投资、人员投入、环保技术水平、产业结构、外商直接投资为解释变量，来考察社会资本投资对生态环境保护的动态影响，并建立以下模型：

$$F = C + \beta_1 IS + \beta_2 IG + \beta_3 P + \beta_4 T + \beta_5 IND + \beta_6 FDI + u \qquad (1\text{-}1)$$

式中，F 为生态环境保护绩效；β_i 为影响系数$(i=1,2,\cdots,6)$；C 为常数项；IS 为社会资本投资；IG 为政府投资；T 为环保技术水平；P 为人员投入；IND 为产业结构；FDI 为外商直接投资；u 为随机扰动项。因为我国相关数据资料中并未统一衡量环保技术水平的统计口径，且其替代指标存在数据的不完整性，故剔除。为了消除变量之间的异方差，取计量模型中各个指标的对数。得到修正的模型如下：

$$F = C + \beta_1 \ln IS + \beta_2 \ln IG + \beta_3 \ln P + \beta_5 \ln IND + \beta_6 \ln FDI + u \qquad (1\text{-}2)$$

1.4.2　变量选取与数据来源

（1）被解释变量：生态环境保护绩效（F）

本书参考我国 2015 年颁布的《生态环境状况评价技术规范》（HJ 192—2015）和 2011 年颁布的《国家重点生态功能区县域生态环境质量考核办法》两个文件，并结合 2008～2017 年《全国环境统计公报》和 2006～2017 年《中国统计年鉴》中的一些数据分类情况，把生态环境保护绩效的评价指标分为生态建设绩效和环境保护绩效两个二级指标。生态建设绩效评价指标包括四个三级指标：造林面积、城市绿地和园林面积、水土流失累计治理面积及自然保护区个数。环境保护绩效评价指标包括六个三级指标：生活垃圾无害化处理率、城市污水处理能力、工业固体废弃物综合利用率、化学需氧量（chemical oxygen demand，COD）排放强度、二氧化硫排放强度及工业固体废弃物排放强度。采取因子分析法来计算生态环境保护绩效的衡量数据，具体情况见表 1-6。通过因子分析方法，计算得出生态环境保护绩效综合指数。

表 1-6　生态环境保护绩效评价体系

一级指标	二级指标	三级指标	符号
生态环境保护绩效（F）	生态建设绩效	造林面积	X_1
		城市绿地和园林面积	X_2
		水土流失累计治理面积	X_3
		自然保护区个数	X_4
		生活垃圾无害化处理率	X_5
		城市污水处理能力	X_6
		工业固体废弃物综合利用率	X_7
		化学需氧量排放强度	X_8
		二氧化硫排放强度	X_9
		工业固体废弃物排放强度	X_{10}

（2）社会资本投资（IS）和政府投资（IG）

按投入主体来分，生态环境保护投入可以分为政府投资和社会资本投资，主要投入形式是资金投入，故选用政府生态环境保护投资和社会资本生态环境保护投资作为替代指标。根据我国环境保护投资统计口径，生态环境保护总投资包括建设项目"三同时"、工业污染源治理投资和城市环境基础设施建设投资三部分。政府生态环境保护投资选取全国公共财政节能环保投资为指标，社会资本生态环境保护投资为生态环境保护投资总额与政府环境保护投资的差值。

（3）人员投入（P）

生态环境保护方面的工作人员作为生态环境保护人员投入，单位：人。

（4）产业结构（IND）

三大产业中对生态环境保护影响较大的产业就是第二产业。因此以第二产业产值占 GDP 的比重衡量产业结构对生态环境保护绩效的影响。

（5）外商直接投资（FDI）

选用外商直接投资额为替代指标，单位：亿美元。

为研究社会资本参与对生态环境保护时间序列的动态影响，以上指标的数据来源均为 2008～2017 年《中国统计年鉴》、2008～2017 年《中国环境统计年报》、2008～2017 年《全国环境统计公报》和各部门统计公报，个别年份数据有缺失，则采用相邻年份值插值法补齐。同时，为了排除数据数量级及量纲不一致可能带来的偏差，本书对非综合指标的数据进行了标准化处理，具体公式如下：

$$Z_{ij} = (X_{ij} - X_i)/S_i \qquad (1-3)$$

式中，Z_{ij} 为标准化后的变量值；X_{ij} 为实际变量值；X_i 和 S_i 分别为实际变量值的算术平均值（数学期望）、标准差。

1.4.3　模型估计

对 10 个评价指标运用 SPSS 19.0 软件进行因子分析，结果表明本书所选取的 10 个评价指标共同度范围为 0.733～0.980，表明解释变量程度很高。根据分析结果找出特征值大于 1 的因子，并用方差最大法对其进行正交旋转，促使每个公因子上的最高载荷的变量数变到最少，以简化对因子的解释过程。

进行因子分析的作用是提取能够代表样本数据相互关系的潜在变量，使用 SPSS 19.0 软件给出的碎石图和因子方差贡献率表能够确定应该提取多少个公因子。碎石图是对特征值按大小进行排序做成的折线图，碎石图中有多少相对来说比较陡的线段就对应提取多少个主成分。由因子分析结果可知，将因子方差贡献率由大到小进行排序，其中单个因子的初始特征值方差贡献率最大为 73.407%，所提取的公因子的旋转平方和载入方差贡献率分别是 72.314%、16.049%，所提取的两个公因子的旋转平方和载入累计方差贡献率为 88.363%，表明提取的公因子有效性很高。

因子旋转载荷矩阵（表 1-7）表明：第 1 主成分与造林面积、城市绿地和园林面积、水土流失累计治理面积、自然保护区个数、生活垃圾无害化处理率、城市污水处理能力、二氧化硫排放强度、工业固体废弃物排放强度八个变量高度相关，因子载荷系数绝对值范围为 0.819～0.990；第 2 主成分与工业固体废弃物综合利用率、化学需氧量排放强度两个变量高度相关，因子载荷系数绝对值范围为 0.803～0.832。

表 1-7　因子旋转载荷矩阵

变量	成分	
	1	2
造林面积	0.864	−0.279
城市绿地和园林面积	0.990	0.010
水土流失累计治理面积	0.926	−0.062
自然保护区个数	0.967	0.073
生活垃圾无害化处理率	0.988	−0.012
城市污水处理能力	0.986	−0.066
工业固体废弃物综合利用率	−0.192	−0.832
化学需氧量排放强度	−0.324	0.803
二氧化硫排放强度	−0.975	0.058
工业固体废弃物排放强度	−0.819	0.415

表 1-7 中的数据除以主成分对应的特征值并开平方根便得到两个主成分中每个指标所对应的系数，见表 1-8。

表 1-8　成分得分系数矩阵

变量	成分	
	1	2
造林面积	0.106	−0.122
城市绿地和园林面积	0.145	0.078
水土流失累计治理面积	0.131	0.026
自然保护区个数	0.147	0.118
生活垃圾无害化处理率	0.144	0.064
城市污水处理能力	0.139	0.027
工业固体废弃物综合利用率	−0.088	−0.562
化学需氧量排放强度	0.011	0.506
二氧化硫排放强度	−0.138	−0.032
工业固体废弃物排放强度	−0.090	0.214

表 1-8 显示了 10 个生态环境保护绩效指标在两个主成分的得分情况,根据得分情况可以得到两个主成分的表达式,设两个主成分分别为 F_1、F_2、生态环境保护绩效为 F,可得

$$F_1 = 0.106X_1 + 0.145X_2 + 0.131X_3 + \cdots - 0.138X_9 - 0.090X_{10} \tag{1-4}$$

$$F_2 = -0.122X_1 + 0.078X_2 + 0.026X_3 + \cdots - 0.032X_9 + 0.214X_{10} \tag{1-5}$$

利用综合因子得分公式 $F = (72.314F_1 + 16.049F_2)/88.363$,计算出 2007~2016 年我国生态环境保护绩效综合得分,见表 1-9。

表 1-9　2007~2016 年我国生态环境保护绩效综合得分

年份	F_1	F_2	F
2007	−1.0951	0.8806	−0.7362
2008	−0.7073	−0.5522	−0.6792
2009	−0.3869	−1.5190	−0.5925
2010	−0.0282	−0.2331	−0.0655
2011	0.3494	0.1065	0.3053
2012	0.3564	−0.0049	0.2907
2013	0.7358	−0.1521	0.5745
2014	1.0470	0.3786	0.9256
2015	1.5986	0.5665	1.4112
2016	1.9034	0.4423	1.4774

通过 10 个三级指标构建我国生态环境保护绩效指标体系,分析结果较客观地评价了我国 2007~2016 年生态环境保护变化情况。由图 1-5 可以看出,我国生态环境保护绩效逐渐增大。

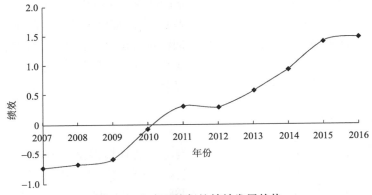

图 1-5　生态环境保护绩效发展趋势

本书运用 EViews 6.0 软件，对 1.4.1 小节建立的模型进行回归分析，回归结果见表 1-10。

表 1-10　回归结果

变量	系数	标准误差	t 值	p 值
C	−436.8346	30.6948	−7.5751	0.0019
IS	0.6323	0.1281	−7.7058	0.0048
IG	0.2617	0.3147	0.4821	0.0655
P	0.1274	1.3981	9.2977	0.0041
IND	−1.5454	2.2494	7.0092	0.0095
FDI	0.0868	0.9675	1.9539	0.1224
R^2	0.9827	因变量均值		−0.0043
调整后 R^2	0.9537	S.D.相关变量		0.8754
回归方程	0.1724	赤池信息量准则		−0.3939
残差平方和	0.1189	施瓦茨准则		−0.2124
对数似然	7.9695	汉南-奎因准则		−0.5931
F 统计量	44.2743	DW 值		2.6959
概率统计	0.0011			

从表 1-10 可以看出，被解释变量和解释变量的判定系数 R^2、可调整的判定系数 R^2 分别是 0.9827、0.9537，基本约等于 1，因此可以判定该计量模型的拟合优度较高。表中数据同样显示 DW 值为 2.6959，变量之间的自相关性在可容忍范围内。在回归方程显著性检验中，F 统计量的观测值为 44.2743，对应的概率 p 值接近 0（0.0011），故被解释变量和全部解释变量的线性关系都是显著的，因此可以建立线性模型。

在 $\alpha=0.01$ 的显著性水平下，对社会资本投资、人员投入进行 t 检验，回归系数的概率 p 值都小于显著性水平；产业结构对生态环境保护绩效的影响在 0.01 的显著性水平内。政府投资、外商直接投资的回归系数显著性 t 检验的概率 p 值分别为 0.0655、0.1224。这些偏回归系数与 0 有显著性差异，因此从检验结果来看原假设成立，解释变量与被解释变量的线性关系显著。

1.4.4　结果分析

1）社会资本投资对生态环境保护投资与生态环境保护状况改善有显著正影响。社会资本投资为环境污染治理、环境保护基础设施建设提供了专业的管理团队，加速了减排工作和清洁生产方面的创新。实证结果也表明，社会资本投资对生态环境保护状况的改善作用为 0.6323，社会资本投资有助于污染物减少、生态环境保护绩效提高。

2) 政府投资对生态环境保护也有显著正影响。具有公共属性的生态环境保护领域投资来源主要是政府财政支出。从实证结果来看，政府投入对生态环境的保护作用为 0.2617。政府投入对生态环境状况改善的正效应有目共睹，但与社会资本投入相比，前者效率是后者效率的 41.4%。这一数据表明社会资本投入是生态环境保护效率提高的新兴力量。

3) 人员投入对生态环境保护状况是正影响，但作用效果较小。回归结果表明，人员投入对生态环境保护的正效应为 0.1274。生态环境保护中人员投入从广义上讲，包括生态环境保护管理人员、环境保护产业相关人员、环境保护非政府组织（non-governmental organization，NGO）人员等，由于后两类环境保护人员数据缺少权威统计指标，本书只选用生态环境保护管理人员作为解释变量，这降低了生态环境保护人员投入对生态环境保护状况改善的作用强度。

4) 产业结构对生态环境保护的影响系数为 -1.5454。从我国产业结构来看，高污染、高能耗的第二产业在 2013 年以前一直占据主导地位，2013 年后，第三产业的比重虽然开始超过了第二产业，但第二产业对生态环境质量的影响不能忽视。

5) 外商直接投资对生态环境保护的正影响系数为 0.0868，与社会资本投资、政府投资、人员投入相比，其对生态环境保护绩效的影响较低。

1.5　社会资本参与生态环境保护市场化机制存在的问题

政府对社会资本进入生态环境保护领域表现出积极态度，但在实际运行过程中，由于社会资本参与生态环境保护市场化程度不高，社会资本参与生态环境保护市场化机制仍然存在问题，主要包括供求机制不均衡、定价机制不合理、合作和竞争机制不公平、激励约束机制不完善。

1.5.1　供求机制不均衡

1) 生态环境保护商品供给不足。在目前的生态环境保护市场中，生态环境保护商品的供给主体主要是政府，社会资本仅仅参与某些领域和商品的供给，其供给的生态环境保护商品主要包括三类，第一类是生态环境污染治理商品，如污水的净化、垃圾的处理等；第二类是生态环境的修复商品，如土地荒漠化的治理、水土流失治理等；第三类是生态环境保护基础设施建设，如城市绿化、湿地公园的建设等。这三类生态环境保护商品都属于公共产品，其中，第一类和第三类生态环境保护商品社会资本参与程度高，主要由政府和社会资本作为供给主体，第二类生态环境保护商品大多数都通过政府以财政支出的形式提供。由于政府财政资金和能力有限，环境污染的治理和生态建设与保护效率不高，效果不明显，西部地区土地荒漠化严重、水土流失严重，东、中部地区大气环境污染严重，生态环境保护市场供给的生态环境保护商品并不集中在这类利益较低、市场化机制不成熟的领域中。供给机制的不均衡使社会资本无法参与这类生态环境保护商品和服务的生产，而这些领域也正是我国面临的主要生态环境问题的源头。

2) 生态环境保护商品需求不足。生态环境保护商品需求主要体现在对环境污染治理和生态建设与保护的需求，如污水治理、垃圾处理、生态修复、环境保护设施建设等。虽然随着我国经济的发展，出现了各种生态破坏和环境污染问题，但是对于这方面的生态环境保护需求还存在严重的不足。因为需求归根结底是人的需求，虽然生态环境破坏问题是客观存在的，但是这些大部分属于公共产品领域，未能与个人利益相联系，因此人们对这方面的需求不是很强烈。例如，山区植被的破坏、物种的灭绝等，这些都是客观存在的，但是仿佛与人类生活关系不大，人类普遍认为这些问题应该由政府来解决。但是仅仅依靠政府的力量和社会资本的力量是不够的，必须集合这两方面的力量。

1.5.2　定价机制不合理

1) 价格形成机制。对商品进行定价的目的是通过价格来反映价值，通过价格来反映供求平衡，通过价格弥补成本。但是生态环境保护商品属于公共产品，由于缺乏产权，价格偏低。生态环境保护商品和服务价格形成机制不畅通的原因有相关产权市场化程度低、从生态环境无偿使用划拨到有偿使用的改革不到位、运营不规范等；环境保护行业中同时存在行政性垄断和自然性垄断，对垄断行业的成本监管普遍缺乏科学手段和制度性规定；环境保护税和环境污染税整体偏低，环境保护商品和服务的价格并不能体现出应有的市场价格；从价格方面来看，我国污染治理成本价格超过了污染和破坏的价格，导致企业缺乏进行节能减排、循环利用的动力，而是选择排污等方式对生态环境造成一定的污染和破坏；废弃物处理成本高于排放成本，这就导致许多企业选择缴纳排污费。加快推进社会资本参与的市政基础设施价格形成、调整和补偿机制，使社会资本能够有一定合理收益。采取上下游价格调整联动机制，当价格调整后还是不正常时，地方政府可根据实际情况安排财政性资金对企业运营进行合理补偿。有一些生态环境保护商品由于缺乏历史参考价格或者市场指导价格，其定价存在一定的困难。

2) 价格补偿机制。就目前来说，由于资金严重不足、环境保护产权界定不清、利益主体不明和补偿标准低，且缺乏可持续性等问题的存在，我国的生态环境保护补偿机制尚不完善。具体来说包括以下四个方面：一是生态补偿的融资渠道和主体单一，主要依靠政府的转移支付和专项基金两种方式，转移支付中以纵向为主，即中央对地方的转移支付，跨行政区域的横向转移支付尚未建立起来；二是以部门为主导的生态补偿，责任主体不明确，缺乏明确的分工，管理职责交叉，在整治项目与资金投入上难以形成合力；三是生态补偿领域过窄、标准偏低；四是以"项目工程"为主的补偿方式缺乏稳定性。这些都造成社会资本在进行生态环境保护商品服务生产中对生态环境保护商品定价的难度。例如，对某一区域的自然资源进行开发势必会破坏当地生态环境，所以应当从自然资源价格中体现出生态环境破坏的成本，通过价格的制定要能够对生态环境被破坏的成本予以补偿，价格中包含的这部分成本的补偿是很难计算的，需要通过一定的方法进行合理核算。

1.5.3　合作和竞争机制不公平

1) 生态环境保护主体的合作机制。虽然国务院在积极引导非公有制经济发展，想要吸引社会资本进入生态环境保护领域，但在实际操作和项目运行中，政府与社会资本合作的条件并不完全具备，并且存在如政策的变动、合作项目的变更及主体之间由于利益关系产生的不信任等问题。目前，我国社会资本参与生态环境保护的领域还不够广泛，环境保护主体之间缺乏信任，这成为合作的主要障碍。政府与社会资本合作项目近两年才开始广泛建设，其运营模式还不完善，资源共享机制、协调机制、利益分享和风险分担机制等还没有形成统一的规范，其合作以示范项目为主要参考依据，并没有明确规定各主体在政府与社会资本合作、社会资本与社会资本合作的具体运行机制。只有通过信息共享、人才共享、资源共享，才能实现环境保护企业和政府的合作共赢，并最终更好地实现生态环境保护的目标。

2) 生态环境保护主体的竞争机制。生态环境保护主体的竞争机制是保证市场化进程中各主体之间相对公平的竞争环境，并提高竞争的有效性，提高生态环境保护的效率。我国社会资本参与生态环境保护还存在一些无形壁垒，主要包括所有制歧视的进入壁垒、地方保护的进入壁垒和行业垄断的进入壁垒，如国有垄断、排挤等，社会资本无法进入或者进入后由于这些壁垒的存在退出成本极大。生态环境保护商品属于公共产品，参与主体比较单一，主要是国有控股企业。这些国有控股企业代表政府的意志来进行生态环境保护，生产和提供的生态环境保护商品在市场中没有替代品，在这种情况下容易出现垄断的局面。恶性竞争也是破坏生态环境保护市场良性竞争环境的主要原因，故也需要完善市场的恶性竞争控制机制。生态环境保护市场是一个新兴的市场，需要多元化的投资主体以竞争的方式参与其中，为市场增添活力。生态环境保护市场原有的竞争政策与现在的市场化进程不同步，存在低进入壁垒、高退出壁垒、政策性垄断企业、恶性竞争等问题，其阻碍了市场的有效竞争和良性竞争环境。因此，生态环境保护市场需要广泛吸引社会资本的参与，建立完善的合作竞争机制，由竞争走向合作。

1.5.4　激励约束机制不完善

生态环境保护商品属于公共产品，社会资本参与的积极性不高，因此政府有必要制定相应的优惠措施来激励社会资本主动参与生态环境保护。但是到目前为止我国政府只是出台了一些税收优惠、降险、融资担保、补贴等政策，这些政策只能在前期起到一定的激励作用，但是在生态环境保护过程中并没有相应的激励措施，无法激励社会资本主动进行技术创新、提供质量更好的产品或服务。在吸引社会资本参与生态环境保护的同时，还应该有相应的约束机制，对社会资本的经营规模、环境保护相关技术水平、信用条件等资质条件进行审核，从而确保社会资本有实力参与生态环境保护。社会资本参与生态环境保护之后，在生态环境保护项目运行过程中还要有相应的监督约束机制，防止社会资本努力程度不够，对生态环境保护产生不良影响。监督约束机制主要包括规范项目合作伙伴选择程序的风险防范机制，加强行业监管和质量监督机制、付费机制，以及第三方咨询、中介、支付机构的培育机制等。

总体来讲，目前我国生态环境保护市场中存在对社会资本的中期和后期激励不足、约束缺乏的问题，造成社会资本投资主体存在不愿投资、不敢投资、不会投资的心理等，同时由于允许社会资本进入生态环境保护领域的市场化还相对不成熟，其政策法律、社会资本运行环境还不完善，社会资本对政策信息和宏观形势把握不准确，存在自身决策管理水平较低、融资难等问题，社会资本抗风险能力远远低于其他经济主体，影响了社会资本参与生态环境保护的积极性，不利于生态环境保护目标的实现。

第2章　国外社会资本参与生态环境保护的
经验和启示

2.1　国外社会资本参与生态环境保护的背景

自工业革命以来，随着社会发展变化及人类对生态环境资源的开发和利用，生态环境遭遇了严重的破坏，生态资源不断减少。

2.1.1　生态环境污染日益严重

（1）大气污染

大气是人类赖以生存的环境基础，其污染严重威胁着人类的生存和发展。大气污染种类很多，较为认同的观点是根据污染成因将其划分为自然大气污染和人为大气污染，现实生活中常见的大气污染一般以人为大气污染为主。大气污染不仅影响着人类生产和发展，也对经济发展起到一定阻碍作用。

相关研究指出，自20世纪以来，空气中的甲烷和二氧化碳气体含量分别增加了145%和30%。联合国发布的《世界资源报告(1996—1997)》中预计到2020年世界能源消耗量将比20世纪90年代增加50～100个百分点，进而将会使大气中温室气体含量增加45%～90%，在未来的一个多世纪中，地球表面温度将会再提高1～3.5℃。气候变暖对农业、水源等方面都会产生影响。

大气污染还会对人类身体健康产生巨大威胁。20世纪30年代比利时发生了马斯河谷烟雾事件，一周时间就引起了几千人的严重呼吸疾病，其中有60余人在此次事件中丢失了生命。1948年10月，同样的事情在美国的宾夕法尼亚州重演，也就是轰动一时的多诺拉烟雾事件。1952年伦敦爆发了更加严重的伦敦烟雾事件，在4天之内许多市民出现了呼吸困难、眼睛刺痛的症状，有4000多名市民死亡，更为严重的是，在随后的2个月内，有近8000名市民死亡。世界卫生组织2016年发出警告，全球每年有700万人死于空气污染。

（2）水环境污染

污染物对水体的影响高于水体的自身净化能力，并引起水体质量不断减弱的情况被称为水体污染。水体中的污染物来源可划分为工业污染源、农业污染源和生活污染源，其中引起水体污染的主要原因是工业污染源。在工业化过程中，水体污染的发生已经造成了无法估量的经济亏损及人员伤亡，是经济社会发展的主要障碍。

随着全球人口数量的迅速增长、工农业的快速发展，淡水的需求量也与日俱增。1900～1975 年，全球农业用水消耗量增长了 7 倍，工业用水消耗量增长了 20 倍，近年来，年用水量每年增加 4～8 个百分点，淡水资源需求和供给之间的矛盾不断加剧。降水是陆地淡水的主要来源，但是由于地域差异，全球水资源分布不均衡，有的地区洪水泛滥，有的地区却十分缺水。全球有 80 多个国家处于干旱半干旱地区，水资源的匮乏对全球 40%的人口的生活造成了影响。日益严峻的气候问题也使干旱更加严重。

水体污染不仅对淡水资源进行破坏，而且使海洋资源受到严重的威胁。各国特别是工业国家每年都向海洋倾倒大量废物，如下水道污泥、工业废物、疏浚污泥、放射性废物等，严重威胁海洋生态系统的安全。除此之外，海上石油开采也是海洋污染的主要来源。石油污染会产生海面油膜，直接危害海洋生物的生存环境，石油中的有毒物质可以经过食物链传给人类，从而对人类健康产生影响。

（3）固体废弃物污染

引起固体废弃物污染的情况很多，主要包括以下三种情况：一是工业固体废弃物污染。由于市场化机制不完善，缺乏对企业的激励约束机制，很多企业在生产过程中排放了大量的固体废弃物，并且对这些固体废弃物没有很好的处理机制，工业固体废弃物污染现象越来越严重，对生态环境的破坏程度也越来越严重。二是城市生活垃圾污染。随着生活水平的不断提高和经济社会的发展，电子商品的需求量越来越大，由于电子商品更新换代速度较快，电子废弃物污染现象越来越严重。三是农村固体废弃物污染。我国农村固体废弃物的排放量逐年增多，因此农村固体废弃物污染现象也不容小觑。

2003～2012 年，越南全国固体废弃物平均增加了 50%，城市生活固体废弃物增加 200%以上，工业固体废弃物增加了 181%以上并且还在不断上升。2013 年，越南工业固体废弃物产生量达 1.7 亿 t。固体废弃物污染问题值得重视。

（4）土壤资源退化

土壤资源是农业发展的基础，是人类生存的根本。近年来，人类盲目地发展和不注重保护，造成全球土壤资源严重退化。依据联合国环境规划署的土壤退化评价分类标准，2016 年全球约有 12 亿 hm^2 的土壤发生了中等程度以上的退化，其中发生严重土壤退化的总面积有 3 亿 hm^2，其已经失去全部的生物功能。

不仅发展中国家面临土壤流失的威胁，发达国家也面临同样的土壤危机。在美国，有 44%的农田存在土壤退化的问题，每年流失的土壤量达到 64 亿 t，其总量相当于把整个日本耕作层厚度加厚 8cm。土壤流失动摇了美国的农业根基。据联合国环境规划署的调查，撒哈拉沙漠每年向南扩展 150 万 hm^2，平均每小时有 $170hm^2$ 沙漠形成。在苏丹境内，1958～1975 年撒哈拉沙漠向南扩展 90～100km，平均每年扩展 5～6km。

(5)森林草原面积大幅度减少

森林在生态环境保护过程中作用巨大，它能够吸收二氧化碳，释放氧气。由于森林资源破坏严重，其调节气候的能力也不断减弱。联合国粮食及农业组织(Food and Agriculture Organization of the United Nations，FAO)对全世界的粮食和森林情况进行了统计，在发布的《2007 世界森林状况》中可以看出，1990～2005 年，全世界的森林面积不断减少，大约减少了 3%，并且森林仍然以 730 hm^2/a 的速度减少。其中，由于大量开垦和过度使用及森林火灾等情况的发生，亚马孙热带雨林也在不断减少。

2.1.2　政府生态环境保护投资效率低下

政府财政参与生态环境保护投资效率低下的主要原因是：一方面，政府的财政规模有限，限制了生态环境保护投资的规模，从而难以形成生态环境保护产业的规模效应。受经济发展规模和水平的制约，以及生态环境保护商品的公共产品属性的影响，当前，许多国家生态环境保护的投资主体依然以政府为主。图 2-1 为美国政府处理污水投资金额，由此可以看出在 20 世纪，美国政府在污水处理方面，时间越早，投资金额越多，但效率不高，随着时间的推移，投资金额逐渐减少。另一方面，政府参与生态环境保护投资主要是追求生态环境保护的环境效益和社会效益，而不太注重其经济效益。因此，政府资本相对于社会资本而言缺乏逐利性与灵活性，在生态环境保护资金使用和项目运营过程中往往会出现贪污腐败、人浮于事、无所作为等现象，这些情况会影响政府在生态环境保护过程中投资效率不断优化的过程。

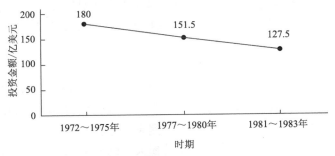

图 2-1　美国政府处理污水投资金额

社会资本相对于政府资本而言更具有灵活性和逐利性，而且其发展规模日益扩大，投资渠道也不断拓宽。因此，引入社会资本参与生态环境保护是解决发展中国家政府投资效率低下的有效手段。

2.1.3　社会资本公共投资不断发展

社会资本参与公共投资项目，一方面能够减轻政府部门日益加剧的财政压力，为各个项目提供一定的资金支持；另一方面，社会资本参与能够带来新的生产方式和管理模式，为公共事业注入新鲜血液，带动公共项目的不断发展。

（1）社会资本规模日益扩大

第二次世界大战之后，大量的军事科学被运用到民用生产领域，促使科学技术快速发展，在迅速发展的科学技术的推动之下，航空运输业、家用电器业和信息产业快速发展，生物工程、海洋工程和航空航天工程异军突起，世界经济的产业结构快速调整，不断有新的市场被开发和拓展，带动了发达国家的经济发展水平的提高，提升了其社会生产力。在此背景下，社会资本规模迅速扩大，总量快速增加，社会资本在国民经济中所占的比重逐年增加，已经成为经济社会不断发展进步的重要支撑，也为社会资本参与生态环境保护提供了条件。

（2）社会资本投资渠道逐步多元化

社会资本具有较高的灵活性和逐利性，是增强经济内生动力的重要途径。随着经济和社会的发展，许多国家在公共投资的各个领域中，展开了引入社会资本进行建设的尝试，并取得了巨大的成就。例如，意大利政府自 1993 年以来陆续把一批国有银行、保险公司、航空公司等国有企业出售给社会资本经营；法国政府在 1999 年将国营里昂信贷银行私有化，国家最终持股不超过 10%；在美国，政府鼓励社会资本参与，尤其是军事工业领域；欧盟成员国也逐步将社会资本引入军工企业的科研、开发、维修等领域；日本军队的各种装备都是通过政府订货和采购，由社会资本进行生产的。在发展中国家，社会资本参与生态环境保护的力度不断加大，社会资本的投资方式也在不断多元化，针对发展中国家生态环境保护的现状，将社会资本投资引入生态环境保护，是解决生态环境保护投资资金匮乏、效率低下问题的重要思路。

（3）社会资本投资环境不断优化

社会资本的发展需要较为完善的法律法规环境。以美国为例，社会资本和国民经济活动被纳入完备的法律法规中，财产权、经营权得到强有力的保护。在开放的经济环境条件下，我们应该通过制定完善的法律法规为社会资本的投资提供条件，以保证社会资本不会遭受不必要的损失。随着第二次世界大战的结束，日本和欧洲各国也将关注点放在了健全经济方面的法律法规上，并制定了一系列能够刺激和激励投资者的法律法规。

社会资本参与公共投资需要一定的政策环境以保证社会资本投资的顺利进行，如通过贴息贷款等措施减少中小企业对资金方面的担忧。具体做法如下：首先，对中小企业贷款给予一定的优惠政策，对企业给予一定的资金补贴；其次，在长期贷款项目上，采取贴息贷款的方式为中小企业发放贷款；再次，政府优惠贷款，具体包括为政府对社会资本的投资设立专门的机构、设立专项资金和低息贷款项目，并对投资的企业进行筛选；最后，开辟直接融资渠道，为企业探索更加合适和直接的融资渠道。

2.2　发达国家社会资本参与生态环境保护的运作经验

为了弥补政府在环境权益配置上的失灵，发达国家将政府监管和市场规律相结合，积累了社会资本参与生态环境保护市场化机制经验，本书主要涉及美国、日本、德国和英国等国家社会资本参与生态环境保护市场化的做法。

2.2.1　设立社会资本参与生态环境保护组织机构

（1）美国生态环境保护组织机构

为了吸引社会资本参与生态环境保护，美国政府积极扶持了一些生态环境保护组织机构。例如，美国服务机构为社会资本参与生态环境保护提供了全面的保障，主要有以下内容：一是由政府信息资源中心为社会资本投资生态环境保护提供其所需的主要信息，从而使社会资本可以快速准确地获取信息并做出投资决策；二是在申报和批准方面提供帮助，当社会资本提出申请时，州政府会委派专员在企业办理各项审批手续时提供全程指导，企业只关注与具体实施有关的事宜即可；三是在运营阶段提供指导，政府通过生态环境保护组织机构为社会资本投资和经营生态环境保护项目提供专业指导，对投资规模较小的社会资本给予一定的价格补贴，进而提高其竞争力；四是美国的一些家族基金组织也会为生态环境保护提供帮助，虽然政府不直接对家族基金组织提供财政资助，但是在国家政策方面还是会给予一定的扶助，如税收减免等，这有助于刺激生态环境保护市场的进一步发展。

（2）日本生态环境保护组织机构

为了给社会资本的投资提供有效保障，日本政府建立了完善的中介机构，主要包括日本企业协会、企业调查和研究咨询三种机构。这些机构不受政府管制，而是以企业的发展和产业调整为依据，按照市场化的规律运作，充分表现出了为企业提供服务的精神，有效地促进了行业的竞争和发展，是政府和社会资本之间进行连接的桥梁。此外，日本某些专业金融机构为生态环境保护提供低息贷款，为处理废弃物及可再生资源产业进行融资。这些机构主要包括日本开发银行、日本国民金融公库、日本中小企业金融公库、公害防止事业团及涉及中小企业设备更新资金的都道府县和日本中小企业事业团。这些机构进行融资的对象、支付贷款及利金的方式和数量都存在一定的差异，但均低于平均利率。

2.2.2　健全社会资本参与生态环境保护法律法规

健全的法律制度环境是社会资本参与生态环境保护赖以生存的基础，也是增强社会资本投资信心和降低社会资本投资风险的有效措施。

（1）美国社会资本参与生态环境保护法律法规

为了促进社会资本参与生态环境保护，美国政府不断地完善相关法律法规，借此来弥补生态环境保护市场功能存在的不足，并且可以有效阻止决策随意和权力寻租。为了鼓励社会资本的发展，在1958年美国政府设立了政府风险基金，在审理小企业法案过程中对环境保护的项目进行了激励，为社会资本的发展奠定了基础。在知识产权保护方面，通过完善的法律法规提升社会资本参与生态环境保护自主研发投资的积极性。通过完善法律法规也为社会资本参与公共项目奠定了基础。2005年，美国政府为了激励民众节约能源，推出了《能源政策法》，并为环境保护企业提供减少10%利息的优惠政策，以鼓励企业使用太阳能和地热能（徐孝明，2017）。

（2）日本社会资本参与生态环境保护法律法规

通过对日本生态环境治理情况的研究，可以看出其大致分为三个阶段：第一阶段是通过制定环境影响评估制度等政策机制，激励了许多生产环境保护设备的企业，这个阶段是从20世纪70年代开始的，日本民众的环境保护意识不断提高，从而加快了环境保护的进程；第二阶段是开发新能源的"新阳光计划"、以节能为目标的"月光计划"和"地球环境技术开发计划"阶段，这个阶段发生在20世纪80～90年代；第三阶段是循环型生态社会发展阶段，这个阶段发生在21世纪以来，强调加强企业治理污染的意识，加快了日本社会从工业社会向生态环境保护社会的转变。

日本政府通过不断完善社会资本参与生态环境保护的政策法规，为社会资本参与生态环境保护提供条件，进而推动全社会资本参与到生态环境保护的进程中来。日本通过制定和实施《中小企业投资法》（马连杰和邓辉，1999），来建立完善的中小企业法律法规和管理机构，为中小企业参与生态环境保护的发展提供优惠的政策支持和财政补贴。为减轻政府财政对公共基础设施建设的压力，日本吸取英国的私人主动融资（private finance initiative，PFI）模式经验，颁布并推广了《利用民间活力等以促进公共设施建设之法律》，不断激励日本政府完善社会资本参与的政策法规。同时，日本政府通过《民间融资社会资本整备》以政府文件的形式明确了公共服务改革的指导原则(景婉博，2017)，并相继发布公共服务改革的政策框架和推进社会资本与政府合作参与公共基础设施建设的行动指南。

(3)德国社会资本参与生态环境保护法律法规

德国能够顺利推动生态环境保护市场化机制的运行主要依靠的是较为完善的政策法规环境。德国政府从水利、垃圾、土壤保护和环境信息等方面制定了一系列关于生态环境保护市场化机制的法律规范。德国政府为社会资本参与生态环境保护的顺利进行制定了第一部与此相关的法律《垃圾处理法》，在此之后，德国政府又重新修订了《德国基本法》中关于生态环境保护的部分(李为，2015)。随着经济社会不断发展，新环境问题不断出现，德国政府及时出台了《循环经济与废弃物法》和《可再生能源法》，2005 年德国又颁布了《联邦控制大气排放条例》和《能源节约条例》，至此德国建立了较为完善的生态环境保护的法律法规。

2.2.3　优化社会资本参与生态环境保护投融资机制

(1)美国社会资本参与生态环境保护投融资机制

美国社会资本参与生态环境保护的投融资机制灵活多样，主要包括以下四个方面。

首先，排污许可证交易。在美国，排污许可证的交易非常普遍、活跃。美国的排污权交易主要有三种形式：一是排污削减信用(emission reduction credits，ERC)模式，二是总量-分配模式，三是非连续排污削减模式。美国采取的排污权交易模式为 ERC 模式，通常是指由生产者自愿采取措施使其污染物排放量低于许可范围内的排放量而产生的差值。总量-分配模式从 1990 年开始成为排污权交易的主流，它是指政府用某种程序将有限污染权赋予污染者。美国 20 多年来在排污权交易领域始终交叉使用这两种模式。非连续排污削减模式近几年刚刚用于实践，实际上它是在 ERC 模式基础上的改进，是名副其实的排污削减，其值为某一项排污行动实施前后排污量的差值。

其次，企业自筹，即企业一系列筹措资金的手段和方法，如向银行借贷、发行企业债券、上市融资等。企业之所以会为环境保护产业注资，一方面是企业为了适应当代经济社会，另一方面也是为了持续获利和保持持久竞争力等。

再次，公私合作模式。其主体包含民营化、合同、租赁、新建基础设施项目等融资方法，以及在发展援助方面公共部门与私人部门之间协作，这种合作形式最大的好处是能够有效地分离管理权和所有权。

最后，环境保险。近年来美国众多的保险公司进军环境保护领域，使一种新型的环境保险产业应运而生。目前，美国各保险公司开展的环境保险业务主要为两大类型：一是针对一般性企业或机构的环境损害责任险；二是针对专业的环境保护咨询、设计、工程、服务等公司的环境保险。环境保险作为经济和环境界共同建立的合作平台，一方面其发展促进了企业积极的环境投入；另一方面避免了企业因环境责任而蒙受经济损失，保障了企业正常的经济运行。

(2)日本社会资本参与生态环境保护投融资机制

自从 PPP 模式被引入日本公共基础设施建设领域以来，其越来越受日本政府的重视。日本引导社会资本和政府合作参与公共基础设施建设模式主要借鉴英国 PFI 模式，PFI 模式是 20 世纪 90 年代初诞生于英国的一种项目融资模式，即充分利用私有资金来建设和运营公共基础设施项目，不同于传统的由政府负责投资和建设基础设施的模式。该模式通过引导社会资本参与投资公共产品，从而提高公共产品的生产效率。PFI 模式是 PPP 模式的类型之一，侧重于社会资金主动投资，而政府主要追求的是取得更多的公共产品或服务。

在日本，金融机构是社会资本参与生态环境保护投资的重要融资渠道之一，为了让更多企业通过资本市场筹集资金，日本政府设置的金融机构主要包括政府金融机构和中央银行民间金融机构。它们彼此分工明确，专业性强，为中小企业和新兴企业提供长期的、有固定利率的贷款的同时还支持企业间的横向联合及分工合作。政府金融机构能够为社会资本参与生态环境保护提供重要的政策和资金支持；中央银行民间金融机构在较低的利率下对中小企业进行融资，其对中小企业投资很有吸引力。因此日本中央银行民间金融机构能够有效促进社会资本参与生态环境保护的发展。

(3)英国社会资本参与生态环境保护投融资机制

英国泰晤士河流域面积为 1.3 万 km^2，该流域对英国 GDP 的贡献率达到 1/4 以上。然而，由于人口过度拥挤、交通和工业污染、生活垃圾和废弃物的污染等，英国泰晤士河生态系统受到严重的污染和破坏。英国政府在 20 世纪后期通过对水行业的供给和管理进行非国有化改革，引入市场竞争机制，吸引社会资金参与生态环境保护基础设施建设。在此背景下，泰晤士水务公司通过投资参与泰晤士河的污染治理，通过多项投资，其先后完成了泰晤士河水环形主管道的建设，以及对泰晤士河水环形主管道的扩建。此外，泰晤士水务公司还积极投资英国水处理高级项目，引入了臭氧-活性炭吸附污水处理技术。

创建并完善生态环境保护与建设基金制度，能够对生态环境保护项目的投资和运营进行公开透明、系统规范的管理，能够有效促进生态环境保护产业的快速发展。为了帮助企业降低生产过程中二氧化碳的排放量，英国政府投资并成立了按照企业模式运营的"碳基金"，其一方面是为了提高英国工业生产的能源利用效率；

另一方面是为了实现低碳技术引领产业变革。英国气候变化税是"碳基金"资金的主要来源，而其投资的领域主要包括技术研发、技术商业化及投资孵化器等。"碳基金"基于完善而又严格的基金管理制度来确保投资资金合理规范地使用。

2.2.4　落实社会资本参与生态环境保护优惠政策

（1）美国社会资本参与生态环境保护优惠政策

美国的生态环境保护政策侧重于开发新技术和新产品来实现生态保护和经济的可持续发展，美国政府高度重视涉足生产研发的民营企业，除直接拨款外，还通过设置多个政企合作专项计划鼓励生产研发，并对研发费用较高的企业给予税收优惠政策。通过政策的多样性，美国力求充分发挥社会资本的积极性，使其自愿参与环境保护。

美国政府依据《清洁水法》和《清洁水法修正案》，在各州设立"清洁水州立滚动基金"，该基金由联邦政府和州政府按照4∶1的比重投入资金，各州设立自己的管理机构。该基金可以广泛用于各种水质保护项目，包括市政污水处理项目及各种港口、港湾管理项目。基金还为地方政府、小企业、农民等提供低于市场利率的低息建设贷款、免息贷款、地方债务再融资、贷款担保或保险购买服务等。该基金资助的这些项目获益后，偿还的贷款、利息、利润将重新进入该基金用于新的项目。这种模式推动了该基金资产成倍增长，该基金目前平均每年可以提供约32亿美元的资金援助。

（2）日本社会资本参与生态环境保护优惠政策

日本政府通过设置全社会污染控制总目标来引导企业实施生态环境保护，同时通过市场行为调节企业生态环境保护行为，尽量降低生态环境被破坏程度和污染程度。为了积极指导社会资本参与生态环境保护，日本政府制定了一系列优惠政策，通过财政金融手段引导生态环境保护行业资金流向，并允许建立生态环境保护各类基金，以此来促进生态环境保护行业的长期发展。日本政府依据《公害对策基本法》对能够有效降低生态环境污染和破坏的设备减税40%～70%，对装有污染控制设备和废水回收装置的设备则减税40%，日本政府还特别规定，当任何一年研发费用超过以往年度最高资金额度时，可以将逾额部分的20%费用从企业法人税或所得税中扣除，同时针对中型或小型企业研发经费增加额可免税。

日本政府一般对商业企业征收固定资产税，如占用土地要征收土地保有税，但为了激励企业安装环境保护设施的积极性，日本政府在地方税收方面采取减免税收的特别措施，如对不产生污染的工业装置,可以在安装设施的前三年免征50%的固定资产税。对有些企业，由于其污染控制费用高，或者污染控制方面的投资和费用高而使利润锐减的，则可以额外地减少其收益税，这样也就减轻了该类企业的纳税负担。

(3)德国社会资本参与生态环境保护优惠政策

德国是世界上对生态破坏和环境污染治理最早的国家之一,但它也经历了"先污染后治理"的过程,从之前的环境问题被忽视,到环境问题意识显现,再到环境政策转型、环境政策绿色化,进而促使环境保护技术快速发展,整治环境污染的成绩十分显著,因此德国成熟高效的生态环境保护模式备受人们推崇。德国政府通过生态税、排污许可证和押金回收制度等一系列限制性措施强化和引导社会资本积极参与生态环境保护。首先,实施生态税。德国非常重视工业生产过程中能源的使用效率,为了进一步节约能源,德国政府将生态方面税收作为生态环境保护行业的调控杠杆,这明显地促进了德国生态环境保护产业的发展。在污水治理领域,德国政府以废水"污染单位"作为衡量废水污染的基本准则,在全国范围内统一废水污染的税率,并将每年的水污染税收所得用于改善德国区域水质。在能源消费方面,德国通过对石油等传统能源的企业增收生态税以促使德国企业含硫燃料的消费量迅速降低。这些限制性措施不仅要求造成环境污染的企业承担相应经济责任,而且监督企业实施废料回收和生产循环,从而扶植和鼓励环境友好型企业的发展。其次,推行排污许可证制度。通过市场机制调节企业排污权及排污行为,从而有效抑制污染物的排放。最后,实施押金回收制度。它是一种将企业外部不经济内部化的经济激励手段,即政府通过对企业生产的环境污染行为征收费用,再使用押金退回的手段增加企业收益,从而鼓励企业的生态环境保护行为。

除了限制性措施外,德国政府还通过财政补贴、税收优惠、贷款优惠和折旧优惠等政策来降低社会资本参与生态环境保护的成本,提高企业的竞争力和盈利水平,从而鼓励和引导社会资本参与生态环境保护。首先,财政补贴方面。德国《循环经济与废物处置法》规定,对兴建废弃物处理设施的企业给予财政补贴(刘岩,2007)。其次,税收优惠方面。通过降低或者减免税收,鼓励企业安装环境保护设施;允许积极从事生态环境保护项目研发的企业将研发费用算进税前生产成本中;对能避免或减小生态环境危害的商品,可以只交所得税而不用交销售税。再次,贷款优惠方面,德国还通过低息贷款为社会资本参与生态环境保护提供资金融通。例如,德国对在生产过程中安装生态环境保护设施的企业给予低于市场平均利率的贷款优惠,而且提供期限长、利息固定,开始几年内不需偿还,必要时还可给予补助等优于市场条件的偿还条件。最后,折旧优惠方面。德国政府在相关法律中允许生态环境保护设施的折旧超过正常的折旧,以此来激励企业进行生态环境保护设施投资。

2.3　发展中国家社会资本参与生态环境保护的主要内容

当前，许多发展中国家在其工业化过程中，依然以粗放的经济增长方式来促进其经济社会的发展，从而实现其经济追赶的目标，快速的工业化进程虽然使发展中国家的经济社会获得了巨大的发展，但是也给发展中国家带来了许多不利影响，首当其冲的就是它们的生态环境。生态环境不断被污染和破坏，森林和草原面积减少，空气质量恶化，水污染日益严重，城市交通堵塞、住宅拥挤等现象日益突出等，这些生态环境问题已经严重影响和威胁发展中国家经济社会的发展。社会资本参与生态环境保护能够有效提高生态环境保护的效率。

2.3.1　社会资本参与生态环境保护法律法规

为了能够及时对违背生态环境保护的违法行为进行惩罚，有必要建立一套科学的生态环境保护法律机制，这个过程涉及立法、执法和司法等一系列环节与内容，它不仅要求有健全的生态环境的执法机构，还要求必须具备相应的执法能力，从而对现有的生态环境保护法律法规进行完善，确保生态环境保护法律机制的良好运作，最终实现生态环境保护法律机制的基本保障功能。

（1）印度社会资本参与生态环境保护法律法规

印度生态环境保护法律法规的形成可以分为三个时期。第一时期是形成期，时间是 20 世纪 70 年代。印度政府 1972～1976 年先后制定并出台了《野生生物保护法》《水污染防治法》《城市土地法》《水污染防治税法》，其中印度政府于 1976 年所出台的《宪法(第四十二修正案)》规定了政府保护和改善生态环境的基本责任(段帷帷，2016)，还对社会公众参与生态环境保护的义务进行了规定。第二时期是发展期，时间是 20 世纪 80 年代。1980～1989 年，印度政府先后颁布了《森林保护法》《大气污染防治法》《环境保护法》等，这些和生态环境保护相关的法律法规已经成为印度生态环境保护的基本法律法规。第三时期是完善期，时间是 20 世纪 90 年代至今，在此期间，印度政府先后制定了《公害赔偿责任保险法》《国家环境裁判法》《国家环境控诉权法》《邦能源法》(邹萍，2011)等，尤其是在 1994 年，印度政府发布了实行生态环境影响评价的行政法令，这些法律法规的出台进一步完善了印度经济改革期间的生态环境保护的法律体系。为了进一步适应生态环境保护的新趋势，印度一些现有的生态环境保护法律法规也根据可持续发展原则和生态效益原则进行完善与转变，生态环境基于其所有权被视为一种稀缺资源，生态环境保护主体的权利和义务已经重新被界定，社会资本基于市场理论被更多地运用到生态环境保护领域，生态环境保护的市场化机制正在形成。

　　(2)巴西社会资本参与生态环境保护法律法规

　　巴西政府针对生态环境的污染与破坏制定了《森林法》《水利法》《狩猎法》等法律法规来保护生态环境(李赟萍，2010)，但是由于存在较多的缺陷，这几部法律并没有及时有效地抑制生态环境的恶化。进入20世纪70年代，生态环境问题对巴西经济社会发展的威胁日益严重。1972年召开的联合国人类环境会议对巴西生态环境保护法律的建设而言是一个转折点，从此之后，巴西的生态环境保护法律法规进入了不断完善的时期，巴西政府借鉴德国生态环境保护立法的经验，出台了联邦《环境基本法》及其相关实施细则(范纯，2011)。1988年巴西在其新的联邦《宪法》之中历史性第一次针对环境权条款进行了规定，具体内容是每个公民都有权享受一个生态平衡的环境，为此巴西将人类健康、生态系统保护和遗传基因保存等相关的生态环境内容纳入保护的范围。至此，巴西的生态环境保护法律法规已基本涵盖了生态环境保护各方面的内容。

　　《国家环境政策法》是巴西生态环境保护的基本法，主要通过行政制约手段和民事责任追究制度对社会资本参与生态环境保护进行监督约束。行政制约手段的主要内容包括：第一，按天计罚，如果社会资本在生产经营过程中违反生态环境保护相关规章制度，巴西政府相关生态环境保护部门可以按照每天生态环境恶化程度累计算出罚款的额度并予以罚款；第二，取消政府相关优惠政策，如果发现企业在自身生产经营的过程中存在破坏生态环境保护的行为，那么政府将会取消对企业所给予的经济援助和财政补贴，并且企业不得参与政府所提供的资助项目；第三，停业整顿或关闭，如果企业在生产过程中存在情节十分严重的生态环境污染或者破坏行为，政府生态环境保护相关部门有权向上级部门反馈信息并要求相关企业停业整顿，或者直接关闭该企业。在对违反生态环境保护法规制度的社会资本实施行政制裁的同时，社会资本还应该承担民事责任，社会资本必须肩负保护生态环境和社会公众利益的责任。巴西政府的检察机构或州政府的检察机构可以对涉及生态环境污染或破坏的企业提出公诉，要求相关企业承担生态环境污染或破坏的后果，赔偿生态环境污染或破坏所造成的损失，从而肩负起生态环境保护的责任；受生态环境污染或破坏伤害的社会公众也有权向造成生态环境污染或破坏的企业发起民事诉讼，要求对其人身和财产的损害进行赔偿。

　　随着巴西经济和社会的不断发展，社会资本渐渐被关注并利用在生态环境保护领域。例如，巴西政府颁布的《公有林可持续经营管理法》规定(白秀萍等，2017)，巴西政府可以将国有土地租借给私营组织或者社会公众开发利用，并委托私营组织或者社会公众对森林进行开发和管理。这些都为社会资本参与生态环境保护市场化机制的形成提供了经验并指明了前进方向。

(3)俄罗斯社会资本参与生态环境保护法律法规

作为资源大国和工业大国，俄罗斯拥有的丰富的自然资源为其经济发展奠定了雄厚的基础，但是自然资源的巨大消耗对生态环境的严重破坏已经成为俄罗斯不得不面对的问题，为此，俄罗斯在技术、经济、行政和法律等方面采取措施，治理生态环境污染，从而改善生态环境质量。

为了保证社会资本严格依照生态环境质量标准进行生产，俄罗斯在其颁布的《自然环境保护法》中对社会资本提出了明确而具体的要求(王韶华等，2007)，不仅针对各种所有制形式和从属关系的社会资本进行相关要求，也针对社会资本经营过程的不同阶段有所要求。俄罗斯《自然环境保护法》规定俄罗斯境内的工业项目、建筑项目、交通项目及公共基础设施建设项目等工程的规划设计和选址方案都要符合生态环境的要求，从而实现生态环境质量的改善。具体而言，首先，俄罗斯《自然环境保护法》规定对工程项目的规划设计和选址方案实施经济技术论证时，要考虑基本生产项目和辅助服务设施中是否有生态环境保护设施，是否采用节省资源或少废料或无废料的生产工艺，对工程项目的实施过程进行生态鉴定，鉴定未通过的工程项目不能实施。其次，当工程项目投产使用时，必须完成整个项目的所有生态要求才能投产，工程项目的验收委员会必须有国家自然环境保护和卫生防疫监督部门的代表参加，禁止工程项目使用不能监测环境污染和保护自然、恢复耕地、改善工作，且没有对有害废物进行净化和消毒的现代工艺、设施、设备。最后，根据立法，验收委员会的代表和成员违背工程项目的验收手续承担个人责任。

此外，《自然环境保护法》还对社会资本参与农业经营、军事国防工程及城市建设等活动分别提出了生态要求。若社会资本在筹划过程中没有达到相关生态环境保护的要求指标，相关机构在实施生态鉴定的基础上，有权叫停部分或者全部生产经营活动。

2.3.2　社会资本参与生态环境保护管理机制

完善的生态环境保护管理机制是提高社会资本参与生态环境保护效率的基本保障，一套科学合理、严格规范的生态环境保护管理机制，能够最大限度地扩大生态环境保护投融资规模，提升投融资效率。反之，如果缺乏完善的生态环境保护管理机制对生态环境保护投融资进行管理，就会降低社会资本在生态环境保护领域正向的效应。发展中国家在其生态环境保护的历程中，针对社会资本参与生态环境保护的管理机制进行了长期的经验借鉴和探索实践，并取得了十分明显的成就。

(1)健全管理机构

社会资本在参与生态环境保护的过程之中，应该不断完善相关管理机构及其内部具体的部门设置，采用适当的管理手段来强化和约束社会资本的职业道德、责任意识及行为规范。如果管理不严，社会资本往往会缺乏参与生态环境保护的压力和动力。因此管理机构应该不断强化其监管力度，一方面，督促社会资本提高生态环境保护自觉性，不断强化对社会资本生产过程中生态环境的约束力；另一方面，积极完善社会资本参与生态环境保护的纪律规章和考核奖惩等相关制度与措施，对相关企业的生态环境保护行为实施有效激励。

以巴西为例，为了有效遏制生态环境问题的进一步恶化，巴西政府早在1973年就设置了环境特别局，此举被认为是巴西政府积极推行生态环境保护政策的开端，为了能有效保障生态环境保护政策在联邦层面得以有效制定和实施，巴西政府又于1981年设置了国家环境委员会，此后，巴西针对生态环境问题不断建立和完善相应的生态环境管理机构，其国内的生态环境管理体制也随之逐步趋于完善。

印度的生态环境保护监管机构也随着生态环境保护持续深入地发展而日趋完善。总体来说，印度生态环境保护监管机构的发展具有两个明显的特征：首先，管理机构的地位不断提高。印度政府于1972年在环境委员会科技部设置了国家环境规划与协调委员会，专门负责印度的生态环境管理。1980年，印度政府为了加强生态环境保护的制度化建设，单独建立了环境总局，专门负责生态环境问题的管理事宜。第二年印度创办了全国环境计划委员会，代替1972年成立的国家环境规划与协调委员会，其首要任务是负责印度每一年关于环境保护的公告。1984年，博帕尔毒气泄漏事件的发生使印度政府进一步增强了生态环境治理机制的建设，1985年，印度政府将环境总局晋升为环境与森林部，成为目前印度最高生态环境管理机构。其次，不断细化环境管理机构当中的组织设置，并且不断提升专业化程度。除了全国性生态环境治理机构，印度各地方政府还设置了配套的生态环境管理机构，在全国范围内构建起较为完备和健全的生态环境管理机构，为社会资本参与生态环境保护管理制度的不断完善奠定了基础。

(2)完善评价监督体系

科学合理的评价监督机制不仅对社会资本参与生态环境保护责任意识的确立有积极的引导作用，而且是社会资本参与生态环境保护监管机制不断完善的重要表现之一。如果没有一套科学合理的评价监督体系，社会资本参与生态环境保护的行为得不到推崇和鼓励，就会影响生态环境保护投资和项目运营的管理与信息反馈，挫伤社会资本参与生态环境保护的积极性，消除其参与生态环境保护的动机和行为，从而影响生态环境保护中社会资本投资的效率。

生态环境保护评价监督体系涉及社会、经济和环境三大系统的各个方面，可以推动经济社会的可持续发展。随着生态环境保护在发展中国家可持续发展战略中地位的日益突出，社会资本参与生态环境保护投资综合效益评价的理论和实践逐渐引起发展中国家的关注。许多发展中国家能够充分结合自身经济发展状况和生态环境保护水平，实施社会资本参与生态环境保护的评价与监督，不断改善其社会资本参与生态环境保护评价监督体系，一方面修正并完善评价指标，使其涵盖社会资本参与生态环境保护的各方面内容；另一方面，积极借鉴发达国家先进的经验，使发展中国家社会资本参与生态环境保护的评价机制更加科学有效，从而带动发展中国家的生态环境保护水平整体提高。

2.3.3　社会资本参与生态环境保护政策服务

面对日益严重的生态环境污染和破坏及其对经济社会发展的严重威胁，发展中国家制定了一系列生态环境保护政策，引导社会资本参与生态环境保护，从而扩大生态环境保护的投资规模，改善生态环境保护投资的运营机制，提高生态环境保护的效率，最终实现经济社会的可持续发展。本书结合发展中国家社会资本参与生态环境保护的政策内容进行总结，主要包括激励政策、财政政策、税收政策和政府购买政策四个方面。

（1）激励政策

作为公共物品，生态环境保护长期以来由政府担任主体，社会资本由于其所特有的逐利性而很少参与生态环境保护，但是面对日益恶化的生态环境，政府的环境保护压力越来越大，因此许多发展中国家通过制定一系列政策来激励社会资本参与生态环境保护。例如，巴西不仅从政府层面通过制定相关法律法规来规范社会资本和公众的生态环境保护行为，而且在社会资本和公众层面采取多项措施，鼓励和引导社会资本和公众参与生态环境保护，从而打造多方联动的生态环境保护形势。基于此，巴西国内的一些地方政府通过制定一系列具有优惠性的政策法规来刺激社会资本参与生态环境保护的积极性，促进社会资本参与生态环境保护市场化机制的形成。

（2）财政政策

财政政策能够给予参与生态环境保护的社会资本最为直接的激励，能够极大地促进社会资本参与生态环境保护。当前，财政政策是发展中国家激励社会资本参与生态环境保护最基本的手段之一。印度政府为了有效开发清洁能源，采取了一系列的财政政策来支持其国内风电产业发展。首先，印度政府在贷款额度、贷款利率及还款条件等方面为国内风电企业提供了十分优惠的条件。其次，针对风电产业的发展，印度可再生能源开发署专门在 2008 年开设专项周转基金，为风电产业的发展提供资金支持。最后，印度政府利用财政资金或专项基金对生态环境保护产业和技术改造项目进行贴息。

（3）税收政策

为提高社会资本参与生态环境保护的积极性，发展中国家通过制定一系列税收政策来鼓励和引导社会资本参与生态环境保护项目、节能节水项目及购买生态环境保护相关专用设备。例如，印度政府早在 20 世纪 90 年代就采取了一连串税收优惠措施来刺激印度风电产业发展，以此来刺激印度新能源产业的发展，这些税收优惠政策主要包括：在风电设备安装第一年对其进行 100%折旧，并且电力销售的前五年都可以免税；对一些特殊风机需要进口的零部件实施税收优惠；减让电力销售税等。印度出台的《2003 年电力法案》，提供了多种税收优惠政策，来促进风力发电厂的建设和运营，2010 年，印度政府又对风电产业的税收优惠政策进行了更新，从而激励印度风电产业的进一步发展。

（4）政府购买政策

通过政府的优先购买，可以使相关生态环境保护的产品或技术在市场竞争中获得优势，从而有助于提高生态环境保护的水平。面对日益恶化的生态环境问题，墨西哥政府通过政府购买不断鼓励国内生态环境保护设备生产的相关企业进行技术革新，满足墨西哥政府对生态环境保护的技术需求，进而实现生态环境保护设备更新，更高程度地遏制生态环境污染及破坏。例如，墨西哥为了控制其国内的空气污染，通过政府的优先购买不断鼓励社会资本在汽车尾气排放、清洁能源等领域进行技术革新，为生态环境保护提供技术支撑。

2.4　国外社会资本参与生态环境保护对我国的启示

2.4.1　完善社会资本参与生态环境保护的法律法规

对我国而言，建立健全完善的法律法规体系来保障生态环境保护参与主体的利益，是构建社会资本参与生态环境保护市场化机制的基础和保障。社会资本在参与生态环境保护的经营过程中，往往会面临市场竞争不合理、政府违约及权益得不到保障等风险，而且由于生态环境保护投资本身具有投资金额大、回收周期长等特点，如果相关信用体系不完善，这往往会对社会资本参与生态环境保护产生消极影响。因此，完善的法律法规是社会资本参与生态环境保护顺利开展并实施的基础，而且是其不可或缺的重要保障，政府应该对现有的相关法律法规进行完善，并且尽快出台一些有建设性、规范明确、可操作性强的政策法规，健全社会资本参与生态环境保护的执法监督和考核，并在全国范围内加以宣传，从而强化生态环境保护市场规范和行业自律，而且要让社会资本明确投资领域，有效指导社会资本的流向，避免出现社会资本盲目参与生态环境保护的现象。

2.4.2　营造社会资本参与生态环境保护的政策环境

为了打破生态环境保护项目的准入壁垒，鼓励社会资本进入生态环境保护领域，实现生态环境保护投资主体多元化，政府应该培育和营造稳定的政策环境，引导社会资本积极参与生态环境保护，通过不断强化相关政策的可操作性和针对性，按照"政府引导、市场运作"的原则，引导符合要求的社会资本通过独资、合作、联营、参股、特许经营等多种方式参与生态环境保护项目的建设和运营，实现政府对社会资本参与生态环境保护的科学管理。

首先，规范社会资本参与生态环境保护市场准入标准。生态环境保护领域建设由于其自身的技术性，其进入门槛相对较高，在引导社会资本参与生态环境保护项目时，为了确保社会资本在生态环境保护市场实现公平竞争，政府应该积极出台并完善相关准入政策，对生态环境保护市场的社会资本准入条件进行规范，要确保在放宽市场准入条件的同时，依据生态环境保护的特性和社会资本规模的大小实施招标，再结合投招标程序对进入者分配有限的经营权，从而确保管理水平、技术水平和经济效益较高的社会资本参与生态环境保护，提升生态环境保护的效率。

其次，健全社会资本参与生态环境保护政策支撑体系。社会资本参与生态环境保护的支撑体系包括标准体系、监督体系和人才培养。制定和完善社会资本参与生态环境保护的标准体系，确保参与生态环境保护的社会资本的质量和生态环境保护商品或服务的质量；积极培养生态环境相关人才，创新社会资本参与生态环境保护的模式，扩大社会资本的参与规模，鼓励 PPP 模式创新，引导社会资本通过采用多种模式参与生态环境保护，拓宽社会资本参与生态环境保护的投融资渠道，从而促使社会资本参与生态环境保护形成规模效应。

2.4.3　创新社会资本参与生态环境保护的投融资模式

当前我国还没有建立健全的社会资本参与生态环境保护的融资机制，因此社会资本投资生态环境保护项目面临着诸多限制。大量的社会资本处于闲散状态，不能被充分利用在生态环境保护领域，为此，可以从以下四个方面来拓宽社会资本参与生态环境保护的融资渠道。

(1)社会资本参与生态环境保护银行贷款制度

政府应该督促银行机构制定相应政策，针对参与生态环境保护的社会资本的经济效益和还款能力及时做出评定并尽力扶持。首先，政策性银行应该对一些经济效益不显著，但环境效益好，而且具有还款能力的生态环境保护项目在安排贷款时降低条件予以支持，与此同时，对那些经济效益好，但是环境效益不明显或者较差的项目，在受理贷款时应该谨慎考虑。其次，商业银行应该对生态环境保护领域的项目融资进行政策优惠，以吸引和鼓励社会资本参与生态环境保护。

（2）社会资本参与生态环境保护证券市场融资制度

在我国当前的经济环境下，充分发挥证券市场的融资功能是拓展生态环境保护融资的重要手段，通过证券市场融资来鼓励和吸引社会资本参与生态环境保护，也能够突破以往政府主导生态环境保护的弊端。对我国生态环境保护产业而言，社会资本通过发行企业债券来进行融资是一种更为主动，并且融资成本更低的融资方式，发行企业债券后企业股权和管理结构不受影响，还可以利用财务杠杆，增加股东利润，因此企业债券是社会资本参与生态环境保护的重要融资渠道之一。但是，由于当前我国证券市场在发展过程中的相关机制并不健全，企业债券发展较为缓慢，通过发行企业债券所获得的融资规模有限，必须积极发展社会资本参与生态环境保护证券市场融资制度，推动证券市场的发展，扩大社会资本参与生态环境保护企业债券行业的融资规模，从而促进生态环境保护市场的市场化进程。

（3）社会资本参与生态环境保护自筹制度

无论是在污染治理方面，还是在生态保护与建设方面，企业可以通过自筹资金，解决生态环境保护项目建设资金紧缺问题，从而扩大生态环境保护基础设施建设和运营规模，提高生态环境保护的投资回报，为此我国政府应该针对社会资本参与生态环境保护，建立科学有效的自筹制度，保障社会资本参与生态环境保护的资金来源。

（4）社会资本参与生态环境保护基金制度

通过建立社会资本参与生态环境保护基金，为社会资本提供资金支持，确保其能够持续参与生态环境保护。社会资本参与生态环境保护基金不仅为生态环境保护项目的建设和运营提供了融资平台，而且将生态环境保护项目融资、建设与运营结合在一起，是一种非典型的创新产业基金模式。社会资本参与生态环境保护基金不仅可以解决政府在中低利润生态环境保护项目中的融资困境，而且可以增加社会资本投资生态环境保护项目的利润，因此，其能够有效地鼓励和吸引社会资本积极参与生态环境保护。

2.4.4 优化社会资本参与生态环境保护监督管理机制

随着社会资本参与生态环境保护的逐步发展，科学合理的监督管理机制就显得十分必要。因此，应该强化社会资本参与生态环境保护的监督管理，科学合理地引导社会资本参与生态环境保护的投资领域和投资方向，依据生态环境保护的总体规划，明确社会资本参与生态环境保护投资的优先领域和方向。

同时，还应加强参与生态环境保护的社会资本的管理，结合中国的具体实践建立科学合理的考核机制，探索改革现有社会资本参与生态环境保护的工作目标体系和绩效考核体系，避免各级地方政府为了自身利益，单纯追求招商引资，造成低价出让、重复建设等问题。为此，要加强社会监管、媒体监督，确保各部门能够高度重视此项工作，切实加强领导，制定周密的工作计划和具体措施，严格落实工作责任，从而提高社会资本参与生态环境保护的质量和效益。

　　除此之外，社会资本参与生态环境保护面临多重风险，风险识别与合理分配是社会资本参与生态环境保护取得成功的重要保障，政府在与社会资本合作的过程中，由于生态环境保护项目不同、投资环境不同，在项目整个运作过程中存在的风险也是不尽相同的。因此，强化风险识别和风险分配是确保社会资本参与生态环境保护成功运行的关键因素之一，建立科学合理的风险分担机制，使社会资本参与生态环境保护所面临的风险和其所获得的利益相匹配。

第3章 社会资本参与生态环境保护市场化的
供求机制

本书前两章详细论述了社会资本参与生态环境保护市场化的现状与国外经验和启示，在此基础上，本章开始论述社会资本参与生态环境保护市场化机制的主体部分，系统阐释供求机制、定价机制、合作竞争机制及激励约束机制等，进一步明确社会资本参与生态环境保护的市场化路径与政策体系。

3.1 社会资本参与生态环境保护市场化供求主体及其机理

对社会资本参与生态环境保护的供求规律进行探索，可以明确在生态环境保护领域商品定价与商品需求之间的关系。社会资本参与生态环境保护过程主要包括污染物防治管理、资源可持续使用管理和生态环境保护建设三方面。具体包括污水处理、垃圾处理、河流整治、湿地保护、滩涂治理、水土保持和生态建设等方面。

3.1.1 供求主体

社会资本参与生态环境保护的供求机制中，供求主体范围非常广泛，他们在供求机制中承担着不同的职责。供求主体之间的关系表现如图 3-1 所示。

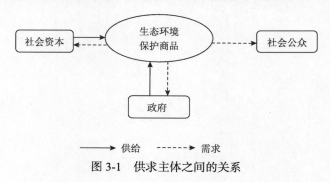

图 3-1 供求主体之间的关系

生态环境保护的供求主体主要包括社会资本、政府和社会公众。社会资本在生态环境保护商品的供求机制中充当着供给者和需求者的角色；政府既是生态环境保护商品的供给者也是需求者，但是随着社会资本投入的不断增加，政府逐渐偏重于需求者；而社会公众则是直接需求者。

(1)生态环境保护商品供给主体

长期以来，政府作为主要供给者存在。但由于政府供给存在垄断性、信息不完全性及有限理性等约束，政府不能最大化地发挥其效益。

在合适的条件和制度安排下，社会资本是有可能通过市场机制来有效地供给生态环境保护商品的，即社会资本可以作为生态环境保护的主要供给者。2017 年4 月统计的全国 12 个省(自治区、直辖市)的社会资本参与生态环境保护的具体情况见表 3-1。

表 3-1　社会资本参与生态环境保护的具体情况

省(自治区、直辖市)	社会资本参与的生态环境保护项目
河南	生活垃圾焚烧发电项目、水资源保护及环境生态治理项目、山区生态示范区环境综合治理项目、城市水系生态综合治理项目、污水处理项目
河北	污水处理项目、城乡一体化垃圾处理项目、生活垃圾处理项目
山西	污水处理项目、生活垃圾焚烧发电项目、垃圾处理厂工程、荒山综合治理开发项目
天津	污水处理项目、园林绿化项目、垃圾处理项目
湖南	农村安全饮用水工程建设项目、重金属污染综合治理工程、污水处理项目
福建	乡镇污水处理项目、生活垃圾焚烧发电项目、生态景区建设项目
浙江	污水处理项目、再生资源发电厂项目、垃圾处理项目、重点流域水环境综合治理项目
江苏	环境综合整治配套设施项目、污水处理项目、主要入湖河流综合整治项目、生活垃圾焚烧发电项目
海南	污水处理项目、生活垃圾焚烧发电项目、热带农业公园片区开发项目
内蒙古	一般工业废渣处理项目、新建工业园区污水处理工程、流域湿地保护项目
山东	河流生态综合治理工程、污水处理项目、流域治理项目、垃圾焚烧发电项目
贵州	招堤风景区建设项目、马岭河峡谷特色旅游开发项目、苗人古城整体开发建设项目

社会资本作为生态环境保护的供给主体，参与的生态环境保护项目众多，主要集中在污染物防治管理和资源可持续发展方面，具体表现在污水处理、固体废弃物处理、湿地保护、水土治理等方面。社会资本作为生态环境保护的供给者参与的部分项目的具体内容见表 3-2。

表 3-2　社会资本作为生态环境保护的供给者参与的部分项目的具体内容

序号	项目名称	项目所在地	项目总投资/亿元	发布时间
1	南明河水环境综合治理二期项目	贵州省贵阳市	27.27	2014 年 11 月
2	九江市柘林湖湖泊生态环境保护项目	江西省九江市	13.20	2014 年 11 月
3	温州市综合材料生态处置中心	浙江省洞头区	5.03	2015 年 5 月
4	寿光市地表水综合利用项目	山东省寿光市	18.00	2015 年 5 月
5	惠州市梅湖水质净化中心三期及配套管网工程	广东省惠州市	3.66	2015 年 5 月
6	长春市三道垃圾场环保生态公园项目	吉林省长春市	3.08	2015 年 5 月
7	鄱阳湖流域水环境综合治理一期工程	江西省有关县市	125.00	2015 年 5 月
8	南昌市瑶湖综合治理工程	江西省南昌市	9.34	2015 年 5 月
9	榆林市危险废物综合处置中心项目	陕西省榆林市	2.25	2015 年 5 月
10	遵义市汇川区娄山关生态文化旅游区建设项目	贵州省遵义市	120.00	2016 年 11 月
11	甘河河道整治及生态修复工程	山西省大同市	19.81	2016 年 10 月
12	沈阳市大辛庄生活垃圾焚烧发电厂新建工程项目	辽宁省沈阳市	15.00	2016 年 10 月

(2)生态环境保护商品需求主体

首先是政府。本书认为,一般情况下政府为社会公众提供的生态环境保护商品应涉及如下方面:能够满足社会公众基本公共需求的典型生态环境保护商品,如受益范围广泛、公共性程度较高的空气治理、水土保持、风沙治理、荒漠治理、森林资源保护与开发、自然灾害防治、保护生物多样性等;促进经济、社会可持续发展的生态环境保护商品,如公共绿化、生态环境建设和保护、大江大河污染治理等。

其次是社会公众。社会公众对生态环境保护商品需求的表现形式多种多样,这也受其自身因素和周围社会环境的影响。其中,个人因素包括生活方式、经济条件、受教育水平等;社会因素包括社会文化、宗教信仰、法律制度、经济社会发展状况等。居民的经济状况对生态环境保护需求的影响比较明显,社会公众的经济条件越好,收入越高,人们便会对生存的环境质量提出更高的要求。

最后,社会资本也属于生态环境保护供给机制中的需求者,它和社会公众一样,都对生态环境保护商品具有一定的需求。

3.1.2　供求形式

(1)需求形式

需求形式是实现生态环境保护供求机制的一个主要方面,是建立良好生态环境保护商品供求机制的关键环节,其包括直接的需求形式和间接的需求形式。

直接的需求形式是指社会公众以个体为单位，直接向政府相关部门表达对生态环境保护商品的需求，或是政府和提供生态环境保护商品的企业直接通过社会公众了解需求状况。具体表现形式为社会公众直接向基层政府反映希望得到的生态环境保护商品及提供这种商品的程序等。

间接的需求形式包括两个方面：媒体传达的需求和民间组织整合的需求。依托于现代网络媒体的优势，通过媒体传达社会公众的需求，可以更加快速准确地将需求信息传递给政府部门和提供生态环境保护商品的社会资本方，并且媒体在影响力上比单个的社会公众更具优势。通过非营利性的民间组织来进行需求表达的途径也具有一定优势，这些自发形成的组织可以将一个区域内居民对生态环境保护商品的需求进行整合，通过组织的力量直接将这些需求信息传递给生态环境保护商品供给方。

(2) 供给形式

1) 社会资本的完全供给。社会资本的完全供给是指生态环境保护商品的供给完全由社会资本方负责，社会资本通过向享受生态环境公共产品的社会公众收取费用，来补偿生态环境保护商品的供给成本并实现利润。如前所述，要实现生态环境保护领域社会资本的完全供给，就需要按照市场化运营方式进行运作，保证社会资本的盈利。市场化的公共产品供给可能会打破政府单独供给的低效率和高成本，使公共产品的供给能够民营化，建立起私人部门和政府机构之间的竞争，从而打破政府的垄断地位。

2) 政府和社会资本的联合供给。政府在生态环境保护供给中的公共责任并不意味着政府在生态环境保护供给方面必然扮演直接生产者和提供者的角色，也不意味着政府代表垄断供给方。正如郑秉文(1993)所指出的："政府对公共产品供给市场的管控并不等于政府生产公共产品，而是对该市场的行为起到一种约束作用，具体供给方还应该是社会资本。"因此，生态环境保护商品在生产主体和供给主体上的可分割性，为政府和社会资本的联合供给创造了条件。政府与私人企业联合供给的实现途径主要是政府经济援助、签约外包、政府特许经营等形式。

第一，政府经济援助。在生态环境保护过程中会有很多外部性很强、营利性不高、投资回收期长、生产风险较大的生态环境保护项目，具体包括河流、湖泊海洋的污染物治理、防护林工程等，政府通过经济援助形式鼓励社会资本向该类生态环境保护商品进行生产转移，以保证生态环境保护商品的供给。政府经济援助的形式主要有补贴、津贴、低息贷款、贷款担保、无偿担保、减免税收等。

第二，签约外包。签约外包是指政府预先设定好需要供给的生态环境保护商品的数量和种类，与私营企业、非营利部门签订供给合同，政府按照供给合同再向私营企业、非营利部门购买该生态环境保护商品。通过签约外包供给的生态环境保护商品一般集中在如下领域：环境保护、垃圾处理、森林防护等。在签约外包过程中，政府职能转变会对运营过程的监督和社会资本提供一定的资金支持。

第三，政府特许经营。政府特许经营是指在政府的规制下，通过招投标的形式将某些生态环境保护中的生态环境保护商品经营权转让给社会资本，由社会资本在特定的区域和规定的时期内提供符合当地需求的生态环境保护商品。在特许经营的制度安排中，政府是政策制定者，社会资本是生产者和提供者。

3) 社会资本与非营利组织的联合供给。社会资本与非营利组织联合供给的方式有合约供给、社区化供给两种，其中涉及的领域包括土壤污染处理、空气污染处理、资源可循环利用和生态建设等。

第一，合约供给。合约供给又包括合约采购和合约承包。非营利组织和社会资本之间的合约采购，即由社会资本组织生产并供给，非营利组织按照合约规定的价格和数量采购；非营利组织和社会资本之间的合约承包，即非营利组织提供的生态环境保护商品的经营权转让给社会资本，由社会资本提供相应的生态环境保护商品。

第二，社区化供给。将非营利组织引入社区，鼓励各社区建立公益事业，由社区组织自愿供给生态环境保护商品以满足公共需求。这种供给形式的特点是依据受益者所居住的地区或行业来供给生态环境保护商品，它的成本补偿完全依赖于受益者的自愿贡献或社区非营利组织。例如，英国政府将一些生态环境保护项目交给志愿组织、工人合作社和其他社会团体来承担，并在污染防治、湿地保护、生态建设等方面注意发展和依靠私营志愿机构。

3.1.3 供求机理

社会资本参与生态环境保护供求之间存在三种关系，即生态环境保护商品供给富裕(生态环境保护商品供给大于需求)、生态环境保护商品供求均衡(生态环境保护商品供给等于需求)、生态环境保护商品供给短缺(生态环境保护商品供给小于需求)。如图 3-2 所示，大多数时候供求关系处在供给短缺或供给富裕两种状态，不断趋向供求平衡状态。当达到均衡状态之后，随着外部环境的逐渐变化，原来的均衡状态会被打破，通过对供给和需求的不断调整，最终会逐渐回归到新的均衡状态。

生态环境保护商品供给与需求存在互动反馈的关系。具体体现在：生态环境被严重破坏，使生态环境保护商品的需求增加，从而对提供生态环境保护商品的社会资本要求更高；通过社会资本的参与，生态环境保护商品供给方式得到完善，从而对政府和社会公众等生态环境保护商品的需求者提出了更高的要求，生态环境保护商品供求互动机制进入了新的循环。

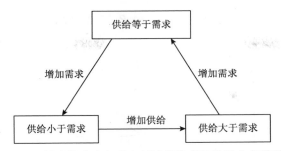

图 3-2　社会资本参与生态环境保护商品供需动态关系

此外，生态环境保护商品供求与价格之间也存在着紧密的关系。

(1)生态环境保护商品供求变动引起价格的波动

在生态环境保护商品供给一定的情况下，需求增加会引起生态环境保护商品价格升高，反之则会引起生态环境保护商品价格下降。图 3-3 反映了在供给不变时生态环境保护商品需求和价格的关系。其中，纵轴 P 表示生态环境保护商品价格，横轴 N 表示生态环境保护商品需求量。当供给不变、需求增加时，在图中表现为供给曲线 S 不变，需求曲线由 D_1 移动到 D_2，需求量从 N_1 增加到 N_2，从而使生态环境保护商品的价格由 P_1 提高到 P_2；需求减少时，需求曲线由 D_2 移动到 D_1，需求量从 N_2 减少到 N_1，从而使得生态环境保护商品价格由 P_2 降低到 P_1。

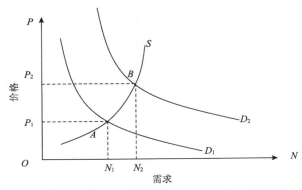

图 3-3　供给不变时生态环境保护商品需求和价格的关系

生态环境保护商品需求不变时，供给增加会导致生态环境保护商品价格下降，反之则会导致生态环境保护商品价格升高。图 3-4 反映了需求不变时生态环境保护商品供给和价格的关系。其中，纵轴 P 表示生态环境保护商品价格，横轴 N 表示生态环境保护商品供给量。当需求不变，供给增加时，在图中表现为需求曲线 D 不变，供给曲线由 S_1 移动到 S_2，供给量从 N_1 增加到 N_2，从而使生态环境保护商品价格由 P_1 降低到 P_2；供给减少时，供给曲线由 S_2 移动到 S_1，供给量从 N_2 减

少到 N_1，从而使生态环境保护商品价格由 P_2 提高到 P_1。

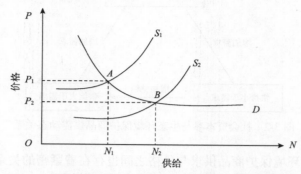

图 3-4　需求不变时生态环境保护商品供给和价格的关系

生态环境保护商品的供给与需求同时增加，主要包括三种情形：供给与需求同比例增加、需求增加快于供给增加、供给增加快于需求增加。如图 3-5 所示，其中纵轴 P 表示生态环境保护商品价格，横轴 N 表示生态环境保护商品供给量或需求量。假设生态环境保护商品供给与需求的初始均衡状态处于 A 点，此时生态环境保护商品价格为 P_1，均衡状态下生态环境保护商品的产量为 N_1，如果生态环境保护商品供给与需求同比例增加，会使供求均衡点移动到 B 点，生态环境保护商品价格下降为 P_2，此时的 P_1 和 P_2 是相等的。均衡状态下生态环境保护商品的产量从 N_1 增加到 N_2；如果生态环境保护商品需求增加快于供给增加，则均衡点从 A 点移动至 C 点，此时生态环境保护商品的价格为 $P_3(P_3>P_1)$，均衡状态下生态环境保护商品的产量从 N_1 增加到 N_3；如果生态环境保护商品供给增加快于需求增加，则均衡点从 A 点移动至 D 点，此时生态环境保护商品价格为 $P_4(P_4<P_1)$，均衡状态下生态环境保护商品的产量从 N_1 增加到 N_4。

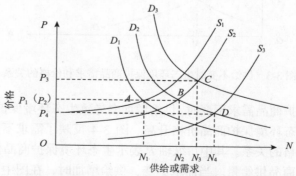

图 3-5　供给与需求同时增加时生态环境保护商品供给与需求和价格之间的关系

生态环境保护商品的供给与需求同时减小，主要有三种情况：供给与需求同比例减少、需求减少快于供给减少、供给减少快于需求减少。如图 3-6 所示，其中纵轴 P 表示生态环境保护商品价格，横轴 N 表示生态环境保护商品供给量或需求量。假设生态环境保护商品供给与需求的初始均衡状态处于 A 点，此时生态环境保护商品价格为 P_1，均衡状态下生态环境保护商品的产量为 N_1，如果生态环境保护商品供给与需求同步减少，会使供求均衡点移动到 B 点，生态环境保护商品价格下降为 P_2，此时的 P_1 和 P_2 是相等的，均衡状态下生态环境保护商品的产量从 N_1 减少到 N_2；如果生态环境保护商品需求减少快于供给减少，则均衡点从 A 点移动至 C 点，此时生态环境保护商品的价格为 $P_3(P_3<P_1)$，均衡状态下生态环境保护商品的产量从 N_1 减少到 N_3；如果生态环境保护商品供给减少快于需求减少，则均衡点从 A 点移动至 D 点，此时生态环境保护商品价格为 $P_4(P_4>P_1)$，均衡状态下生态环境保护商品的产量从 N_1 减少到 N_4。

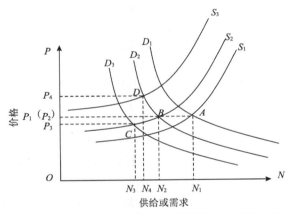

图 3-6　供给与需求同时减少时生态环境保护商品供给与需求和价格之间的关系

综上所述，生态环境保护商品供求和生态环境保护商品价格之间存在着互动关系。在引导社会资本参与生态环境保护的过程中，应该不断建立和完善生态环境保护商品的定价机制，确保社会资本参与生态环境保护的各方行为主体利益最大化，从而激励社会资本积极参与生态环境保护。

(2)价格波动引起生态环境保护商品供求的变动

1)价格波动对生态环境保护商品供给变动的影响。图 3-7 反映的是生态环境保护商品价格波动对供给变动的影响，其中纵轴 P 表示生态环境保护商品价格，横轴 N 表示生态环境保护商品供给。首先，生态环境保护商品价格的提高会显著地提高生产者的利润，从而促使生态环境保护商品供给增加，表现为价格从 P_1 提高到 P_2，供给从 N_1 增加到 N_2。为了进一步扩大收益，已有的生产者会不断地扩大生产规模，扩大生态环境保护商品的供给，较高的收益水平会促使市场上的其他生产者积极参与生态环境保护商品的生产，从而提高生态环境保护商品的供给。其次，生态环境保护商品价格的降低会减少生产者所获得的利润，从而降低生态环境保护商品的供给，表现为价格从 P_2 降低到 P_1，供给从 N_2 减少到 N_1。生态环境保护商品价格的降低，会使得一些规模较小、管理水平和技术水平较低的企业的盈利水平下降，甚至为负，迫使这些企业退出生态环境保护商品的生产，从而降低生态环境保护商品的供给。

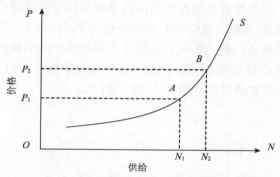

图 3-7　生态环境保护商品价格波动对供给的影响

2) 价格波动对生态环境保护商品需求变动的影响。图 3-8 反映的是生态环境保护商品价格波动和需求变动的关系，其中纵轴 P 表示生态环境保护商品价格，横轴 N 表示生态环境保护商品需求。价格是影响需求变动的重要因素，如果生态环境保护商品价格降低，生态环境保护商品的需求会随之增加，在图 3-8 中表现为价格从 P_1 降低到 P_2，需求从 N_1 增加到 N_2；如果生态环境保护商品价格提高，在同样的支付能力下，社会公众所能购买的生态环境保护商品数量就会有所下降，社会公众的效用就有所下降。因此生态环境保护商品的需求也会随之下降，在图 3-8 中表现为价格从 P_2 提高到 P_1，需求从 N_2 减少到 N_1。

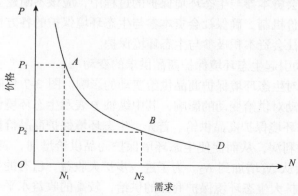

图 3-8　　生态环境保护商品价格和需求的关系

3.2　社会资本参与生态环境保护市场化供求

均衡发展分析及模型建立

3.2.1　供求均衡影响因素分析

生态环境保护商品的供给和需求会受到诸多因素的影响，不同的因素对其供给量和需求量，以及供给种类和需求种类会产生不同的影响，因此分析生态环境保护商品供求变化机理是全面分析生态环境保护商品供求机制的重要组成部分。

(1)影响生态环境保护商品供求的内在因素

影响生态环境保护商品供给的内在因素，主要有价格、处理技术和工艺水平、资金状况、供给者的数量等。

1)价格。价格的高低直接影响着生态环境保护商品供给的多少。由生态环境保护商品的供给曲线和供给函数可知，生态环境保护商品供给与价格变化成正比，即生态环境保护商品价格越高，其供给就会越多，反之，则供给就会越少。

2)处理技术和工艺水平。对污染物的处理技术和工艺水平的高低会影响生态环境保护商品的供给水平。对污染物的处理技术较高，会提高生态环境保护商品的质量，同时降低单位处理成本，有利于社会资本扩大污染物处理规模，从而增加生态环境保护商品的供给。

3)资金状况。通常情况下，资金状况会直接影响污染物处理工艺水平及处理规模。如果投入的资金较多，那么社会资本会采用一次性投入较高、单位处理成本较低的处理设备和工艺，并设计较大的处理规模以增加生态环境保护商品供给。反之，会采用较为廉价的设备节约成本。

4)供给者的数量。一方面，在单个供给者对生态环境保护商品供给数量不变的情况下，增加一定区域范围内的供给者数量，势必会增加生态环境保护商品的供给量；反之，减少一定区域范围内的供给者数量，会减少生态环境保护商品的供给量。另一方面，增加某区域内的生态环境保护商品供给者数量，会加大该区域内供给者的竞争程度，为了抢占市场份额，供给者会增加自身对生态环境保护商品的供给量，各竞争者之间相互博弈，达到一定的均衡后，该区域的供给总量较供给者增加之前会有所增加。

影响生态环境保护商品需求的内在因素，主要有价格、消费者可支配收入水平、生态环境保护商品质量、消费者的生态环境保护意识等。

1)价格。如果生态环境保护商品定价较低，那么多数消费者愿意为了获得较好的生活环境而支付一定的费用，从而会增加对生态环境保护商品的需求；反之，生态环境保护商品的非排他性和非竞争性会导致需求量的减少。

2) 消费者可支配收入水平。生态环境保护商品的购买支出占消费者日常支出的一部分，如果消费者可支配收入水平较高，则用于生态环境保护商品的支出在其总支出中所占的比重会较小，社会公众会增加对生态环境保护商品的需求。如果消费者可支配收入水平不高，对生态环境保护商品的支出影响到其他日常支出，消费者会选择减少对生态环境保护商品的购买，这就减少了对生态环境保护商品的需求量。

3) 生态环境保护商品质量。生态环境保护商品质量的好坏会直接影响社会公众对生态环境保护商品的满意程度。如果社会资本提供高质量的生态环境保护商品，社会公众单位支付成本购买的生态环境保护商品能够带来更大的效用，则在相关制度的约束下，社会公众会增加对此类生态环境保护商品的需求。反之，将导致生态环境保护商品需求量减少。

4) 消费者的生态环境保护意识。消费者的生态环境保护意识强弱体现为对生态环境保护商品的需求程度。如果消费者具有较强的生态环境保护意识，那么在日常的生活或生产活动中，消费者会倾向于减少向自然环境中排放污染物，这就增加了对生态环境保护商品的需求。生态环境保护意识较强的消费者占比越大，对生态环境保护商品的需求量就越大。反之，消费者不会对生态环境保护商品产生较多的需求。

(2) 影响生态环境保护商品供求的外在因素

影响生态环境保护商品供求的外在因素主要有生态环境保护法律法规、对生态环境保护商品供给者的激励约束政策等。

1) 生态环境保护法律法规。政府通过出台相应的生态环境保护规章制度，约束排污企业乱排偷排污染物的行为，并要求产生污染的企业承担一定比例的污染成本或对治理该项污染问题负责，这会增加排污企业对生态环境保护商品的需求量。如果政府为了发展当地经济，放宽对排污企业污染物排放的管制，会放松对排放物的无害化处理，从而减少对生态环境保护商品的需求量。

2) 对生态环境保护商品供给者的激励约束政策。政府对生态环境保护商品供给者的激励约束政策对生态环境保护商品的供给量有重要影响。政府出台一系列激励政策措施，如税收优惠政策等，一方面会吸引社会资本进入生态环境保护领域，从事生态环境保护商品的生产和供给；另一方面，会使现有的生态环境保护商品供给者产生更大的动力来增加生态环境保护商品的供给。

3.2.2　供求模型的建立与分析

由生态环境保护商品的需求与供给的动态变化分析可知，社会资本参与生态环境保护商品供求关系是一个动态变化的过程，因此，本书想通过建立生态环境保护商品供求互动平衡模型分析社会资本参与生态环境保护商品的供求状况。

（1）模型参数定义及说明

1）$D(t)$、$S(t)$ 分别为 t 时刻某地区社会资本参与生态环境保护商品的需求和供给；r_1、r_2 分别为社会资本参与生态环境保护商品需求和供给的固有增长率（r_1、r_2 可以通过归纳推算得出）。

2）设社会资本参与生态环境保护商品需求独立发展时最大值为 D_{max}，即生态环境保护商品需求的饱和量，且 $D(t) \leqslant D_{max}$；生态环境保护商品供给独立发展时最大值为 S_{max}，即当生态环境保护商品供给投入的边际成本为 0 时的供给，且 $S(t) \leqslant S_{max}$。

3）假设生态环境保护商品供给与需求不受对方影响而独立发展时，服从 Logistic 扩散规律，即生态环境保护商品需求和供给为有限增长。

4）σ_1 为供给（S）对需求（D）的促进作用，即供给的增加对需求的刺激作用；σ_2 为需求（D）对供给（S）的促进作用，即需求增加对供给的改善。

（2）模型的建立与分析

本书基于微分动力学原理，利用微分方程表示供需互动的平衡关系，构建社会资本参与生态环境保护商品供求互动平衡模型，计算如式（3-1）所示：

$$\left.\begin{array}{l} \dfrac{\mathrm{d}D(t)}{\mathrm{d}t} = r_1 D(t)\left[1 - \dfrac{D(t)}{D_{max}} + \sigma_1 \dfrac{S(t)}{S_{max}}\right] \\[4mm] \dfrac{\mathrm{d}S(t)}{\mathrm{d}t} = r_2 S(t)\left[1 - \dfrac{S(t)}{S_{max}} + \sigma_2 \dfrac{D(t)}{D_{max}}\right] \end{array}\right\} \qquad (3\text{-}1)$$

式中，$\dfrac{\mathrm{d}D(t)}{\mathrm{d}t}$、$\dfrac{\mathrm{d}S(t)}{\mathrm{d}t}$ 分别为社会资本参与生态环境保护商品需求和供给的增长率；

$1 - \dfrac{D(t)}{D_{max}}$ 为社会资本参与生态环境保护商品最大需求对其自身的增长阻滞作用；

$1 - \dfrac{S(t)}{S_{max}}$ 为社会资本参与生态环境保护商品最大供给对其自身的增长阻滞作用；

$\sigma_1 \dfrac{S(t)}{S_{max}}$、$\sigma_2 \dfrac{D(t)}{D_{max}}$ 分别为供给对需求的促进作用和需求对供给的促进作用。

根据微分方程组稳定性理论，模型的平衡解计算如式（3-2）所示：

$$r_1 D(t)\left(1 - \frac{D(t)}{D_{\max}} + \sigma_1 \frac{S(t)}{S_{\max}}\right) = 0$$

$$\left.\begin{array}{c}\\ \\ \\ r_2 S(t)\left(1 - \frac{S(t)}{S_{\max}} + \sigma_2 \frac{D(t)}{D_{\max}}\right) = 0\end{array}\right\}\tag{3-2}$$

解得方程的平衡点的坐标分别为 $P_1(0，0)$、$P_2(D_{\max}，0)$、$P_3(0，S_{\max})$、$P_4\left(\dfrac{D_{\max}(1+\sigma_1)}{1-\sigma_1\sigma_2}，\dfrac{S_{\max}(1+\sigma_2)}{1-\sigma_1\sigma_2}\right)$。在 P_1 点社会资本参与生态环境保护商品供给与需求均为 0；P_2 点社会资本参与生态环境保护商品需求达到最大，社会资本参与生态环境保护商品供给为 0；P_3 点社会资本参与生态环境保护商品需求为 0，社会资本参与生态环境保护商品供给达到最大。显然这三个点是不符合实际情况的。事实上，只有平衡点 P_4 点可以反映社会资本参与生态环境保护商品供求平衡关系。为使问题具有实际意义，分析更简便直观，应保证各点均在坐标系第一象限，对 P_4 点要求 $\sigma_1\sigma_2 < 1$。对 P_4 点进行稳定性分析，方程组如式（3-3）所示：

$$\phi(D,S) = 1 - \frac{D(t)}{D_{\max}} + \sigma_1 \frac{S(t)}{S_{\max}}$$

$$\left.\begin{array}{c}\\ \\ \\ \varphi(D,S) = 1 - \frac{S(t)}{S_{\max}} + \sigma_2 \frac{D(t)}{D_{\max}}\end{array}\right\}\tag{3-3}$$

直线 $\phi(D,S) = 0$ 和 $\varphi(D,S) = 0$ 将平面划分为 S_1、S_2、S_3 和 S_4 四个区域，如图 3-9 所示。

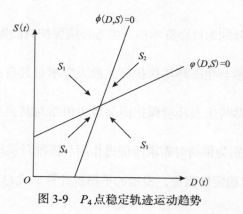

图 3-9　P_4 点稳定轨迹运动趋势

根据式 (3-1) 可得到

$$S_1: \quad \frac{\mathrm{d}D(t)}{\mathrm{d}t} > 0 , \quad \frac{\mathrm{d}S(t)}{\mathrm{d}t} < 0 \tag{3-4}$$

$$S_2: \quad \frac{\mathrm{d}D(t)}{\mathrm{d}t} < 0 , \quad \frac{\mathrm{d}S(t)}{\mathrm{d}t} < 0 \tag{3-5}$$

$$S_3: \quad \frac{\mathrm{d}D(t)}{\mathrm{d}t} < 0 , \quad \frac{\mathrm{d}S(t)}{\mathrm{d}t} > 0 \tag{3-6}$$

$$S_4: \quad \frac{\mathrm{d}D(t)}{\mathrm{d}t} > 0 , \quad \frac{\mathrm{d}S(t)}{\mathrm{d}t} > 0 \tag{3-7}$$

由图 3-9 可知，当实际情况不在稳定点 P_4 点时，如果位于区域 S_1 内，根据式 (3-4)，随着 t 的增加，会逐渐向右下方移动；如果位于区域 S_2 内，根据式 (3-5)，会逐渐向左下方移动；同理，由式 (3-6) 和式 (3-7) 所示，从轨线 S_3 出发和 S_4 出发，轨线都向 P_4 点趋近。因此，无论轨线初始状况处于哪个区域，当 $t \to \infty$ 时，轨线都将趋向 P_4 点。因此，P_4 是稳定的平衡点。

通过对 P_4 点的稳定性分析可知，只要满足条件 $\sigma_1\sigma_2 < 1$，$D(t)$ 与 $S(t)$ 在互动过程中就能达到一个稳定的平衡点 P_4 点。因此，$D(t)$ 与 $S(t)$ 演化趋势的稳定条件为

$$\sigma_1 < 1, \quad \sigma_2 < 1, \quad \sigma_1\sigma_2 < 1 \tag{3-8}$$

或者

$$\sigma_1 > 1, \quad \sigma_2 < 1, \quad \sigma_1\sigma_2 < 1 \tag{3-9}$$

或者

$$\sigma_1 < 1, \quad \sigma_2 > 1, \quad \sigma_1\sigma_2 < 1 \tag{3-10}$$

由式 (3-8)～式 (3-10) 可知，若 $\sigma_1 < 1$，$\sigma_2 < 1$，则可使生态环境保护商品供给与需求关系趋于稳定。

3.2.3　供求均衡分析

由上文可知，社会资本参与生态环境保护过程中，供给与需求的关系大多数时间是处在供给短缺和供给富裕这两种状态下，并不断趋向供求平衡状态。实际上，现实状态并不这么乐观，社会资本参与生态环境保护长期处在供给短缺的状

态。生态环境保护商品的种类众多，这里我们从污染物防治管理、生态环境保护建设和资源可持续发展三方面分析生态环境保护商品的供求状态。

（1）污染物防治管理

污染物防治管理是指通过社会资本和政府的投资与管理有效地控制生态环境中的废水、废气、固体废弃物等污染物的排放，并通过一定的措施实现污染物的防治，进而改善生态环境状况。

1）需求状况。全国废水主要污染物排放量如图3-10所示，2011~2016年，化学需氧量和氨氮排放总量呈逐渐下降趋势，且2016年下降幅度明显，化学需氧量的下降幅度分别为3.0%、2.9%、2.5%、3.1%、52.9%，氨氮排放量的下降幅度分别为2.6%、3.1%、2.9%、3.6%、38.3%，这主要是源于国家对水资源的整治力度进一步加大，水资源污染得到有效控制。

图3-10　全国废水主要污染物排放量

资料来源：2012~2017年《中国统计年鉴》

全国废气主要污染物排放量如图3-11所示，2011~2015年二氧化硫和氮氧化物的排放总量下降幅度非常小，2016年下降速度较快，与2011年相比，2016年二氧化硫排放量下降50.3%，氮氧化物排放量下降42.0%。由此可知，全国废气治理的需求较为强烈，废气治理力度也很大。

由表3-3可知，全国固体废弃物的产生量较大，且呈现波动趋势，这说明固体废弃物的治理仍需加强，这也从侧面反映了在生态环境保护过程中固体废弃处理的需求也在逐渐增加。同样，从表3-3中可知，2011~2016年固体废弃物的综合利用率呈现波动趋势，但是整体来看，2016年之前没有出现明显的下降，2016年下降幅度较大，社会公众对固体废弃物排放的处理需求仍然强烈。

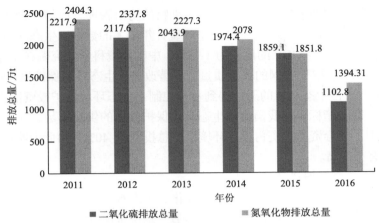

图 3-11　全国废气主要污染物排放量
资料来源：2012～2017 年《中国统计年鉴》

表 3-3　全国固体废弃物排放处理情况

项目	2011 年	2012 年	2013 年	2014 年	2015 年	2016 年
产生量/万 t	322 772	329 044	327 701	325 620	327 079	309 210
综合利用量/万 t	195 214	202 461	205 916	201 330	198 807	184 096
综合利用率/%	60	62	63	62	61	60

资料来源：2012～2017 年《中国统计年鉴》

　　2) 供给状况。依据表 3-4 的数据，2011～2016 年全国工业污染治理投资总额处于波动状态，具体到各项分指标上增长的幅度也并不明显，有的投资额甚至在逐渐减少，这充分说明，在污染物防治管理方面，供给者提供的资金支持和生态环境保护商品的支持都不能满足人们日益增长的对污染物治理的需求。

表 3-4　全国工业污染治理投资情况（单位：万元）

年份	治理废水	治理废气	治理固体废弃物	治理噪声	治理其他	总计
2011	1 577 471	2 116 811	313 875	21 623	413 831	4 443 611
2012	1 403 448	2 577 139	247 499	11 627	764 860	5 004 573
2013	1 248 822	6 409 109	140 480	17 628	680 608	8 496 647
2014	1 152 473	7 893 935	150 504	10 950	768 649	9 976 511
2015	1 184 138	5 218 073	161 468	27 892	1 145 251	7 736 822
2016	1 082 395	5 614 702	466 733	6 236	1 019 974	8 190 040

资料来源：2012～2017 年《中国统计年鉴》

　　通过以上数据的分析可以发现，在污染物的防治管理方面仍然存在着投资不足及投资效率低的情况。根据《2017 中国统计年鉴》的数据，生态环境保护总投资为 9219.8 亿元，占 GDP 的比重为 1.25%。中国环境科学研究院在 1989 年公布了一项判定指标：要使我国的环境质量有显著改善，生态环境保护投资需占 GNP 的 2% 以上；要使生态环境的恶化得到基本控制，生态环境保护投资需占 GNP 的 1.5% 以上。以上指标说明我国目前生态环境保护领域的供给不足，在生态环境保护总投资中，社会资本投资占生态环境保护总投资的 40%，由此说明社会资本投资份额还有待提高。

　　(2) 生态环境保护建设

　　生态环境保护建设主要是指对荒漠绿化、生态水系、湿地资源、森林资源、海洋生态环境等进行综合治理的过程。本书分别从荒漠绿化、生态水系、湿地资源、森林资源、海洋生态环境等方面分析社会公众需求和社会资本供给的矛盾。

　　1) 需求状况。在荒漠绿化的防治方面，我国荒漠化程度在世界范围内属于较严重的国家之一，2004 年荒漠面积达到 263.6 万 km^2，超过我国国土总面积的 1/4(边振和张克斌，2010)，且集中分布在西北干旱地区。由于水资源的过度利用及植被的严重破坏，荒漠地区生态平衡被打破，荒漠化情况一直不能得到有效控制。因此，中国的荒漠绿化治理需求也在不断增加。

　　关于生态水系的保护，我国淡水环境污染严重，七大水系都不同程度地存在污染。河流的污染主要为有机污染，如生化需氧量、氨氮、挥发酚及石油类污染物等。我国重点湖库的污染情况也十分严重，为劣 V 类水质状况的湖库有 10 个，占重点湖库总数的比重为 35.7%；为Ⅳ类和 V 类水质状况的湖库有 11 个，占重点湖库总数的比重为 39.3%[①]。

　　关于湿地资源的保护，2007 年我国湿地总面积为 3848 万 hm^2，属于湿地面积较大的国家之一(安娜等，2008)。在社会资本和政府的保护下，有 40% 的自然湿地得到了保护。但是由于对湿地的长期侵扰和开发，自然湿地大面积萎缩、退化和消亡，因此湿地的治理也迫在眉睫，这也体现了社会资本对湿地保护提供生态环境保护商品的重要性。

　　关于森林资源的保护，虽然我国森林面积和森林蓄积量都在不断增加，但是与全球 31% 的平均森林覆盖率相比，我国的森林资源严重不达标；从人均森林面积来看，我国不足全球人均水平的 1/4。森林资源分布不均、破坏严重等问题仍存在，社会资本参与造林绿化以改善生态的责任重大。

　　关于海洋生态环境的保护，虽然近几年随着社会资本的不断参与，海洋生态环境的综合管理逐渐加强，但是因为沿海地区经济发展速度较快，海洋生态环境

---

　　① 数据来源于《2004 中国环境状况公报》。

开发过度，受人类生产活动的严重影响，近海海域污染加剧。社会资本和政府在海洋生态环境保护方面的供给远远不能满足对其的需求程度。

2) 供给状况。从社会资本和政府的投资角度分析， 2011～2016 年环境污染治理投资额逐年增加，其中水治理和污染源治理的投资额有明显波动，大致呈现缓慢增加的趋势(表 3-5)。环境污染治理投资额逐年增加，但是其占 GDP 的比重呈减小趋势，2011～2016 年环境污染治理投资总额占 GDP 的比重分别为 1.39%、1.53%、1.52%、1.49%、1.28%、1.24%。这说明社会各界包括政府和社会资本迫于经济发展压力对生态环境保护的重视程度不高，生态环境保护投资占比也较小。此外，生态环境保护商品的供给者社会资本和政府在生态环境保护领域的投资效率不高。

表 3-5　环境污染治理投资(单位：亿元)

项目	2011 年	2012 年	2013 年	2014 年	2015 年	2016 年
水治理	972	934	1055	1196	1249	1486
绿化	1992	2380	2235	2339	2076	2171
污染源治理	445	501	850	998	774	819

资料来源：2012～2017 年《中国统计年鉴》

(3) 资源可持续发展

资源可持续发展是指在资源开发利用过程中，要坚持适度原则，达到人与环境的和谐发展。在此分别从林业发展、草原状况方面具体分析社会资本和政府对资源可持续发展的供需情况。

1) 需求状况。近几年林业发展情况不容乐观，林业灾害面积不断增加，表 3-6 具体描述了全国林业灾害发生面积、防治面积及其防治率。表 3-6 中数据说明林业资源仍然存在治理不到位的情况，林业治理的需求仍然存在，并且没有丝毫的减弱。

表 3-6　全国林业灾害发生面积、防治面积及其防治率

年份	发生面积/万 hm²	防治面积/万 hm²	防治率/%
2011	1168.14	728.50	62.36
2012	1176.90	782.59	66.50
2013	1223.05	766.83	62.70
2014	1206.45	787.43	65.27
2015	1218.35	877.77	72.05
2016	1211.34	833.82	68.83

资料来源：2012～2017 年《中国统计年鉴》

我国草原治理也有待加强,表 3-7 具体描述了我国 2010~2016 年草原危害面积、治理面积和治理率,治理面积在危害面积中所占比重较小,有近 80%的危害面积没有得到有效治理,从而导致草原生态系统的稳定性遭到破坏。

表 3-7　我国 2010~2016 年草原危害面积、治理面积和治理率

年份	危害面积/($\times 10^3 hm^2$)	治理面积/($\times 10^3 hm^2$)	治理率/%
2010	56 749.90	11 700.90	20.62
2011	56 401.10	12 424.90	22.03
2012	54 438.30	12 303.50	22.60
2013	52 118.60	12 226.60	23.46
2014	41 749.60	10 773.90	25.81
2015	41 631.50	10 773.90	25.88
2016	40 584.60	11 130.60	27.43

资料来源:2011~2017 年《中国统计年鉴》

2)供给状况。从供给角度来看,社会资本和政府对林业的投资也大致呈现逐年增加的状态,但从投入的分指标来看,生态建设与保护、林业产业发展这两个指标的投入量基本逐年增加,而林业支撑与保障、林业民生工程两个指标的投资额有明显的波动,具体数据见表 3-8。

表 3-8　全国林业投资情况(单位:万元)

年份	生态建设与保护	林业支撑与保障	林业产业发展	林业民生工程	其他投资
2011	13 024 982	3 006 631	5 224 114	1 370 511	3 699 830
2012	16 041 174	2 228 758	8 207 093	2 454 630	4 489 225
2013	18 705 774	2 216 819	10 776 201	1 868 405	4 255 491
2014	19 479 662	2 327 390	16 200 261	1 532 407	3 715 420
2015	20 172 014	2 272 730	15 646 727	1 030 254	3 779 695
2016	21 100 041	4 033 827	17 419 315	1 213 688	2 542 555

资料来源:2012~2017 年《中国统计年鉴》

由表 3-9 可知,我国自然保护区的个数在逐年增加,但是自然保护区面积变化不大,这说明虽然我国对自然资源的保护不断重视,但是成效并不明显,自然资源对生态环境保护的需求并没有得到满足。

表 3-9　2011～2016 我国自然保护区及其面积

年份	自然保护区/个	面积/万 hm²
2011	2 640	14 971
2012	2 669	14 978
2013	2 697	14 631
2014	2 729	14 699
2015	2 740	14 702
2016	2 750	14 733

资料来源：2012～2017 年《中国统计年鉴》

　　从整体来看，生态环境保护商品仍然处在供给不足的状态，需要我们不断地协调供给者与需求者之间的关系，从而促进生态环境保护商品实现供需均衡状态。

3.3　社会资本参与生态环境保护市场化供求机制的构建

　　生态环境保护商品虽然具有公共产品或者准公共产品的性质，但是在社会资本参与的生态环境保护市场中，也要遵循经济学的一般供求理论。

　　如图 3-12 所示，在供求机制的构建过程中，从需求方面来看，主要包括需求表达的偏好显示和需求传递路径的通畅；从供给方面来看，主要包括供给主体责权利关系的界定及供给方式的选择。

图 3-12　生态环境保护商品供求机制具体内容

　　由于不同区域的生态环境现状存在差异，不同地区的社会公众和政府部门对生态环境保护商品的需求也不同。要全面准确地了解社会公众对生态环境保护商品的需求状况，就需要建立完善的需求表达机制，充分反映各地区对生态环境保护商品的需求程度的差别，建立社会公众需求决定生态环境保护商品供给的机制，合理配置生态环境保护商品需求的决策权，客观、真实地反映社会公众的意愿。

　　同时，要对生态环境保护商品供给进行优化，保证供给的有效性。供给方式不同会造成最终的供给效果产生差异，因此在选择供给方式时，要结合所在区域内的实际情况，选择最适合的供给策略。良好的生态环境保护商品供给机制有利于生态环境保护商品的有效供给。

3.3.1 需求表达的偏好显示

需求表达的偏好显示是指社会公众通过各种方式将自己对生态环境保护商品的需求偏好有效地表达出来，便于生态环境保护商品的供给方进行合理的商品供给。社会公众参与生态环境保护的需求表达的方式包括"用脚投票"和"用手投票"两种。

（1）"用脚投票"

"用脚投票"理论是由蒂布特在 1956 年提出的，他指出在公共产品市场上存在这样一种现象，公共产品的提供具有地域性，不同地区提供的生态环境保护商品也不同，社会公众如果对一个地区的生态环境保护商品不满意，可以通过选择公共产品提供较好的区域生活来表达自己的态度，这种现象被称为"市场相似性均衡"。蒂布特认为通过分权决策过程可以达到公共产品市场上的帕累托最优。但同时，"用脚投票"理论的运用需要基于以下条件：首先，社会公众在各个地区之间的流动是完全自由的，每一个人都能通过最低的成本转移到自己认为最合理的公共产品供给地区；其次，社会公众完全了解其所享受的公共产品价格与自身付出的税收成本；最后，社会公众总能找到一个自己满意的生态环境保护商品所在地。

蒂布特的"用脚投票"理论适用于社会资本参与的地方性生态保护商品的提供，这是由于社会公众在一个小的地理范围内可以实现自由流动。但迁徙行为不能够作为解决社会资本参与生态环境保护商品需求表达问题的唯一手段。尤其是考虑到迁移的成本及我国城乡二元结构的特点等因素，社会公众对当地政府所提供的税负与生态环境保护商品的对应关系更表达了当地的生态环境保护意愿。

（2）"用手投票"

"用手投票"是一种积极的需求表达方式，是指在提供生态环境保护商品的决策中，社会公众可以通过自己手中的选票，通过一定的制度和流程，表达自己对生态环境保护商品的需求，并对社会公众的需求表达情况进行汇总，形成整体的需求意愿，以此作为社会资本和政府部门供给生态环境保护商品的重要依据。社会公众对生态环境保护商品的需求偏好是多样性的，供给组合只能在满足大多数社会公众的需求偏好情况下进行合理供给。

在"用手投票"的需求偏好表达过程中，有两种投票方式可供选择。一种是以每一个社会公众作为投票人，通过"一人一票"的方式，直接来表达自己的需求偏好，这也称为直接投票。在不考虑"阿罗不可能定理"、投票交易、利益集团(如宗族)、人口流动和需求表达成本等的前提下，这种直接投票的需求表达方式，在全部通过或多数通过的情况下可以达到生态环境保护市场的帕累托最优或次优。另一种是社会公众不直接向政府或提供生态环境保护商品的社会资本表达其需求偏好，而是通过直接投票的方式选举代表，由选出的代表根据一定的制度要求，向政府或社会资本反映社会公众的需求，这种方式称为间接投票。因此要使制定的决策基本上满足这一居民群体平均水平的需求，并尽可能与每个社会公众的需求偏好接近。

　　社会公众需求表达的不充分是大多数地区出现生态环境保护商品供给不足或者供给与需求不匹配的重要原因之一。如果仅有一个部门提供生态环境保护商品，那么居民不方便表达其需求。通过增加供给者数量的方式也可以增强社会公众对生态环境保护商品的需求表达。当存在多个生态环境保护商品供给主体时，社会公众在表达自身需求时可以有多种选择，并且能够增加需求信息表达的有效性。

3.3.2　需求传递路径的通畅

　　本书将生态环境保护商品需求表达的传递路径归结为三种：官方路径、民间路径和其他路径。

　　官方路径是指社会资本向政府有关部门直接表达对生态环境保护商品的需求。官方路径有两种：一是政府可以通过地方政府发放的问卷主动了解社会公众需求；二是公民通过网络，在任何时间任何地点访问政府门户，并一站式地利用来自不同部门的政府服务。在政府沟通平台的设计上，应综合运用先进的网络技术，对社会公众的行为进行深度分析，以求公众的需求表达更加精准。此外，还可以建设绩效评价体系对沟通平台的效果进行系统分析，以确保政府公共信息服务系统运行高效、制度完善、响应快速。

　　民间路径包括三个方面，即网络、新闻媒体和社会资本。

　　随着现代技术的迅速发展，网络平台已经成为社会公众对生态环境保护商品需求表达的新渠道，社会公众可以利用网络平台，通过形成一定的网络舆论来影响政府、社会资本参与生态环境保护相关政策的导向。网络表达渠道由于表达方式简单、程序简便、成本低廉、能够表达自己的真实想法，逐渐被广大社会公众所使用，各政府部门应该充分发掘网络的潜在功能，把网络平台建设成为社会公众对生态环境保护商品需求表达的一个重要平台。

　　新闻媒体相比一般的社会公众更具影响力，可以让政府部门更快地了解社会公众对生态环境保护商品的需求。

　　社会资本作为生态环境保护商品的主要供给者，可直接收集社会公众的需求信息，整合社会公众的需求表达情况，这样不仅能够节省需求信息反馈需要花费的时间，也能够避免信息在传递过程中的曲解和流失。

当上述路径不能顺利传递社会公众需求时，社会公众可以通过其他路径进行需求表达，如信访举报、行政复议等。一般情况下，官方路径和民间路径是表达生态环境保护商品需求的主要途径，当上述表达路径出现阻塞时，才会采用其他路径。

3.3.3 供给主体责权利关系的界定

要实现生态环境保护商品供给主体责权利的统一，激发市场主体参与生态环境保护的积极性，可以从以下几点入手。

第一，对各类生态领域的产权进行登记。对森林、草原、山地、流域、滩涂等自然生态领域的产权进行明确，并统一登记，这有利于对自然资源的合理控制，避免出现"公地悲剧"。同时政府要将部分权力下放给参与生态环境保护的社会资本，用市场化思路实现生态环境保护商品的有效供给，使私营企业、社会组织等社会资本的收益得到保证，通过一定的产权制度避免生态环境保护商品这种准公共物品排他性的形成，并实现有偿消费。只有明确了生态环境保护商品中的责权利关系，减少该商品供给过程中的摩擦冲突，充分发挥供给机制和价格机制的调节作用，才能保障生态环境保护商品市场化供给过程的公正、公平与公开。

第二，明确政府和社会资本各自的职责。在此类商品供给中要注重发挥市场的主导作用，政府要发挥配合作用。正如萨瓦斯所说，良性的经济运行中，政府的主要职责是"掌舵"而非"划桨"。因此，政府需要将大部分权利赋予社会资本，使政策制定与生态环境保护商品的供给相分离，把生态环境保护商品供给的具体任务交给以社会资本为主的市场主体，社会资本利用先进的管理经验、技术设备及专业人才提供更加符合竞争市场要求的商品。政府部门的主要职责是做好制度安排、战略制定、市场扶持等决策性工作，在对市场运作进行宏观调控的基础上对市场供给行为进行引导和协调，同时加强对生态环境保护商品市场的监督管理，避免市场化过程中寻租设租、收受贿赂等腐败问题的出现，从而促进公平竞争，维护市场秩序。

第三，建立生态环境保护商品供给主体间的协调机制。这对建立各主体权利与义务之间的平衡机制具有重要意义。政府可通过制定相关政策法规明确生态环境保护商品的供给者和受益者、规范市场化机制的建设和运营、保障社会资本的合理利益诉求；通过民主协商实现生态环境保护商品供给决策的科学化和民主化，保证生态环境保护商品供给者的利益，满足消费者的生态需求；通过经济杠杆鼓励和支持企业主动承担起生态环境保护商品供给的责任，令其在利润驱动下推动市场化供给的顺利进行和经济社会的可持续发展。

3.3.4　供给方式的选择

(1)供给方式选择的技术路径

对生态环境保护商品供给方式的选择,应综合分析不同地区生态环境差异、社会资本能力差异及不同供给方式的优劣性等,并通过一定的流程进行供给方式选择。这不仅能使生态环境保护商品应对更加复杂的外部环境变化,而且能使分析更为全面,更能使市场化供给更加高效。

具体来说,生态环境保护商品供给方式选择可遵循以下技术路径,具体情况如图 3-13 所示。

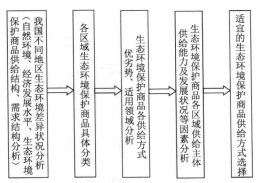

图 3-13　生态环境保护商品供给方式选择路径

第一,在研究生态环境保护商品供给时,应首先对区域的生态环境现状进行分析,了解当地的生产生活条件,进而获取对生态环境保护商品的需求结构,对所在区域的生态环境差异进行定性和定量的分析,才能保证生态环境保护商品的有效供给。

第二,要认识到生态环境保护商品的种类处于动态变化之中。生态环境保护商品具有公共产品属性,在社会资本运用市场化手段提供该种商品过程中,生态环境保护商品类型处于不断变化和创新中。因此,要根据本地区的具体特征来分析适合本地区的生态环境保护商品种类。

第三,分析生态环境保护商品供给方式的特点及供给主体的特征。要充分考虑不同供给方式适合提供的生态环境保护商品及各种供给方式的差异性,也要对供给主体的实际操作能力进行对比分析。在综合考虑以上两方面的基础上,选择合适的供给方式进行生态环境保护商品的供给。

通过上述分析,可以明确生态环境保护商品供给方式选择的具体流程,在方式选择上要综合考虑多方因素,选择最适合本地区实际情况的供给方式。

（2）供给方式的选择

对生态环境保护商品供给方式的选择，本书基于各地区生态环境差异的视角，构建了我国生态环境保护商品供给方式的选择模型，制定了生态环境保护商品供给方式选择的具体流程，为此类商品供给方式的选择提供了一般化的路径，各个地区可以根据自身实际情况，按照相关标准的要求，选择出最合适的供给方式，具体如图 3-14 所示。

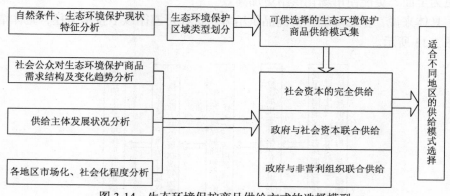

图 3-14　生态环境保护商品供给方式的选择模型

第一，根据自然条件和生态环境特征分析来进行生态环境保护区域类型划分。通过对各地区自然条件、生态环境保护现状等因素的特征进行分析，明确本地区所属的生态环境保护区域类型。这是选择合适的供给方式的基础。

第二，社会公众对生态环境保护商品需求结构及变化趋势分析。一方面，各个区域生态环境存在的问题具有差异性，因此生态环境治理要与具体实际相结合，且应具有针对性；另一方面，由于生态环境一直处于动态变化的过程中，社会公众的需求偏好也会根据生态环境的优劣而发生变化。因此对生态环境保护商品的需求结构分析不是一次性的工作，要定期进行更新，了解生态环境保护商品的供给效果，以及社会公众较为关心的生态问题。

第三，供给主体发展状况分析。其不仅要对地方政府的财政状况、经济实力进行分析，也要对有意向参与合作的社会资本方的盈利情况、技术水平、运营能力等进行深入考察，生态环境保护商品供给主体的发展状况直接决定了供给的有效性，对生态环境保护商品供给方式的选择至关重要。

第四，各地区市场化、社会化程度分析。从我国区域分布情况来看，东部沿海地区经济发展速度明显快于西北内陆地区，其市场化、社会化程度更高，社会资本有雄厚的经济实力和高度的参与热情投入生态环境保护市场化的建设中。

综上所述，在生态环境保护商品供给方式的选择上，应充分考虑以上因素，针对不同区域的具体状况选择合适的供给方式。

3.4　社会资本参与生态环境保护市场化供求机制的运行

在生态环境保护商品供求机制构建的过程中，供求系统将会从无序的不稳定状态，逐步进行自发调整达到新的有序的均衡状态，进而实现整体功能效应。供求机制的运行包括供给和需求两方面，需求包括需求表达的绩效管理及需求表达有效性的增强；供给包括供给效率的强化，以及供求机制的整体运行。

3.4.1　需求表达的绩效管理

需求表达的绩效管理是指判断需求表达是否有效的管理评估方法。需求表达的绩效管理应该与政府官员的考评相联系，也应该与社会资本的利益相关联，只有这样才能调动政府的积极性和提高社会资本的参与度，才能不断完善生态环境保护商品的需求表达机制。

政府及基层组织对社会公众的需求表达做出反馈，即需求表达的绩效管理。在进行绩效管理前，要注重需求信息的整合汇总，以便提高社会资本提供生态环境保护商品的效率。这一环节又可以分为两个层次：识别需求和瞄准对接需求。识别需求是指政府部门和提供生态环境保护商品的社会资本方通过一定的渠道了解社会公众的需求，并对其进行整理筛选，得出具有可操作性、能充分反映生态环境问题的需求信息；瞄准对接需求是指政府应该以需求信息为依据，制定有针对性的政策，并通过与社会资本合作提供相应的生态环境保护商品。

以上分析表明，社会资本参与生态环境保护商品有效需求的实现必须依赖于社会公众需求偏好的完全显示，还必须对我国的需求识别制度进行理论创新和科学构建，使我国生态环境保护商品的需求一方面对应于社会公众的真实需求状况，另一方面根据实际财力和社会公众的迫切程度，提高生态环境保护商品的瞄准精度，促进我国生态环境保护商品需求绩效的快速改善。完善社会资本参与生态环境保护商品需求表达的绩效管理，建立相应的制度体系对需求表达的有效性进行评估，其不仅能够使政府部门发现其在社会公众需求表达制度建设方面存在的问题，也能够进一步提升生态环境保护商品需求的有效表达，是生态环境保护的一大进步。

3.4.2　需求表达有效性的增强

要进一步增强需求表达的有效性，使社会公众的需求能准确地传递给政府部门和社会资本，需要增强巡视制度的有效性。通过建立巡视制度，进一步查找社会公众在生态环境保护商品需求表达中存在的问题。目前在巡视制度的建设方面还存在着很多问题，要使巡视制度更好地发挥生态环境保护需求表达渠道的作用，就需要在巡视制度的建设中注重以下几点。

(1)建设畅通的需求表达渠道

要增强需求表达的有效性，首要任务是建设通畅的需求表达渠道，使社会公众的生态环境保护需求能够顺利传递给供给者，以便供给者能准确做出反应。因此，在巡视制度的建设中，要注重发挥监管作用，强化需求表达渠道的建设，并通过巡视功能及时发现需求表达渠道存在的问题，并及时改进。从目前情况来看，我国社会资本参与生态环境保护需求渠道较少，且相关监管制度缺乏，导致需求表达不通畅。因此，有必要加强巡视制度在需求表达渠道监管方面的作用，提高需求表达的有效性。

(2)培养需求主体的表达能力

要实现生态环境保护商品需求的充分表达，关键在于提高需求主体的表达能力。巡视工作能够发现社会公众在需求表达中存在的问题，包括表达意愿不强烈、表达方式不正确、核心需求信息无法准确表达等，应充分借助巡视工作增强社会公众的需求表达意识，拓宽需求表达渠道，提高社会公众需求表达的有效性。具体可以从以下几方面入手：首先，要注重培养居民需求表达的主动性。通过大众媒体或报刊书籍等的宣传，提高社会公众表达需求的积极性，引导社会公众主动向生态环境保护巡视工作组反映情况，强化需求表达。其次，健全社会公众在需求表达阶段的规章制度。建立相关机构用于提升社会公众需求表达的能力，向社会公众宣传需求表达的方式，完善政府方接收社会公众需求机构建设，便于将社会公众分散的需求信息有效进行整合，并向生态环境保护巡视工作组进行传达。最后，提高公民自身素质。文化素质较高的社会公众能选择正确的表达渠道，且能够较为准确地表达自己的观点。因此，政府应主动引导，增强社会公众文化素质，提升需求表达的效果。

(3)增强需求表达的有效性

为了进一步提高生态环境保护商品需求表达的有效性，除了以上两个方面之外，还应从以下角度加强管理。首先，生态环境保护巡视工作组应充分了解社会公众对生态环境保护的需求，用制度保证社会公众的需求表达权利。尽最大可能保证社会公众的生态环境保护需求能顺畅地传达给政策制定者和生态环境保护商品供给者。其次，生态环境保护巡视工作组应建立适合不同社会群体的需求表达途径，让每一个社会公众都能充分表达自己的需求，消除话语权的不平等。最后，加强生态环境保护巡视工作组内部的组织建设，提高工作人员的业务水平，增强对需求表达的反馈能力。

3.4.3　供给效率的强化

完善的生态环境保护市场化供给机制不仅要有足够的吸引力引导市场和社会力量参与其中，还要能为多方竞争与合作提供一个更为公平、更具包容性、更为健康的发展环境，这样才能强化供给效率。而这样一个良好的市场环境不是人们头脑中的主观产物，更不具有客观存在的必然性，它的创建需要具备各方条件，如图 3-15 所示。

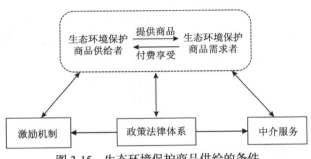

图 3-15　生态环境保护商品供给的条件

首先，完善的政策法律体系是构建生态环境保护市场化供给机制的制度保证。在完善生态环境保护市场化供给的政策体系时，应当按照时代要求和现实需要设定相关规范，在注重效率与公平基础上不断加强法制监督。一是要做到有法可依。我国社会资本参与生态环境保护供给机制相关法规不健全，如供给主体权责没有明确规定、缺乏操作性，对生态保护部分领域没有明确表态、意见模糊等。因此必须"用制度保护环境"，同时大力加强市场准入、价格监管、招投标制度、举报制度等方面的法制建设，为生态环境保护市场化供给机制构建提供必要的法律支持，从根本上杜绝腐败违法行为的发生。二是要建立健全法规体制。为处理市场化供给过程中出现的法律上棘手、技术上复杂的问题，必须在坚持独立性原则基础上建立规制机构（即制定相应规章制度的机构），在规制机构内实行财权与事权的双重独立，并制定专门性法律法规对机构建立和职能行使加以规定，同时强化公众监督，确保规制行为的客观合理。三是要做到有法必依、执法必严。通过法律制度的强制性引导约束市场主体的行为，特别是依法对企业、社会组织的投资经营权和收益权进行界定和保护，切实维护供给主客体的正当利益。除此之外，还要明确生态环境保护市场化供给的执法主体，落实对执法违法行为的追究制度和赔偿制度，努力创造公平、竞争、有效的市场秩序。

其次，要建立激励机制。生态环境保护市场化供给机制的构建旨在创造一种更开放、更公平、更具包容性的竞争性市场，在生态保护和环境治理领域给予各类主体更多的参与机会。为了实现这一目的，在采取强制性政策法律措施之外，还应通过激励机制鼓励社会资本积极参与市场竞争，为消费者提供质优价廉的生态环境保护商品。激励机制的具体内容会在本书第 6 章详细介绍。

最后，发展中介服务。在生态环境保护领域构建中介服务体系必须建立一个集市场交易、信息服务、技术研发、规划设计、评估监测等功能于一体的综合性平台。在这一平台上为生态环境保护市场化提供交易场所、市场信息咨询、生态环境评估、供给方案设计、融资服务等多种形式的具体服务，达到畅通信息渠道、优化资源配置的目的。此外，引入国内外人才，在市场中介体系中组织起包括经济学家、生物学家、气候与环境学家等多学科背景的专业团队，为生态环境保护市场化供给提供技术指导和专业意见。在法律、政策和资金上积极引导和支持市场中介组织的发展，一方面从立法和政策的角度管理中介组织的设立与运作，在依法规范各种中介服务的同时通过政策优惠促进中介服务体系的建设；另一方面，从资金上给予中介服务组织必要的财政支持，保证生态环境保护商品的有效供给。

3.4.4　供求机制的整体运行

如图 3-16 所示，要实现社会资本参与生态环境保护市场化的供求均衡，不仅要强化需求表达，也要规范供给行为，需求的充分表达是有效供给的前提和基础，供给和需求是密不可分、协调互动的整体。

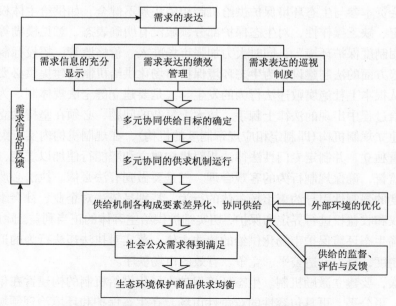

图 3-16　生态环境保护商品供求机制具体运行过程

　　要保证需求表达的通畅性，首先要明确需求表达的主体，包括需求信息的表达主体和需求信息的接收主体。社会公众是最主要的需求表达主体，对需求表达信息做出反馈的是政府部门和提供生态环境保护商品的社会资本。需求表达强调社会公众与政府部门之间的互动，社会公众是生态环境保护商品的最终受益者，他们有权表达自己的需求偏好。社会公众向政府部门表达自己的需求，政府部门对社会公众的需求做出反馈，并将反馈信息传达给社会资本，或者由社会资本直接获取公众的需求，为社会资本供给生态环境保护商品提供条件。其次，本书中构建的需求表达机制中的客体就是生态环境保护商品。生态环境保护商品的范围很广，而且生态环境保护商品并不是一成不变的，而是随着科学技术、经济环境等因素的发展而逐步调整的。在需求表达实践中，需求表达的偏好显示是指社会公众通过各种方式将自己对生态环境保护商品的需求偏好表达出来，政府能够将需求信息通过一定的传递路径精准传递给社会资本，使社会资本能够有效提供适合本地区的生态环境保护商品。

　　要实现生态环境保护商品供给的有效运行，首先政府部门和社会资本应根据社会公众对生态环境保护商品的需求情况制定生态环境保护商品供给目标，要根据不同区域生态环境保护的特点、供需的结构状况、所处的经济发展阶段等，动态地制定生态环境保护商品的供给标准。在此基础上，应对各地区的特征进行分层评估，根据其生态环境保护情况、经济社会发展水平等，综合评估各地区的经济社会发展水平，以此为出发点，分析各地区社会公众对生态环境保护商品供给的层次性。

　　其次，分析不同地区的经济差异，制定相适应的生态环境保护商品供给机制。先对当地的经济情况进行深入分析，在考察生态环境状况的基础上，分析供给主体的供给能力，并运用供给方式的选择路径确定合适的供给主体来提供生态环境保护商品。此外，在生态环境保护商品的供给过程中，要合理确定供给类型、供给数量及供给期限等，并通过这些供给机制中各构成要素的协同互动、差异化供给，为社会公众供给适宜的生态环境保护商品，最终达到生态环境保护商品的供求均衡。

　　最后，生态环境保护商品的有效供给，离不开对供给机制运行的监督、评估与反馈。一方面，政府要积极引导社会资本参与生态环境保护商品供给，在有效激励的前提下完善相关监督制度；另一方面，要对社会资本的供给状况和政府的政策制度是否有效进行评估与反馈，对社会资本的经济行为建立问责制度，规范社会资本的合理参与。

第4章 社会资本参与生态环境保护商品的定价机制

本章主要研究社会资本参与生态环境保护商品的定价机制。通过概述生态环境保护商品价值内涵与价格构成，分析生态环境保护商品定价主体，包括生态环境保护商品产权价值和补偿成本的定价主体、生态环境保护商品人工价值的定价主体、生态环境保护商品定价主体的内部关系及生态环境保护商品定价主体的博弈分析，阐释生态环境保护商品定价方法和程序。

4.1 社会资本参与生态环境保护商品的定价基础

对生态环境资源进行有价化、商品化及市场化配置，首先要弄清楚生态环境保护商品的价值内涵及价格构成。

4.1.1 生态环境保护商品的价值内涵

生态环境保护商品价值由三部分内容构成。

(1)生态环境保护商品的稀缺性

稀缺程度是评判生态环境保护商品价值的重要依据。21世纪以来，人们对生态环境保护商品的需求不断增加，供需矛盾突显。生态环境保护商品再生产过程漫长，需要人类投入大量劳动，获取它需要付出一定成本，所以需要市场配置资源，由此生态环境保护商品就形成了交易价格。

(2)生态环境保护商品的产权

生态环境对商品产权的保护是基于物品的存在及其可利用性而进行的，这种保护行为是人们相互认可的行为关系。产权是一种社会关系，确定了社会上每一个人使用稀缺资源的地位和顺序。产权是一种法律手段，生态环境保护商品的产权所有者有对特定环境资源进行处置的权利。如果一个地区不存在产权，那么人们就可以任意获取使用资源，且不支付任何费用，这会给人类带来严重灾难。因为资源稀缺性的限制，资源就不可以被肆无忌惮地挥霍，所以应该赋予资源一定的价值，即设立产权制度。

(3)生态环境保护商品的劳动价值

生态环境保护商品的劳动价值是该商品在生产过程中所要消耗的劳动时间的

凝结。现代社会人们在生产生活过程中，都不同程度地对资源投入了人类劳动。例如，人们对原始森林的保护、污水处理、水资源的供给等。人类对资源的发掘、研究、探索等投入的人力、物力也是资源价值构成的一部分。生态环境保护商品价值包含自然资源本身的价值、人类劳动价值、生态环境功能价值及其他方面价值等。

4.1.2　生态环境保护商品的价格构成

商品价格是价值的货币表现形式，生态环境保护商品价格包括天然价值（VT）、人工价值（VR）、环境补偿成本（CH）、生态补偿成本（CS）和代际补偿成本（CD）等。其中，环境补偿成本（CH）、生态补偿成本（CS）和代际补偿成本（CD）统称为补偿成本（CB），将这些负外部性内部化后计入商品价格。由此，生态环境保护商品价格分为产权价值（VC）、人工价值（VR）和补偿成本（CB）三部分。三者关系如图 4-1 所示。

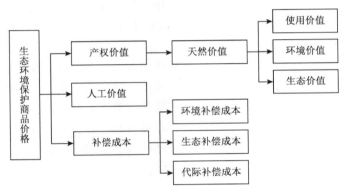

图 4-1　生态环境保护商品价格构成图

因此，生态环境保护商品价格=产权价值+人工价值+补偿成本，即

$$P=\text{VC}+\text{VR}+\text{CB}$$

4.2　生态环境保护商品的定价主体与博弈分析

根据生态环境保护商品价格构成的含义，本书将其分为三个部分：产权价值、人工价值和补偿成本。现对生态环境保护商品定价主体做如下分析。

4.2.1　生态环境保护商品产权价值和补偿成本的定价主体

生态环境的所有权属于国家，政府作为国家代表，有责任和义务对生态环境进行保护。政府对生态环境保护商品的天然价值及被破坏影响进行合理核算，能够保障生态环境的价值，使生态环境得到可持续发展。所以，生态环境保护商品产权价值和补偿成本的定价主体是政府。政府将生态环境按不同区域进行划分，或者根据不同环境保护项目来划分，可以交由物价局，或者聘请第三方组织定期或不定期对各区域内生态环境产权价值进行核算，同时对生态环境污染、资源开采等情况进行调查并核算应该补偿的成本。

4.2.2　生态环境保护商品人工价值的定价主体

生态环境的人工价值，包括对生态环境中的各种资源开采利用过程中和对环境污染进行治理中投入的各种成本及人类劳动价值。在生态环境价格组成中体现为勘探和开发成本、税收收入及合理利润。对生态环境开发利用、保护等可以交给专业的社会资本。因此，这部分的价值核算，不仅需要由社会资本根据项目运营过程中的成本和合理利润，制定初步价格方案，还需要政府与消费者进行价格监督。因此，生态环境保护商品人工价值定价主体包括社会资本、政府和消费者。

（1）社会资本

社会资本是生态环境保护商品的直接产出者，社会资本获得消费者和其他社会投资后，为社会公众提供生态环境保护商品。社会资本需要更多的资源，才能保障生态环境保护商品的品质和效用，扩展社会资本的规模。生态环境保护商品价格中生产成本定价标准越高，对社会资本越有利。社会资本要向社会供给生态环境保护商品，因此社会资本要根据社会发展的趋势和预期需求来调整生产模式、定价模型和服务模式，从而实现产出最大化。

（2）政府

政府在生态环境保护商品人工价值核算中发挥监管和规制的作用。在人工价值的核算中，首先，考虑家庭的支付能力；其次，保证社会资本有足够资金正常生产。

政府作为生态环境保护商品的生产者和投资者，必须考虑社会总体利益，重视生态环境保护商品的投资效益，同时还必须承担从宏观层面上调整资源分配的责任。所以政府必须考虑国家财政状况，以成本分担理论为指导，加强定价管理工作，使政府、社会资本和消费者三者共同负担生态环境保护商品成本，分享收益，弥补政府有限投入的不足。此外，政府还担负着监管、投资收益主体的责任。

（3）消费者

社会资本生产生态环境保护商品，消费者付费购买，享受生态环境保护商品效用。对生态环境保护商品的购买或者投资都会产生一定的收益，谁受益谁承担，生态环境保护商品价格过低会使生产消费难以为继，生态环境保护商品价格过高会导致需求减少，因而，消费者应该承担一部分生态环境保护商品的成本。同时消费者享有价格监督权利。

4.2.3　生态环境保护商品定价主体的内部关系

生态环境保护商品定价利益相关者在定价、补贴计算和决策时，相互影响，因此会有利益冲突。

(1) 依赖性方面

社会资本的研发支出、生产经营和规模扩张等主要来自资本市场，其余来自政府和消费者。社会资本和政府的投入，会使投资者获益，同时也会对社会经济生活产生积极影响。因此，利益相关者主体对生态环境保护商品的投资，会为其自身带来直接收益和间接收益。

(2) 制约性方面

1) 各利益相关主体之间价值目标制约。消费者价值目标是通过消费来改善生存环境，提高自身生活品质。政府在考虑社会资本产出质量、生态环境保护商品的生产消费对社会发展推动作用及消费者承担能力前提下，还要兼顾社会资本投资效益，这就使政府的行为动机具有混合性。社会资本在实现利润的同时希望占用更多公共资源，生产更多生态环境保护商品，赢得良好的社会声誉。

2) 各利益相关主体存在政府资源上的制约。社会资本在生产生态环境保护商品时，有一部分资金源于政府的资金和政策支持，这会对政府的其他支出产生一定的影响。如果政府在生态环境保护商品上投入过多资金，就会降低社会再生产的能力和社会公众在其他商品上的购买力，也会妨碍其他社会主体发展。因此政府对生态环境保护商品的投资是有限的，消费者的自身消费承受能力也是有限的。

4.2.4　生态环境保护商品定价主体的博弈分析

各定价主体复杂的决策行为，对确定生态环境保护商品价格水平具有直接影响。在生态环境保护商品价格制定与补贴计算的过程中，涉及消费者、社会资本与政府三个利益相关方，其关系如图 4-2 和图 4-3 所示。

政府、消费者和社会资本之间相互依存。政府希望整体社会福利实现最大化，社会资本追求自身利润最大化，消费者希望自己负担价格费用最小。他们的目标各异，各自利益之间存在制约。在定价体系中，他们的目标均与生态环境保护商品的价格或补贴标准相关，都希望达到自身效益最佳。下面是对各定价主体间博弈关系的具体分析。

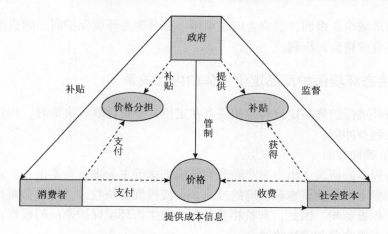

图 4-2　消费者购买型生态环境保护商品定价主体博弈关系图

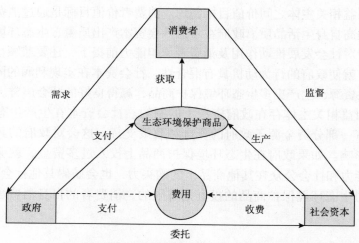

图 4-3　政府购买型生态环境保护商品定价主体博弈关系图

1)政府与消费者之间的博弈关系。消费者是生态环境保护商品主要成本的承担者，政府由于对社会资本进行价格补贴，它也是生态环境保护商品的成本承担者。消费者希望政府增加生态环境保护商品价格补贴，从而能够减少自身支付费用。尽管政府对社会资本进行生态环境保护商品价格补贴，目的是减轻消费者的负担，但是，对政府而言，其财力有限，因此希望消费者在合理价格区间内能够负担一定的费用。

2)政府与社会资本之间的博弈关系。政府补贴社会资本出于两个动机，一是减轻社会资本负担，二是生态环境保护商品具有正外部性。政府希望通过补贴使消费者低价享受高质量生态环境保护商品，保证社会资本在正常盈利情况下提高生态环境保护商品质量。但是社会资本希望提高生态环境保护商品价格，从而获得更多补贴，而政府无法清晰地监督社会资本的行为选择，这导致社会资本不能够积极提高生态环境保护商品质量，政府很难实现社会福利最大化目标。

3)社会资本和消费者之间的博弈关系。社会资本希望提高生态环境保护商品价格，但是过高的价格会导致消费者不满。而消费者则希望降低生态环境保护商品价格，但是过低的价格会导致社会资本亏损，社会福利性和消费者满意度下降，如图 4-4 所示。因此，制定合理价格能够激励社会资本提高生态环境保护商品质量，提升消费者满意度，促进生态环境保护事业健康发展。

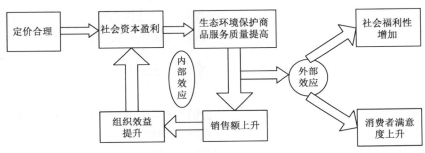

图 4-4　生态环境保护商品合理定价的效应图

4.3　生态环境保护商品定价方法和程序

本节在合理补偿成本、受益承担、公平公开及兼顾效率原则的基础上，研究生态环境保护商品定价的方法和程序。

4.3.1　产权价值的核算

生态环境保护商品涉及领域广泛，如矿物和能源资源、水资源、生物资源、土地资源等，本书只分析生态环境保护商品基本定价方法。

(1)产权价值评估的基本方法

产权价值核算是指评估生态环境资产价值。对物品进行估价包括市场价格法、净现值法和生产成本法等。考虑生态环境资产的市场化程度不足，交易极少，没有可供参考的市场价格，所以在生态环境资源租金的基础上，采用净现值法对生态环境资产进行估价。

1)净现值法基本原理。生态环境保护商品的产权价值为该商品存续期内产生租金的现值加总，其公式为

$$生态环境保护商品的产权价值 = \sum_{t=1}^{资源寿命} \frac{资源租金}{(1+贴现率)^t} = \sum_{t=1}^{n} \frac{R_t}{(1+r)^t} \qquad (4\text{-}1)$$

式中，R_t 为资源租金，表示生态环境资产在每一时期产生的收益；r 为贴现率。从式(4-1)可看出，生态环境资产的价值取决于该资产未来使用寿命期全部收益现值总和。

2) 净现值法变形公式。式(4-1)是净现值法估算生态环境资产价值的基本公式，根据资源租金的估计方法及其他假设条件，该公式在实际应用中衍生出以下几种常用方法。

第一，收益还原法。其以自然资源的预期净收益作为资源租金，然后通过净现值法公式贴现，最终计算出资源存量价值，收益还原法的估价公式为

$$RV = \sum_{t=1}^{n} \frac{R_t}{(1+r)^t} = \sum_{t=1}^{n} \frac{(S_t - C_t - I_t)}{(1+r)^t} \qquad (4\text{-}2)$$

式中，RV 为某自然资源当期的期末存量价值；n 为资源的预期可开采年限；r 为贴现率；S_t、C_t、I_t 分别为该资源产品第 t 期的销售额、开采成本(包括中间投入成本、固定资产折旧、工资等)和生产资本的"合理利润"或"正常回报"，C_t+I_t 可理解为资源产品生产的总成本；R_t 为资源租金，等于资源产品各期销售总收入减去相应生产总成本。

第二，净租法。其可以看作净现值法的一种简化形式，适用于总量有限且不可再生的自然资源。该方法有两种理解。

一种是 Hotelling 模型。Hotelling(1931)分析了在不同的开采条件下，不可再生资源的最优开采途径。Hotelling 进而分析了在竞争市场环境中不可再生资源的均衡价格路径，即"Hotelling 规则"。当对某一资源进行开采时，该资源价格增长率应该相当于贴现率，即

$$P'/P=r \qquad (4\text{-}3)$$

对资源价格的增长率与贴现率的大小进行比较，如果前者大，则说明不可再生资源保存越久越有利；反之，则说明越早开采不可再生资源越有利。

根据"Hotelling 规则"，Hotelling 模型假设会有

$$R_t = R_0(1+r)^t \qquad (4\text{-}4)$$

将式(4-4)代入净现值法式(4-2)中，可得

$$RV = \sum_{t=1}^{n} \frac{R_t}{(1+r)^t} = \sum_{t=1}^{n} \frac{R_0(1+r)^t}{(1+r)^t} = n \cdot R_0 \qquad (4\text{-}5)$$

式中，R_0 为当年资源租金。该自然资源的全部存量价值等于可开采年限乘以当年的资源租金。按照这一方法，在核算期内，每一期对资源的耗减量价值等于 R_0。

另一种是净价模型。其认为已知某种自然资产储量，无论现在开采还是将来开采，所具有的价值是恒定的。因此，在核算其价值时，没有必要将未来价值转换为现在价值，现有资源的价值就等于当年单位资源租金乘以资源总储量。公式如下：

$$RV = (R_0 / Q_0) \times \sum_{t=1}^{n} Q_t \tag{4-6}$$

式中，R_0 为当年资源租金；Q_0 为资源年开采量；R_0/Q_0 为当年单位资源租金；$\sum_{t=1}^{n} Q_t$ 为资源总储量。

从表面上看，Hotelling 模型和净价模型公式不一样，但如果对式 (4-6) 加上"每年所开采资源实物量均相等"的假设，可以得到

$$RV = (R_0 / Q_0) \times \sum_{t=1}^{n} Q_t = (R_0 / Q_0) \times (n \cdot Q_0) = n \cdot R_0 \tag{4-7}$$

因此，基于净现值法，不同的假设会导致公式的表现形式不同，但是实质一样，故将这两种方法统称为净租法。

第三，使用者成本法。使用者成本法只能计算资源的耗减价值。1989 年 Serafy 首次提出利用使用者成本法计量非再生资源的耗减价值。以数学式表示，令 r 为利率水平，R 为每年的毛所得，假设为固定常数，X 为每年真实所得，则无限期真实所得 X 的现值为

$$V = \sum_{t=1}^{\infty} \frac{X}{(1+r)^t} = \frac{X}{r} \tag{4-8}$$

而在有限的资源开采年限 n 年内每年的毛所得 R 的净现值为

$$RV = \sum_{t=1}^{n} \frac{R}{(1+r)^t} = R \cdot \frac{1}{r} \left[1 - \frac{1}{(1+r)^n} \right] \tag{4-9}$$

令此二者现值相等，即得出真实所得 X 为

$$X = R - \frac{R}{(1+r)^n} \tag{4-10}$$

Serafy 进一步定义使用者成本为毛所得 R 与真实所得 X 之差，使用者成本为

$$R - X = \frac{R}{(1+r)^n} \tag{4-11}$$

Serafy 又称该项为耗减因子，表示为自然资源的耗减。使用者成本法在计算 R 时，假设每年每单位毛所得固定且开采水平不变，这意味着使用者成本法存在一个缺陷，即若价格及开采成本发生变动，使用者成本的估计值就会产生偏差。

将以上价格计算方法进行比较，可以发现：不同的估价方法具有不同的假设条件、优缺点和适用情况。详细对比情况见表 4-1。

表 4-1　净现值法及其变形方法比较

方法	假设条件	优点	缺点	适用情况
净现值法	已知每年的开采量和资源再生速度	模型成熟，结果较准确	要求已知的数据多	适用于可再生和不可再生资源
净租法	资源价格增长率等于贴现率；每年开采量相等	计算简便，不需要确定适当的贴现率	假设条件在实际中难以满足	适用于不可再生资源
收益还原法	已知各年的销售额及成本	有明确的计算资源租金的公式	要求数据多，资源租金可能为负值	适用于可再生和不可再生资源
使用者成本法	每年的开采量和价格都固定	能快速算出耗减价值	假设条件在实际中难以满足	适用于不可再生资源

第四，经价格修正的净现值模型。综合环境和经济核算体系为了简化起见，假定每年的资源租金都为 R，从而把式（4-1）改写为

$$R_V = \sum_{t=1}^{n} \frac{R_t}{(1+r)^t} = \sum_{t=1}^{n} \frac{R}{(1+r)^t} \tag{4-12}$$

式中，R_V 为资产价值；R_t 为资源租金；R 为资源租金；r 为贴现率；n 为资源寿命。

综合环境和经济核算体系假定在可比价格水平下资源租金以年度为周期时基本维持不变。综合环境和经济核算体系中有名义贴现率和实际贴现率两种计算贴现率方法，前者要求资源租金直接采用报告期价格，后者要求资源租金采用可比价格。综合环境和经济核算体系对贴现率的两种处理方式都建立在一个假定上：假定资源的价格变化速度等于通货膨胀率。本书对贴现模型进行了改进，得到经过价格修正后的资源租金贴现模型如下：

$$R_V = \sum_{t=1}^{n} \frac{R_t}{(1+r)^t} = \sum_{t=1}^{n} \frac{R(1+i)^t}{(1+r)^t} = \sum_{t=1}^{n} R \left(\frac{1+i}{1+r} \right)^t \tag{4-13}$$

式中，i 为资源的价格增长率；r 为贴现率；R_V 为资产价值；R 为资源租金；n 为资源寿命。

在式(4-13)中，当资源的价格增长率 $i=0$ 时，本式和净现值法的式(4-1)相同；当资源的价格增长率等于贴现率时，即 $i=r$ 时，本式和净租法的式(4-5)一致，所以式(4-13)是综合环境和经济核算体系中的净现值法和净租法的一种更一般的表达式。在使用中，资源的价格增长率的计算可以通过使用几何平均法，先从资源的价格增长率的历史数据中求出年平均增长率，然后估计现期资源的价格增长率。即使资源将来的变化情况不一定和历史保持一致，也可以作为一个参考，比用通货膨胀率或者贴现率来直接代替资源的价格增长率可靠。

(2) 自然资源价值评估方法

本节针对生态环境资产的核算范围，在基本估价方法研究基础上，对各种具体的自然资源进行分析和估价。

1) 矿物和能源资源估价。从事实上来说是对矿物和能源资源地下储存量进行价值估价。有些国家的矿物和能源资源是私有化的，可以直接在市场上进行比较公开透明的交易，即采用市场价格法进行估价。而有些国家中矿物和能源资源是公有化的，市场交易不经常进行，则可以采取净现值法来对矿物和能源资源地下储量进行价值评估。本书在具体核算时采用的方法是经价格调整的净现值法。

式(4-13)可进一步改写为

$$V_M = \sum_{t=1}^{n} R\left(\frac{1+i}{1+r}\right)^t = R\frac{(1+i)}{(r-i)}\left[1-\left(\frac{1+i}{1+r}\right)^n\right] \qquad (4\text{-}14)$$

式中，V_M 为矿物和能源资产价值；R 为资源租金；i 为资源的价格增长率；r 为贴现率；n 为资源寿命。

进一步假设每年的开采量 E 不变，可得到 $n=S/E$，$R_R=R/E$（其中，S 为资源存量水平；E 为资源年开采量，又简称年开采率；R_R 为单位资源租金），由此可以把式(4-14)进一步写为

$$V_M = R_R E \frac{(1+i)}{(r-i)}\left[1-\left(\frac{1+i}{1+r}\right)^{S/E}\right] \qquad (4\text{-}15)$$

因此，在贴现率 r 已知的情况下（一般是外生给定），只要确定了 S、E 和 R_R，即可估算出矿物和能源资源的存量价值。

2) 水资源估价。常用的水资源估价方法有市场价格法和占有法。本书采用的是占有法，用水资源费作为水资源的单位资源租金，采用净现值法对水资源的价值进行核算。此外，还应该把地下水和地表水分开核算。

地表水资源的价值计算公式如下：

$$V_s = \sum_{t=1}^{n_1} \frac{R_s}{(1+r)^t} = \sum_{t=1}^{n_1} \frac{P_s Q_s}{(1+r)^t} \tag{4-16}$$

式中，V_s 为地表水资源价值；R_s 为地表水资源租金；P_s 为地表水的水资源费，用来代表单位资源租金；Q_s 为地表水总量；r 为贴现率；n_1 为当前总量的地表水可使用年限。

同理可求出地下水资源的价值，其公式如下：

$$V_g = \sum_{t=1}^{n_2} \frac{R_g}{(1+r)^t} = \sum_{t=1}^{n_2} \frac{P_g Q_g}{(1+r)^t} \tag{4-17}$$

式中，V_g 为地下水资源价值；R_g 为地下水资源租金；P_g 为地下水的水资源费，用来代表单位资源租金；Q_g 为地下水总量；r 为贴现率；n_2 为当前总量的地下水可使用年限。

地表水与地下水的价值加总就是水资源的总价值，记为 V_w，其公式如下：

$$V_w = V_s + V_g \tag{4-18}$$

3）生物资源估价。生物资源的估价可按国民经济核算体系（system of national account，SNA）的估价原则进行估价。培育资源经历了一段相对较长时间的人工栽培养殖，已经形成了比较稳定的供应链，价格相对来说也比较稳定透明，所以可以直接利用市场交易价格。生物资源的价值就是市场交易价格和生物资源存量的乘积。特别地，资产的价格会受生物资源生存年限的影响。本书认为，在综合环境和经济核算体系下，培育性生物资源的存量价值等于资源价格和资源现有存量的乘积，资源价格等于资源市场价格减去资源成本。综上对具有固定资产性质的培育性生物资源，要把其各时期的价值进行贴现，就要采取净现值法进行估价。对非培育性生物资源的存量价值进行估计的关键因素是资源租金，资源租金的计算方式如下：在给定自然增长率和收获率的条件下，可以确定资源实物存量和预期寿命，用资源产品市场价格扣除资源收获时所花费的成本推导得到资源租金，随即就可以采取净现值法进行计算，得到非培育性生物资源的存量价值。

第一，林木资源估价。从理论上来讲，林木的价值等于成熟林木的价格减去林木种植时期花费的贴现成本。成熟林木的价格是购买者付给林木所有者的价格及采伐者的工资，林木种植期间的成本包括林地租金和平均单位的森林管理费用。对非培育性森林不考虑管理成本，只计算成熟林木的价格。林木的价格还会受林木的种类、年龄、生长情况等多种因素的影响。由于影响因素太多，需要对净现值法进行简化，简化后的净现值法有立木价值法和消费价值法两种。

立木价值法也叫净价格法，假定贴现率等同于森林的自然生长率，同时忽略管理成本和林地租金，此时，林木存量的价值就等于当期的立木蓄积量与价格的乘积，即

$$V_F = ApQ \qquad\qquad (4\text{-}19)$$

式中，V_F 为林木存量价值；A 为森林面积(单位：hm^2)；p 为每立方米平均立木价格；Q 为林木蓄积水平(单位：m^3/hm^2)。p 可以是全部立木存量的平均价格或者是净价，用原木价格扣减采伐成本。此外，本书注意到，不同树种的林木价格也不尽相同，因此，最好每一类别的立木量分别采用一个平均立木价格。在核算林木蓄积水平 Q 时需要在立木立方米和木材立方米之间进行转换，这些系数要依据木材的种类和测度的方法而定。立木价值法的好处在于，它可以用一种较为简单的方式对实物木材账户中所有的科目进行估价，包括存量、采伐、自然生长及其他变化。

消费价值法是立木价值法的一个变形，但是更复杂。消费价值法对不同的树种、不同树龄或不同的径级采用不同的立木价格，即

$$V_F = \sum_{i=1}^{n} A_i p_i Q_i \qquad\qquad (4\text{-}20)$$

式中，i 为不同树种、树龄、径级的立木类别；价格 p 可以直接在市场上获得，或者用原木价格减去采伐成本来计算。最准确的做法是，对采伐成本也按木材类别及采伐条件进行分类计算。

立木价值法根据采伐的结构来推算成木的价格，消费价值法根据森林的存量结构来推断成木的价格，这是两者之间的最大区别。但是这两种计算方法都是净现值法的特殊形式，公式符合系统网络结构准则，里面已经包括了贴现。受人管理的森林砍伐情况和森林的存量结构是可预期的，可以根据市场的需求进行调节，对存量的计算可以采用净现值法；对一些砍伐结构在比较长的时期内不会产生变化的森林，可以采用立木价值法进行存量计算；对生长时间比较长、已经长成成木的森林，可以采用消费价值法。本书采用立木价值法来计算森林林木的存量，具体做法是用期末的林木存量乘以林木净价得到森林林木的存量价值，其中林木的净价格等于林木的收购价减去林木的获取成本。

第二，除林木外的作物和植物资源估价。除林木外的作物和植物资源具体指农作物和野生植物，其中农作物属于培育资源，野生植物属于非培育资源。农作物的种植和销售源远流长，已经形成了一系列成熟的操作，所以其市场价格也比较公开透明。由于我国目前只有农作物的产量统计，没有农作物的实物存量数据，暂时无法估计农作物的存量价值。本书在后面的章节中只根据农作物的产量计算

产值，然后估计农作物的流量价值，核算的公式如下：

$$V_{\mathrm{zw}} = \sum_{i=1}^{n} p_i Q_i \qquad (4\text{-}21)$$

式中，V_{zw} 为农作物资源价值；p 为价格；Q 为农作物的产量；i 为农作物的类型。

野生植物不是由人工培植的，其产量、分布、质量等都没有有效的统计，价格数据不完备，波动也很大，所以本书暂时不对野生植物进行价值核算。

第三，水产资源估价。水产资源包括贝类、鱼类和海藻等水产动物与植物，鱼类的数量、种类很多，价值也最大，所以一般用鱼类来代表水产资源。综合环境和经济核算体系将水产资源分为培育水产资源和非培育水产资源两种类型，水产资源分类见表4-2。

表 4-2　水产资源分类

编号	分类
EA.1431	培育的水产资源
EA.14311	供搜捕的水产资源
EA.14312	供繁育的水产资源
EA.1432	非培育的水产资源

FAO 将所有养殖的水生生物看作培育的资产，将野生鱼群和放归自然的鱼群看作非培育的资产。FAO 定义的水产养殖指水生生物的养殖，包括鱼类、软体动物、甲壳类动物和水生植物。养殖是在培育过程中采取一些干预措施来促进生产，如定期放养、给食、对捕食动物的防护等。本书采用我国的实物量统计分类，分为养殖水产和搜捕水产，与培育水产和非培育水产相对应。其中，养殖水产又分为海水养殖和淡水养殖；搜捕水产分为海洋搜捕和淡水搜捕。水产资源的估值方法有以下三种。

一是市场价格法。水产养殖场养殖的鱼类为私人所有，是一种私人资产，可以根据供给量和需求量确定一定的市场交易价格。所以养殖水产的价格相对来说较容易获得，可以采用市场价格法来估算其价值。已经形成比较成熟的产业链的部分搜捕水产资源，其价格也很容易获得，那么对这一部分搜捕水产资源的存量价值也可以采用市场价格法进行估计。水产资源的核算公式为

$$V_{\mathrm{SC}} = \sum_{i=1}^{n} p_i Q_i + \sum_{j=1}^{m} p_j Q_j \qquad (4\text{-}22)$$

式中，V_{SC} 为水产资源价值；p 为价格；Q 为水产的数量；i 为养殖的水产类型；j 为搜捕的水产类型。

二是占有法。不同种类搜捕水产资源的价值估计比较复杂。我国制定了捕捞许可证和捕捞配额的制度，并且规定捕鱼权和配额可以作为商品在市场上自由交易，因此可以参考捕鱼权和配额的价格对搜捕水产资源进行估价。政府把捕鱼权赋予渔民，并且禁止捕鱼权交易，在这种情况下观察不到捕鱼权的市场价格。而在少数情况下，捕鱼权是和船只、捕鱼区域等可以进行自由交易的资产联系在一起的，所以对含有捕鱼权的资产价格和不含捕鱼权的同类资产的价格进行比较，就可以大致推断出捕鱼权的市场估计价格。配额有两种常见的形式，一种是个体可转让配额(individual transferable quota，ITQ)，另一种是个体可转让比例配额(individual transferable proportional quota，ITPQ)，前者规定捕捞水产的绝对捕捞量的权利，后者规定总捕捞量的某种固定份额的权利。配额的价值代表了期望收入，这种期望收入是配额所有者在有限期里使用配额的期望收入。对永久性配额，配额的价格就应该等于搜捕水产资源的价格，对有期限的配额，通常为一年，配额的价格就应该等于资源租金。

三是净现值法。采取净现值法对搜捕水产进行价值估计，可以参考地下矿藏的计算方法来计算搜捕水产资源的资源租金。先计算出捕捞用的船只、机械设备等的经济租金和鱼群的资源租金，然后对这两种租金进行贴现，就可以估计出捕捞水产的价值。

本书采用的是市场价格法来估计水产资源的存量价值。由于目前养殖水产和搜捕市场的存量数目不容易获取，能获取的只有当年的水产产量，在下面的具体核算中不进行存量价值核算，只进行流量价值核算。

第四，除水产外的动物资源。除水产外的动物资源包括饲养的牲畜和野生动物，前者属于培育资源，包括猪、羊、牛、兔子及鸡、鸭、鹅等家禽，后者属于非培育资源，但保护动物暂不列入。饲养的牲畜可以在市场上进行交易，用市场价格法对其进行价值估计。野生动物的价值估计和捕捞水产的价值估值方法一致，包括猎捕权和配额等。目前，我国野生动物的价值核算有两处难点：一是实物存量数据缺乏，二是市场价格参差不齐。因此本书只估计流量价值，对存量价值不作估计。对培育的动物资源存量数据采用牲畜的年末存栏量，估价方法采用市场价格法。因此可以用各种牲畜的产值除以出栏量估算出牲畜的单价，再乘以各种牲畜的存栏量，即可得到牲畜的存量价值。核算公式如下：

$$V_{DW} = \sum_{i=1}^{n} p_i Q_i \qquad (4\text{-}23)$$

式中，V_{DW} 为牲畜的资源价值；p 为价格；Q 为牲畜的存栏量；i 为牲畜的类型。

4）土地资源估价。根据 2002 年国土资源部的土地变更调查中的分类，土地的类型包括农用地、建设用地和未利用地，其中农用地指耕地、园地、林地、牧草地和其他农用地；建设用地包括居民点及工矿用地、交通运输用地及水利设施用地；未利用地指还没有明确功能用途的土地，如盐碱地、荒地等。

常用的土地估价方法有三种，包括市场价格法、净现值法和占有法。市场价格法在实际的核算过程中比较不准确，因为影响土地交易价格的因素很多，如功能用途、附着物、地理位置等，而且土地的供给不变，可以用来交易的土地面积占总土地面积的份额较少，土地以往的交易价格参考价值不大，所以一般不采用市场价格法。因此在实际核算中采用较多的是净现值法和占有法。净现值法采用收益还原法估计耕地的价值，一般认为土地可以永久使用。收益还原法用土地产物的净收益当作土地资源租金，用所有年份的净收益贴现值之和来估计土地存量价值，因此得到估算公式如下：

$$V_L = \sum_{t=1}^{\infty} \frac{R}{(1+r)^t} = \frac{R}{r} \tag{4-24}$$

式中，V_L 为土地价值；t 为年份；R 为土地年净收益；r 为贴现率。

本书采用占有法，即用政府建设项目征地补偿费的单价乘以相应类型的土地面积来估算土地存量价值，我国补偿费的计算方法有两种：一种是统一年产值倍数法，即直接用土地平均年产值乘以一个倍数来计算；另一种是区片综合补偿法，是对土地按地理位置分片给出补偿价。从本质上来说占有法隐含了贴现过程，是一种变形的净现值法。值得注意的是，我国制定的土地补偿费标准偏低，并且该标准不会随着土地市场的变动而变动，全国各个地方的标准较为统一，这样就不能体现出不同地区土地的差异，也不能及时地反映土地的价值变化，所以根据占有法估计的土地存量价值低于实际的土地存量价值。

4.3.2　人工价值的核算

基于政府、社会资本和消费者三方角色与职能，以及定价中三方的博弈分析，根据定价的基本原则，社会资本参与的生态环境保护商品人工价值的核算程序主要有以下几个步骤。

（1）以成本为导向的计算价格

政府或物价局要调查、核算生产生态环境保护商品的成本情况。物价局要认真审核社会资本生产生态环境保护商品的成本等相关资料。在物价局进行成本审查时，社会资本要积极配合，如实提供相关的账簿、成本资料等。在政府对生产生态环境保护商品的成本进行监控的基础上，物价局要根据社会资本所提供的相关成本资料，以成本为计算基础，利用定价模型，结合当地经济发展水平及环境保护项目的风险等因素，确定一个最初的计算价格，并将其作为核算生态环境保护商品人工价值的计算基础。

(2) 由计算价格到初始价格的确定

生态环境保护商品属于公益性产品，它的价格与消费者自身利益密切相关，所以在计算价格的基础上，确定初始价格时必须考虑消费者的支付意愿及支付能力。因此，在确定了计算价格的基础上，物价局要邀请社会资本、消费者及其他相关组织参与生态环境保护商品的价格听证，对初始价格的确定展开讨论，并充分考虑各方的意见。因为生态环境保护商品的产权价值和补偿成本是不能轻易改变的，所以在考虑生态环境保护商品价格的承受能力时主要考虑其人工价值的部分。根据讨论意见，比较消费者能够接受的价格与计算价格的大小，如果前者大于后者，则选择计算价格为初始价格；如果前者小于后者，则选择消费者能够接受的价格为初始价格。

(3) 由初始价格到阶段性定价的确定

我国经济发展速度较快，物价水平在短期内变化不大，但是从长期来讲是不稳定的。因此，对生态环境保护商品，需要在初始价格的基础上对其人工价值的价格进行调整，从而得到生态环境保护商品人工价值的阶段性价格。对价格进行调整要考虑的因素主要包括调价周期、调价系数及生态环境保护商品的实际市场需求量。调价周期根据不同的生态环境保护商品会有所不同，一般情况下为 3～5年。调价系数要参考当地的通货膨胀水平。将生态环境保护商品实际市场需求量与预期市场需求量作对比，如果它们之间存在的偏差超出了特定的范围，生态环境保护商品人工价值的阶段性定价也要进行调整。

(4) 政府的承诺补贴或分享收益

通过价格听证确定生态环境保护商品人工价值的方式考虑了消费者的支付意愿及支付能力，但是对一些生产成本确实很高的生态环境保护商品，消费者不能接受其价格，为了保障社会资本的持续生产供给，政府就要对社会资本进行适当的价格补贴。

(5) 阶段性实际价格的确定

通过前面四个步骤的计算，加上政府的监督与核实，最终得到阶段性实际价格。如果该阶段出现了影响价格的外在因素，如自然、政治因素等，则需要政府再次搜集相关信息，对阶段性实际价格及时修正，以确保生态环境保护商品人工价值核算的科学性与准确性。生态环境保护商品人工价值的核算程序充分考虑了政府、社会资本与消费者三方利益，能够实现三方共赢的目的。生态环境保护商品人工价值的形成流程图如图 4-5 所示。

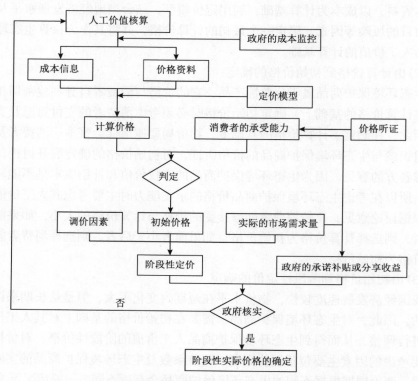

图 4-5　生态环境保护商品人工价值的形成流程图

4.3.3　补偿成本的核算

生态环境保护商品补偿成本核算方法主要包括以下三种。

（1）基于成本的估价方法

生态环境之所以会逐步发生恶化，主要是因为人类对自然生态系统的过度索取，导致生态系统破坏严重。因此，对生态环境进行保护主要有两个途径，一是事前预防，即减少或避免向自然界排放污染物；二是事后恢复，即对已经发生的生态环境破坏情况进行治理，努力使其恢复到人类活动造成生态环境影响之前。无论选择哪种途径，在生态环境保护过程中都要付出一定的成本。此外，要注意对成本的分类，此类方法估价过程中涉及两类成本，即避免成本和恢复成本。事前预防过程中产生的成本称为避免成本，污染发生后恢复过程中产生的成本称为恢复成本。

1）避免成本。避免成本是指为了防止产生的污染物进入生态环境造成破坏，对其进行消除过程中产生的成本。根据处理方式的不同，可以将避免成本分为结构调整成本和减弱成本。结构调整成本就是对原有的生产或生活方式进行调整，避免污染物排入自然界，而导致治理该项污染所产生的成本。结构调整主要可以从以下两个方面进行，一方面是实施措施以减少或者完全避免生产过程中的有害物质产生，这需要对生产工艺进行改进或调整生产要素的比例等；另一方面是转变生产方式，从而减少有害物质的产生。对这两种方式产生的成本进行核算，需要构建相应的模型。减弱成本是指虽然对生态环境造成破坏的污染物已经产生，但是还没有排放到自然界中，这时将污染物消除从而减弱其对生态环境造成压力所付出的成本。对减弱成本的核算不需要关注生态环境质量情况，只需要获取消除单位污染物所花费的成本。因此，需要对相关数据进行调查搜集，并在此基础上构建成本函数，这个函数包含的变量主要是消除污染物的数量和成本。影响减弱成本函数的重要因素就是技术，随着技术的不断创新与发展，减弱成本将逐渐降低。因此，构建减弱成本函数要用到的数据应该包括有害物质种类方面的数据、消除有害物质成本方面的数据和相关技术参数。

2) 恢复成本。恢复成本是指使生态系统状态还原到污染物破坏之前的情况所产生的成本。因此，需要两方面的数据资料，一方面是生态环境要达到的质量水平或标准，通常不同地区要结合当地的生态环境状况设立符合自身实际的目标；另一方面是有害物质的种类和数量，具体包括总的有害物质产生量及不同类别的有害物质产生量。最后在获得上述数据的基础上，构建恢复成本函数。不同地区的生态环境状况不一样，因此不同地区构建的函数可能不一样，而且同一地区所需构建的函数可能不止一个。

(2) 基于损害/受益的估价方法

以成本为对象进行生态核算的结果只能反映出治理生态环境需要付出的努力程度，但这种方法并不能说明生态环境破坏的严重程度。因此就有了基于损害/受益的估价方法，这种方法是以生态环境破坏给人们造成的损害，或改善生态环境给人们带来的益处为研究视角。该定价方法的基础是某单位或个人为了摆脱生态环境问题带来的不良影响而愿意支付一定的费用，即该方法的核心是"支付意愿"，表示的是某种主观态度。对"支付意愿"的测度有两种方式，一种是直接观察法，称为显示偏好定价法；另一种是调查法，称为陈述偏好定价法。

1) 显示偏好定价法。显示偏好定价法是通过测度社会公众支付与提供和生态环境保护服务联系紧密的商品的意愿程度，间接得出制定生态环境保护商品价格参考依据的一种方法。根据定价方式的不同，又可以将显示偏好定价法细分为市场价格法、消费定价法及旅游费用法。

第一，市场价格法。即分析市场上最终商品在生产制作过程中可能产生的污染物排放程度，通过核算这些制造最终商品的污染物成本来间接测算该商品的损害价值。例如，计算生态环境污染给种植业带来的损失，因为土壤环境和水环境系统受污染都会导致农作物减产，应用剂量-反应函数对由土壤环境和水环境系统破坏导致的农产品减少量的数据进行估算，然后结合农产品的价格及污染程度，就可以估算出生态环境破坏导致的农业减产及利润损失。利用这种方法得出的损失值可以间接反映出生态系统损害的成本。

第二，消费定价法。该方法主要是应用数学建模进行分析。假设对商品的定价是在考虑多种影响因素的基础上进行的，这些因素不仅包括内在影响因素也包括外在影响因素。以房屋价格为例，其影响因素不仅有房间大小、采光情况等，还包括周围环境、绿化面积及地理位置等。分析出各种影响因素后，针对商品的价值构建模型。因此在计算生态环境保护商品的成本价格时应考虑这些内在及外在因素。该方法对数据量有很高的要求，同时对技术方法的运用要求也很高。

建立消费定价模型如下：

$$P = f(x_1, x_2, \cdots, x_n) \tag{4-25}$$

式中，P 为商品的价格；$x_1, x_2, \cdots, x_n$ 为各种环境因素。

由式（4-25）可以看出，在运用消费定价法进行成本核算时，需要尽可能多地收集对商品价格有影响的各种环境因素的具体数据，以便全面分析各个影响因素对该商品的作用程度。收集到的数据越多，那么计算的商品边际价格就越准确。因此，在运用此种方法计算的过程中，要将各种因素都尽可能一一列举出来，运用先进的技术手段进行统计分析和模型构建。

第三，旅游费用法。该模型是由美国学者哈罗德·霍特林于 1947 年提出的，他认为在对户外经济行为产生的成本进行核算的过程中，可以引入旅游费用来进行分析。目前，旅游费用法一般运用于市场价值很难核算的自然生态环境或者生态环境保护商品的价格核算方面。在计算过程中，主要是根据享受生态环境保护商品的社会公众花费的旅游支出来进行评估，将旅游费用作为生态环境保护商品价格的一种替代变量。

在运用该方法进行核算时，需要建立需求函数：通过对参与户外运动及享受生态环境保护商品的社会公众进行调查，运用收集到的数据，采用统计方法对不同地区的旅游频次及花费的费用进行回归分析，得出需求曲线，即分析在旅游方面的花费对旅游频次的影响。

首先，求出各区域的旅游频次：

$$Q_i = V_i / \text{POP}_i \tag{4-26}$$

式中，Q_i 为旅游频次；V_i 为根据对社会公众的调查结果得出的 i 地区旅游的总人数；POP_i 为 i 区域的人口总数。

其次，建立旅游率影响因素模型：

$$Q_i = f(\text{TC}_i, X_1, \cdots, X_n) \qquad (4\text{-}27)$$

式中，TC_i 为从 i 地区到评价区域所需花费的成本；X_i $(i=1,2,\cdots,n)$ 为 i 地区内影响旅游频次的一系列因素，如收入状况、年龄因素、受教育水平等。

由此求出旅游点的逆需求曲线为

$$\text{TC}_i = g(Q_i, X_1, \cdots, X_n) \qquad (4\text{-}28)$$

当核算对象仅包括一个旅游景点时，社会公众愿意承担的旅游点花费为 W_i，也就是社会公众在该旅游点的消费者剩余价值：

$$W_i = \int_0^Q g(Q_i, X_i, \cdots, X_n)\mathrm{d}Q_i - \text{TC} \cdot Q \qquad (4\text{-}29)$$

式中，Q 为该地区社会公众实际发生的旅游频次；TC 为花费的人均旅游成本。因为每一个旅游点的消费人数过多，不利于单独核算，所以该旅游点的总价值等于所有支付者的花费之和：

$$W = \sum_{i=1}^n W_i \qquad (4\text{-}30)$$

要使该核算方法的结果更加可靠，不仅需要数据收集的准确度高，还需要假设条件具有准确性。目前，一般将该种方法运用于市场价值难以核算的自然生态环境上。该方法是通过核算旅游者在获取生态环境保护商品带来的效益时所愿意支付的价格（旅游费用）来间接核算生态环境保护服务的价值。该方法的使用范围比较小，主要适用于公共陆地或水上风景等的价值核算。

2) 陈述偏好定价法。有些生态环境保护商品无法在市场上进行交易，也不能估算其市场价格，在这种情况下，显示偏好定价法就无法使用了。因此就要运用陈述偏好定价法进行定价，即直接调查社会公众购买生态环境保护商品的能力和意愿。该方法的使用是以虚拟假设为基础，不用做出任何实际的行为。因此该方法的使用范围比较广，但其计算结果又不是十分可靠。陈述偏好定价法一般可以分为以下两种。

第一，条件估价法。此方法主要是通过发放问卷进行的。询问的方式可以是从正面进行询问，即为了获得或使用某种生态环境保护商品愿意付出多少成本；也可以是从反面进行询问，即如果放弃使用某种生态环境保护商品需要多少金额才能弥补损失。如果问卷设计得非常科学，并合理选择调查样本，那么通过该方法计算的结果准确性会较高。

第二，联合分析法。该方法不是通过直接询问调查者的方式进行，而是以间接的方式来获取所需信息，即向被调查者提供两组不同生态环境保护商品的价格信息，让其选择，然后通过对不同生态环境保护商品的组合的调整来获取较多的价格信息，并最终计算出生态环境保护商品的价值。

通过以上论述，能够对以上定价方法的特点进行整合，得出如下结论。

1) 市场价格法是最常用的定价方法，它的主要特点是适用于具有市场交易功能的生态环境保护商品价值核算。因为生态环境保护商品的市场化交易很难形成，所以运用市场价格法核算生态环境保护商品的价值存在一定困难，因此应该转而采取其他方法进行核算。

2) 旅游费用法和消费定价法适用于部分生态环境保护商品的定价，这两种定价方法的适用范围较小，有较为严格的假设条件。从结果的可靠性上来看，这两种方法要运用建模的思想，定价准确性有待检验。

3) 陈述偏好定价法是直接对社会公众在生态环境保护市场上的行为进行调查，适用范围较前几种方法广。但该方法一般适合于生态环境区域范围较小的地区，因此要在全国范围内运用存在一定问题，同时调查产生的成本也会很高。这种基于主观意识的方法与运用国民经济指标得出的结论可能会存在较大的出入。

因此，在进行生态环境保护商品定价过程中，要充分考虑生态环境系统的复杂程度，以及不同种类的生态环境保护商品的特点及存在的差异，合理选择估价方法。对各类估价方法的总结见表 4-3。

表 4-3　基于损害/受益估价方法的分类及其特点

方法分类		估价思路	局限
显示偏好定价法	市场价格法	测量某种有市场价格的商品与生态环境的损害的关系	无市场价格时不适用
	消费定价法	建立商品的价值对环境变量和非环境变量的多元模型	需要掌握的数据多，建模难度大，适用面窄
	旅游费用法	以旅游费用代表游客对生态环境服务的支付意愿	同上
陈述偏好定价法	条件估价法	直接询问被调查者对生态环境服务的支付意愿	适用面窄，非市场价格
	联合分析法	间接询问被调查者对生态环境服务的支付意愿	同上

(3) 预期治理成本核算方法

1) 预期治理成本核算的基本思路。从以上的分析中可以得出在进行生态环境

保护商品估价时可以采取计算预期治理成本的方法。预期治理成本是指对已经产
生但还没有对生态环境造成破坏，即还没有排放到生态环境中的这部分污染物治
理需要的成本进行核算。在进行生产活动时，不可避免会产生各种有害物质，一
般包括废水、废气和固体废弃物，又被称为"三废"。这些生产生活过程中产生
的有害物质进入生态环境后，会破坏生态系统原有的平衡，造成生态环境质量的
下降。为了将生态环境状况恢复到正常水平，需要付出一定代价对有害物质进行
治理，最大化减少对环境的影响，这就需要付出一定的成本。在此种核算方法的
运用过程中，将污染物分为以下两部分：一是通过一定的治理措施消除的污染物，
用污染物去除量来表示，花费在污染物处理和消除上的费用称为"本年运行费用"，
这部分费用属于实际支出的费用，因此也称为实际治理成本；二是未被完全处理
和消除就排放到生态环境中的污染物，用污染物排放量来表示。因此，污染物去
除量和污染物排放量构成总的污染物产生量，如果能将产生的总的污染物全部清
除，那么就不会对生态环境产生破坏，但在实际治理过程中，只能对第一部分进
行有效治理。因此，实际产生生态环境破坏的是第二部分污染物。也就是说，在
污染物产生但未排放阶段并不能完全消除污染，还需要在生态环境遭到破坏后及
时进行治理。这里需要引入预期概念，即要估计将此类污染全部治理需要花费多
少成本，这个成本就是虚拟治理成本。以上可以用以下公式来表示：污染物总产
生量=污染物去除量+污染物排放量。对应的等式是：治理总成本=实际治理成本+
虚拟治理成本。

预期治理成本的核算可用以下公式表示：

$$C = \sum_{i=1}^{n} \overline{C_i} Q_i \tag{4-31}$$

式中，C 为预期治理成本；$\overline{C_i}$ 为每种污染物的单位治理成本；Q_i 为每种污染物的
排放量；i 为污染物的类别；n 为污染物总数。

2) 预期治理成本具体核算方法。生态环境污染可按不同标准进行分类。按生
态环境的包含对象进行分类，可以分为水污染、土壤污染、大气污染等；按照不
同产业可以分为工业污染、农业污染等；按不同污染物的性质可以分为化学污染、
光污染、噪声污染和放射性污染等。由于目前的统计数据一般是按照大气污染、
水污染和土壤污染这三个方面进行收集的，在运用预期核算法时也应该从这三个
方面入手，便于数据的获取。但是，由于数据的局限性，此类核算方法计算的预
期成本也只是总的预期成本的一部分。

第一，大气污染预期治理成本。人类活动产生的有害气体进入空气之后，经
过长期的积累会造成大气污染。在大气污染预期成本的核算中，应运用式(4-31)

的预期治理成本核算公式。首先根据污染物排放量（单位：万 t）、废气排放量（单位：亿 m³）、污染物去除量（单位：万 t）计算出污染物的出口浓度和进口浓度，公式分别为

$$出口浓度 = 污染物排放量/废气排放量 \tag{4-32}$$

$$进口浓度 = (污染物排放量 + 污染物去除量)/废气排放量 \tag{4-33}$$

需要注意的是，在得出最终计算结果后，需要将单位转化为与排放标准一致的单位，将万 t/亿 m³ 转化为 mg/m³，即在原数值基础上乘以 10^5，本书的排放标准是参考《大气污染物综合排放标准》（GB 16297—1996）制定，SO_2、烟尘和粉尘的排放标准分别取 550mg/m³、120mg/m³ 和 100mg/m³，对各种有害物质的处理效益依据以下公式进行计算：

$$处理效益 = (进口浓度 - 出口浓度)/污染物排放标准$$
$$× 污染物排放量/(污染物排放量 + 污染物去除量) \tag{4-34}$$

治理成本系数为各种污染物处理效益分别占总效益的比重：

$$治理成本系数 = 处理效益/(\sum 处理效益) \tag{4-35}$$

单位治理成本公式如下：

$$单位治理成本 = (治理成本系数 × 本年运行费用)/污染物去除量 \tag{4-36}$$

得出预期治理成本为所有污染物排放量与单位治理成本的乘积并进行加总，公式为

$$预期治理成本 = \sum_{i=1}^{n} 单位治理成本 × 污染物排放量 \tag{4-37}$$

式中，i 为污染物的种类。

第二，水污染预期治理成本。生产生活中产生的有害物质流入自然界的江河湖泊及地下水，导致水体产生污染，这种水污染构成生态环境污染的一部分。水污染预期治理成本是指将自然界中水污染状况完全治理所需要花费的费用。一般来说，对水体污染物排放标准的规定参照《污水综合排放标准》（GB 8978—1996）。本书在对水污染物预期成本进行核算时，根据实际情况选取了五种最主要的污染物，包括氰化物、挥发物、化学需氧量、石油类和氨氮，同时在排放标准的选择上依据最高允许排放浓度的二级标准，分别取 0.5mg/L、0.5mg/L、150mg/L、10mg/L 和 30mg/L。

　　水污染预期治理成本的核算使用的是修正的治理成本系数法，与大气污染核算相似。在数据收集上，需要测算出废水排放量、污染物去除量等数据。通过计算实际的污染物浓度，并与排放标准进行对比分析，计算污染物的处理效率和单位治理成本，最后得出总的预期治理成本。需要强调的是，要注意将最终计算结果的单位转化成与排放标准一致的单位，即将"t/万 t"转换成"mg/L"，转换系数为：1t/万 t=100mg/L。这样可以使数据具有可比性。

　　第三，固体废弃物预期治理成本。固体废弃物一般是指人类在生产消费过程中产生的固体或半固体废弃物，这些废弃物包括工业废料、生活垃圾及有害物质等。随着社会进步和经济进一步发展，固体废弃物对环境造成的影响越来越大，这部分污染的治理成本核算不可忽视。由于一部分数据的获得存在困难，本书的研究重点是工业废弃物的治理成本核算。

　　在进行工业废弃物的数据收集时，主要是从工业废弃物的产生量入手，不仅需要收集危险物和固体废弃物产生量，还要收集处理量和利用量的相关数据。

　　工业废弃物的产生量是指在整个生产运作中产生的固体废弃物的总量，其中有一部分固体废弃物是可以通过处理进行再利用的，还有一部分是无法循环利用的纯粹有害物质。对固体废弃物的处理方式包括以下三种：一是处置，即对固体废弃物经过焚烧或技术处理，消除对环境的影响，同时进行能源的再利用；二是存储，即对现在无法处理或者需要集中处理的固体废弃物进行统一储存，达到一定量后进行集中处理；三是不做处理，这类固体废弃物会直接排放，也就会产生固体废弃物的排放量指标。

　　实际治理成本是指在固体废弃物处理过程中已经发生的处理费用。由于目前在统计数据中没有固体废弃物的实际治理成本，要根据其他数据对其进行估算，通过收集固体废弃物储存量和处置量的成本来确定实际处理成本。而预期治理成本是指将所有污染物全部治理所需要的花费。综上所述，需要计算两个指标：实际治理成本和预期治理成本。

　　工业固体废弃物实际治理成本的计算公式如下：

$$\text{实际治理成本}=\text{单位处置成本}\times\text{处置量}+\text{单位储存成本}\times\text{储存量} \qquad (4\text{-}38)$$

　　工业固体废弃物预期治理成本的计算公式为

$$\text{预期治理成本}=\text{单位处置成本}\times(\text{储存量}+\text{排放量}) \qquad (4\text{-}39)$$

4.3.4　生态环境保护商品定价程序

　　生态环境保护商品价格是通过对上述产权价值、人工价值和补偿成本进行最终核算而形成。对生态环境保护商品进行定价，首先，要确定社会资本方提供的某一生态环境保护商品所涉及的生态环境领域与资源属性，因为不同生态环境类型有不同价值核算方法；其次，由政府组织相关部门或聘请第三方机构对某一生态环境保护商品所涉及的生态环境与资源采用对应的方法分别进行产权价值核算，同时对该区域的生态环境污染、资源开采等情况进行调查并核算应该计入生态环境保护商品价格的对环境资源退化进行补偿的成本；再次，通过生产或提供生态环境保护商品的社会资本与消费者、政府之间的博弈确定生态环境保护商品人工价值；最后，根据上述计算结果，通过汇总得出要计算的生态环境保护商品价格。具体流程如图 4-6 所示。

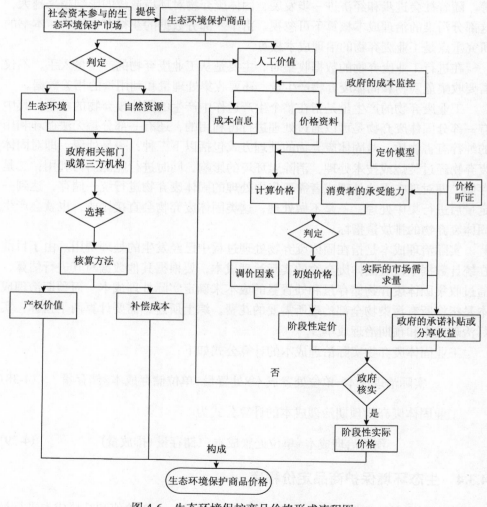

图 4-6　生态环境保护商品价格形成流程图

　　综上所述，生态环境保护商品价格确定要考虑多方面因素，而且计算方法不唯一，要根据不同生态环境保护商品选取不同的核算方法。同时生态环境保护商品在消费过程中，会发生不同程度的变化，其价格计算要在一定的时间段做出调整。

　　根据上述对生态环境保护商品定价机制的构建分析，结合生态环境保护商品定价方法的特点，简单概括不同领域生态环境保护商品的定价方法，详见表 4-4。

表 4-4　我国不同领域生态环境保护商品的定价方法

序号	分类	项目收益点	社会资本参与模式	生态环境保护商品定价方法
1	污水处理	收取污水处理服务费、回用水水费，地方政府给予一定的地方优惠政策	BOT/BOO	净现值法(产权价值)、条件估价法(补偿成本)
2	垃圾处理	垃圾转化生物柴油、卖油及政府补助	BOT	联合分析法(补偿成本)
3	河流整治	养殖、政府补助等	BOO	净现值法(产权价值)、恢复成本法(补偿成本)
4	湿地保护	水产养殖、旅游收费、政府补助	BOT	净租法(产权价值)、恢复成本法(补偿成本)
5	滩涂治理	养殖、种植农作物、出租等	BOT	净租法(产权价值)、恢复成本法(补偿成本)
6	水土保持	种植树木、经济作物等	BOT	净租法(产权价值)、虚拟治理成本法(补偿成本)
7	生态建设	商铺出租、景区门票、景区内项目收费	BOO	净现值法(产权价值)、旅行费用法(补偿成本)

　　在表 4-4 中，简单列举了不同领域生态环境保护商品所采取的定价方法，其中产权价值和补偿成本的定价方法存在差异，而人工价值的定价程序是相同的。这些定价方法的应用在理论上是可行的，但是在具体实践中可能还要根据实际情况进行适当调整。

第5章 生态环境保护市场主体的博弈及合作竞争机制

本章运用博弈模型分析主体之间的策略选择和均衡关系，进而对生态环境保护不同主体行为做出理论上的诠释，根据理论分析和实际情况，系统建立生态环境保护市场的合作竞争机制。对多元化主体建立动态博弈模型和有效的竞争机制，以最少成本获得最大环境效益，使政府获得最大社会效益，其他市场主体获得最大私人收益。

5.1 生态环境保护市场主体竞争与合作机制内涵及影响因素

政府、社会资本和社会公众在生态环境保护市场合作竞争机制的作用下，形成政府和社会资本合作，社会资本之间竞争合作，公众进行监督的良好模式。生态环境保护市场主体之间只有在充分的动态博弈中根据自身利益偏好进行策略选择，才能达到均衡。

5.1.1 生态环境保护市场主体在合作竞争中的行为选择和利益机制

政府和社会资本是生态环境保护建设的主要投资主体和基础设施建设主体，是生态环境保护市场的重要组成部分。此外，该市场中也存在一些排污企业，可能作为潜在的投资主体，逐渐成为生态环境保护的参与主体。社会公众也是生态环境保护市场的参与主体，主要起监督作用。本节着重分析了生态环境保护市场主体在合作竞争中的行为选择和利益机制。

（1）政府的行为选择和利益机制

政府作为公共资源的管理者，实现社会经济与生态环境的协同发展和公民社会福利最大化是其主要目标。为了保护生态环境，政府也采取了多种手段：制定法律法规和利用经济杠杆监督、引导企业和社会公众的行为；完善生态环境保护行业政策，规范生态环境保护市场，制定经济制度与生态环境保护市场机制相互促进，发挥环境保护投资的效益；对生态环境保护基础设施进行投资建设。

政府广泛参与生态环境保护市场主体之间的合作和竞争。政府采取财政拨款、设立专项基金等手段促进生态环境保护基础设施的建设，参与生态环境保护产品和环境治理服务的购买，引导和鼓励社会资本通过多种模式参与生态环境保护。政府同时也充当生态环境保护的运营者和监督者两个角色，以保证不同区域生态环境保护建设收益的公平性。

(2) 社会资本的行为选择和利益机制

根据在生态环境中企业行为的不同，本节将其分别划分为社会资本和排污企业进行阐述。国有独资企业、股份制企业、民营企业和外资企业等均属于社会资本和排污企业：①国有独资企业的生产经营活动以国家意志为主要目的，因此会较多地参与生态环境保护投资和建设。②股份制企业生产经营目的是实现企业长期利益的最大化，在环境保护投资稳定收益的吸引下，较多地参与生态环境保护投融资。③民营企业规模一般较小，参与生态环境保护项目和投资的能力有限。④外资企业参与我国生态环境保护建设的目的是实现投资效益最大化。

总的来说，社会资本参与生态环境保护的目的是追求自身利益最大化，但相比政府，其具有较强的市场创新能力，是生态环境保护市场中最活跃的投资主体。因为生态环境保护项目投资周期长、盈利慢，所以政府会在运行期间给予参与生态环境保护企业一定的补助，保证社会资本投资的稳定收益。参与生态环境保护的社会资本在利润最大化推动下不断完善管理、提高技术水平、更新设备，促进环境保护产业的发展，这在一定程度上是与生态环境保护的目标相一致的。

有些企业片面追求经济利益，对污染物的控制和处理主要是迫于环境监管部门和法律法规的压力，难以在生态环境保护领域扩大投资。因此，若没有国家政策的制约，这部分企业参与生态环境保护投资是很困难的，他们更倾向于考虑成本控制，通过排污直接获利。在健全的环境管理制度和生态环境保护市场机制的作用下，在生态环境保护项目高收益的经济利益刺激下，排污企业在生产经营过程中会逐渐将排污成本转化为企业内在的责任和义务，迫使其改变高污染的生产模式，将企业的经济利益与环境效益转化为统一的有机整体，实现绿色生产。

(3) 社会公众的行为选择和利益机制

因为受环境污染影响程度最大的就是社会公众，其对生态环境状况最为关心。所以，完善生态环境保护监督管理制度的目的也是满足社会公众的需求，提高社会公众福利水平。社会公众参与生态环境保护建设，不仅可以提升生态环境保护主体的积极性，而且能够促进政府决策效率的提高，使生态环境保护建设更具效率，有助于监督管理部门对生态环境保护的实际状况的了解，进而推进当地生态环境保护建设。在我国，社会公众自身的环境道德水平不高，对生态环境保护参与程度也较低，无法对破坏环境的行为进行监督，这些都限制着我国生态环境保护建设的推进。公众生态环境保护意识和监督能力的提高，不仅依靠生态环境保护相关法律法规的约束，还需要政府加大对社会公众监督举报的处理能力。

5.1.2　市场主体之间合作机制的内涵及影响因素

（1）市场主体之间合作机制的内涵

生态环境保护市场中各主体之间的合作机制是指市场内各成员之间为达到改善生态环境的目的，通过相互配合进行生态环境保护项目的投资建设、提供生态环境保护产品和服务，进而促进环境保护产业的健康发展。因此，生态环境保护市场主体合作机制的内涵应该包括各要素之间的联系、分工、利益和风险的分担等机理，具体如下。

1）生态环境保护市场中主体之间的合作机制研究的对象包括政府和社会资本，即政府与社会资本之间的合作、各社会资本之间的合作。

2）各成员之间建立合作需要一定的前提，以各成员之间的信任为基础，以政策、法律规范等制度为保障，创造良好的合作环境，以保证合作的顺利进行。此外，还应当建立各成员之间进行信息交流的平台，以及监督管理部门。

3）生态环境保护主体之间的合作不仅包括一般意义上的在生态环境保护项目中的合作，还包括人力资源、资本、技术等资源的共享。

4）市场主体之间的合作机制主要有：资源共享机制、利益分配机制、风险分担机制和协调机制等。协调机制由合作伙伴、合作方式、合作环节的确定和调整等组成，生态环境保护项目协调机制主要由识别、准备、采购、执行和移交组成。

5）环境保护领域，充分发挥政府和社会资本各自的优势，在保证政府获得社会效益、社会资本获得投资收益的前提下，通过合作的方式解决生态环境保护项目中的投融资、运营维护等方面存在的问题。

（2）市场主体之间合作机制的影响因素

影响生态环境保护市场主体之间合作机制的主要因素如下。

1）政策环境的影响。生态环境保护产业与宏观经济的关联性不强，但是与国家相关产业政策具有较大的关联性。长期以来，产业政策一直是我国环境保护产业发展的基础，现阶段生态环境保护建设仍较多依赖于政策对其的支持力度。

2）合作环境的影响。合作环境作为外部条件，直接对合作效果产生影响，生态环境保护市场信息平台所提供的信息是否准确及时、交易对象信誉高低及生态环境保护市场主体之间的沟通交流都严重影响合作的结果。

3)市场主体信任的影响。生态环境保护市场主体之间信任的建立是合作关系的前提,成员间的信任保证了成员间合作和竞争活动的高效性与有序性。如果合作双方的行为都按照合同约定进行,则合作预期可以完成,成员间的信任可以继续保持,多次合作后,信任度的持续上升为市场主体间的长期合作提供了基础;如果合作双方出现不履行合同、合同欺诈等行为,会直接减低双方的信任度,可能拖延生态环境保护项目的建设进度,甚至终止项目。

5.1.3 市场主体之间竞争机制的内涵及影响因素

(1)市场主体之间竞争机制的内涵

爱德华·梅森对有效竞争的内涵和实现条件进行了归纳总结:首先,完备的市场结构是保证有效竞争的基础;其次,为使竞争更有效,可以从市场结构和市场条件入手。

结合有效竞争理论及其条件,本书将生态环境保护市场主体之间的竞争定义为:"为改善我国生态环境保护效率和效果,在保证生态环境保护市场主体的社会效益和投资效益的同时,可以为了自身的利益进行争胜"。生态环境保护主体之间的竞争机制是指生态环境保护主体在环境保护市场中以集群整体平衡为目标的前提下,为了自身利益和生态环境保护目标相互角逐的过程中所涉及的各个影响因素之间的结构、功能和联系。具体如下。

1)生态环境保护市场主体相互竞争主要是指社会资本彼此之间的竞争。

2)生态环境保护市场主体间的有效竞争,即主体之间不存在欺诈、合谋等行为,允许新的主体和社会资本进入生态环境保护市场且可以公平地参与合作、竞争活动,没有进入的限制条件或者进入的限制条件较低。

3)竞争的主要目的是促进生态环境保护市场技术的创新,使生态环境保护市场上的供需相对平衡、产品和服务的价格合理,最终提高环境保护投资效率,提升环境保护效果。

4)生态环境保护市场中有效竞争机制的建立包括社会资本的进入机制和退出机制及市场主体之间不正当竞争机制的控制,即社会资本之间恶性竞争和垄断的控制机制。

(2)市场主体之间竞争机制的影响因素

生态环境保护在国民经济中的特殊性决定了其竞争机制的复杂性,多种影响因素的作用使生态环境保护市场领域的有效竞争机制不能自发形成。

1)政策环境的影响。随着生态环境保护领域技术、需求等条件的变化,为激发生态环境保护领域的投资、建设活力，政府逐渐开放生态环境保护市场，并对社会资本进行相应的扶持和提供补贴。社会资本是生态环境保护市场中的新兴主体，必然会与环境保护市场中现有企业展开竞争。从积极方面看，社会资本为进入生态环境保护领域，需要研发新技术、培训专业管理和技术人员；现有企业为维护自身的垄断地位，需不断提高技术，促进了环境保护市场的发展。从消极方面看，在没有完善的市场竞争机制的情况下开展竞争，社会资本的进入会形成恶性的竞争环境。

2)市场竞争方式。生态环境保护市场结构决定了市场主体之间的竞争方式，若市场结构趋向于多中心或无中心型，且技术水平相近，则市场主体会通过价格战、间谍战等手段进行不正当的竞争，从而忽略合作的竞争方式，使市场处于无效状态。若社会资本之间大规模地采用不正当竞争，市场中的恶性竞争形成，阻碍新的社会资本进入生态环境保护市场，同时阻碍生态环境保护产业的发展。

3)社会资本的弱势地位和在位者优势。生态环境保护市场中的政府部门、国有企业在市场地位、资源、技术、经营方式和成本等方面均具有明显的优势；在位者大多积累了丰富的生态环境保护项目投资、建设经验，拥有长期固定的合作伙伴和数量众多的产品、服务买方，合作容易形成。而新进入的社会资本，在这些方面与在位者处在不对等的地位，在交易活动中处于弱势，与垄断企业的合作难以形成，使竞争处在非有效状态。

4)生态环境保护技术的垄断。社会资本进入生态环境保护领域，往往对技术要求较低，但为了防止社会资本的退出，会通过技术标准提高退出壁垒。同时，生态环境保护市场上的技术具有研发难度大、易模仿等特点，在生态环境保护投资和生态环境保护产品高收益的利益驱使下，生态环境保护市场中的企业倾向于模仿先进的生态环境保护技术而获得先行优势，其他成员会采取相似的策略，瓜分生态环境保护投资和产品利润，最终个体活动共同汇集成环境保护产业的群体活动，产生了由技术水平引发的恶性竞争。

5.2 生态环境保护市场主体的博弈分析

5.2.1 生态环境保护市场主体的博弈关系

政府不断采取各种手段引导和吸引社会资本进入生态环境保护市场，激发社会资本进行生态环境保护投资、参与生态环境保护建设的热情，随着生态环境保护市场化程度的加深，必然存在政府与社会资本的合作及社会资本之间的竞争。

社会资本参与生态环境保护的市场中主要涉及三个群体：政府、社会资本和社会公众。三者之间的关系如图 5-1 所示。

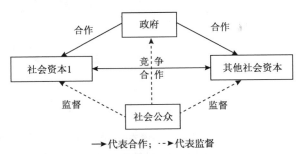

图 5-1　生态环境保护市场中主体之间的关系

首先，政府与社会资本之间是相互合作的。政府的相关部门决定了社会资本可以进入的生态环境保护领域。其次，社会资本之间既有竞争又有合作关系。竞争表现为在参与生态环境保护项目中的相互竞争，以获取项目的建设、运营等权利，社会资本之间的合作表现为具体项目中的分工合作。最后，社会公众在生态环境保护市场中起着重要的监督作用。社会公众负责监督政府、社会资本及企业的行为，享有向政府部门检举企业严重污染生态环境等不合法行为的权力，但社会公众与政府和社会资本之间不存在直接的利益关系。

5.2.2　政府与社会资本的博弈分析及策略选择

国内学者从多角度探讨了政府与社会资本的关系，何凌云等(2013)通过实证研究得出要加强对市场的宏观调控，发挥投资在生态环境保护中的作用。多元投资模式相比于政府或者社会资本单一投资模式，更能够推动生态环境保护投资的发展，进一步完善生态环境保护市场。生态环境保护 BOT 模式、PPP 模式等的运用，需要社会资本广泛参与项目投资及其建设和经营的各个环节，进而提高环境保护效率，形成生态环境保护运作收益的良性循环机制。因此，在生态环境保护发展过程中，政府和社会资本之间的合作起着重要的作用。

政府是以实现生态环境保护的社会效益为目标，就与社会资本的合作而言，政府有合作和不合作两种决策；在市场中企业是理性经济人，实现企业利润最大化是其进行投资活动的主要目的，在与政府进行合作的基础之上，企业的生态环境保护投资行为主要分为两种：与政府合作、拒绝与政府合作。政府与社会资本合作形成可以衍生出分别以政府或社会资本主动提出合作情况下的四种博弈路径，如图 5-2 和图 5-3 所示。

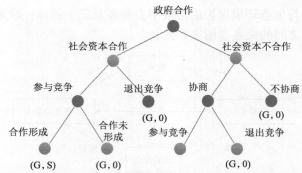

G 表示政府，S 表示社会资本；(G，S)表示政府与社会资本的合作，(G，0)表示政府合作而社会资本不合作

图 5-2　政府主动合作情况下的政府与社会资本的博弈过程

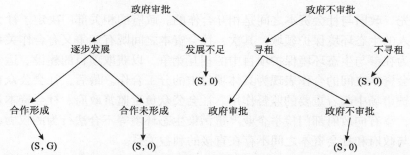

G 表示政府，S 表示社会资本；(S，G)表示社会资本与政府的合作，(S，0)表示社会资本合作而政府不合作

图 5-3　社会资本主动合作情况下的政府与社会资本的博弈过程

　　假设政府和社会资本都拥有完全的信息，最终能使政府与社会资本形成合作的路径有两条：其一，即节点(G，S)：政府主动提出与社会资本合作，利用生态环境保护项目吸引社会资本的投资，社会资本参与生态环境保护市场的竞争，最终政府与社会资本的合作形成；其二，社会资本最初拒绝政府的合作，政府随之通过优惠条件与社会资本协商，社会资本在权衡是否进入生态环境保护市场所获得的收益后，可能会选择参与竞争，最终形成合作。社会资本采取退出竞争、不与政府协商两种决策的时候，则不能形成政府与社会资本的合作，社会资本无法进入生态环境保护市场。

　　同样假设政府和社会资本具有完全的信息，当社会资本主动提出合作，其提出的生态环境保护相关项目需要经政府部门审批，合作形成的路径有两条：一是政府对项目进行审批，社会资本逐步发展，最终与政府的合作形成；二是政府对项目不审批，社会资本寻租，政府最终进行审批，合作形成。同样，社会资本选择不寻租或自身发展不足的话，生态环境保护市场中政府与社会资本的合作则不能形成。

生态环境保护市场中政府与社会资本合作的形成必须满足两个条件：第一，政府与社会资本之间采取合作的方式比不合作能获取更多的收益，即符合帕累托最优原则。第二，在有一方采取不合作态度时，政府协商和社会资本寻租会产生努力成本，协商或寻租后其收益要大于不合作的收益。

为了更加清晰地分析政府与社会资本之间的博弈战略，现进行如下进一步的假设。

1) G 代表政府，S 代表社会资本，R 代表政府和社会资本参与生态环境保护共同获取的效益。这里要说明的是政府与社会资本合作带来的生态环境保护的效益不仅包括经济效益，还包括社会效益。

2) $1-r$ 和 r 代表政府和社会资本二者合作形成后共享生态环境保护效益的分配系数。

3) g、s 为政府和社会资本合作的努力程度。

4) 政府和社会资本在生态环境保护市场化中进行合作的成本分别为 $C(g)$、$C(s)$，包括政府与社会资本进行生态环境保护和项目建设需要的投资、费用等固定成本，以及二者达成合作的努力成本。

5) C_g 和 C_s 分别代表政府与社会资本共同参与生态环境保护建设的固定成本，μ、v 分别代表与政府和社会资本努力行为相关的努力成本。

6) ε 代表外部环境因素对政府与社会资本合作的影响，包括经济、政治、社会等，是一个服从正态分布 $N(0,\sigma^2)$ 的变量，其中方差 σ^2 越大，代表受外部影响越大。

7) Δg 和 Δs 代表政府 G 和社会资本 S 通过合作获得的相对于不合作时取得的收益的增量，$\prod \Delta R$ 代表政府与社会资本收益增量的积。其中 $\Delta g = R_g - R'_g$，$\Delta s = R_g - R'_s$（R_g 代表政府不与社会资本合作进行项目建设或投资的收益，R_s 代表社会资本使用资金进行其他投资获得的收益，R'_g 代表社会资本 S 不合作时取得的收益增量；R'_s 代表政府 G 不合作时取得的收益增量），$\prod \Delta R = \Delta g \Delta s$。

因此，政府 A 和社会资本 B 获得的收益为

$$R_g = (1-r)R - C(g) \tag{5-1}$$

$$R_s = rR - C(s) \tag{5-2}$$

A 和 B 进行生态环境保护项目合作的成本为

$$C(g) = C_g + \mu g^2 \tag{5-3}$$

$$C(s) = C_s + vs^2 \tag{5-4}$$

政府和社会资本合作获取的共同收益 R 为

$$R(g, \ s) = (g + s)^2 + (g+s)+\varepsilon \tag{5-5}$$

则

$$\begin{aligned}
\prod \Delta R &= \Delta g \Delta s = (R_g - R_g')(R_s - R_s') = [(1-r)R - C(g) - R_g'][rR - C(s) - R_s'] \\
&= \{(1-r)[(g+s)^2 + (g+s)+\varepsilon] - (C_g + \mu g^2)\} - R_g'\{r[(g+s)^2 \\
&\quad +(g+s)+\varepsilon] - (C_s + vs^2) - R_s'\}
\end{aligned} \tag{5-6}$$

用式 (5-6) 对 r 求导，并令其为 0，即 $\dfrac{\mathrm{d}\prod \Delta R}{\mathrm{d}r}=0$，则有

$$r = \frac{1-(\mu g^2 - vs^2)-(C_g - C_s)-(R_g' - R_s')}{2(g+s)^2 + (g+s)+\varepsilon} \tag{5-7}$$

在帕累托有效的原则下，政府与社会资本合作的形成必须满足其收益分配 r 大于均衡解，即以合作方式获取的总受益要高于不采取合作时各方获得的收益总和。因此，政府与社会资本合作是必要的，从投资角度来看，政府和社会资本各自实现了其社会效益目标和经济效益目标，从合作项目和投资效果来看，其根本上提高了生态环境质量。

5.2.3 社会资本之间博弈分析及策略选择

生态环境保护项目具有周期长、投资大的特点，仅靠社会资本对其进行投资建设还不能满足生态环境保护的需求。因此，除了政府与社会资本进行合作以外，社会资本之间的合作竞争也必不可少。假设社会资本是一个纯粹理性经济人，其投资和运营的唯一目标是企业利润最大化。就社会资本参与生态环境保护项目和投资行为而言，社会资本为取得项目的投资机会、运营权等，其采取的策略有参与竞争、合作并投资和不参与竞争、不合作、不投资两种。

如果社会资本选择参与生态环境保护项目和投资的竞争，其不仅可以获得投资收益和环境收益，还可以享受生态补偿、排污费的减免等优惠政策，其期望获得的投资收益大于投入；如果社会资本拒绝进行生态环境保护投资，则其认为缴纳生态环境保护税费后，对非生态环境保护项目进行投资会获得更多的收益，不仅可以提高生产效率而且可以减少对环境的投资成本，由此产生的收益就是环境保护投资的机会成本。社会资本根据自身实力参与生态环境保护项目和投资的竞争，并且不论哪个企业选择参与竞争，另一个企业都可以获得环境收益。

为了更加清晰地分析社会资本之间的竞争情况，本书采用纳什均衡的博弈模型进行分析，并假定甲企业、乙企业为两个生产规模完全相同的社会资本，并且

都有权选择是否对生态环境保护项目进行投资建设，具体假设如下。

1）甲乙两企业在不改变现有投资战略和经营策略的条件之下，能够获取的收益相同，均为 B。

2）情形一：甲企业和乙企业均参与生态环境保护投资，总成本为 C，最后获得的总收益（包括投资收益和环境收益）为 R，甲企业的成本和利润分配比例为 γ，乙企业的成本和利润分配比例为 $1-\gamma$，则甲企业的净收益为 $\gamma \cdot (R-C)$，乙企业的净收益为 $(1-\gamma) \cdot (R-C)$。

3）情形二：甲企业和乙企业拒绝参与生态环境保护项目投入，为追求高回报而选择将资金投入非生态环境保护项目，企业上涨的投资成本为 I，获取收益的增加量为 ΔB，此时的净收益为 $\Delta B+B-I$。

4）情形三：甲企业和乙企业任意一方参与生态环境保护的竞争，而另一方将基金投入非生态环境保护项目。参与生态环境保护的企业的投资成本同样增加 C，最后获得的总收益（包括投资收益和环境收益）为 R；企业参与非生态环境保护项目的成本（即企业上涨的投资成本）为 I，所能获取的收益的增加量为 ΔB。假设甲企业参与生态环境保护投资，乙企业参与非生态环境保护投资，那么，甲企业获得的净收益为 $B+R-C$，乙企业获得的净收益为 $B+\Delta B-I$。

5）如果甲企业对生态环境保护项目进行投资的概率是 α，那么不进行投资的概率就是 $1-\alpha$；同样的乙企业对生态环境保护项目进行投资的概率是 β，那么不进行投资的概率就是 $1-\beta$。

以上面的假设条件为基础，根据社会资本之间参与生态环境保护的状况，构建博弈模型（表5-1）。

表 5-1　社会资本之间的竞争投资博弈

项目		企业甲	
		投资 α	拒绝投资 $1-\alpha$
企业乙	投资 β	$(1-\gamma)(R-C)$，$\gamma(R-C)$	$B+R-C$，$B+\Delta B-I_{甲}$
	拒绝投资 $1-\beta$	$B+\Delta B-I_Z$，$B+R-C$	B，B

企业甲的期望收益函数为

$$E_{甲}(\alpha, \beta)=\alpha[\beta\gamma(R-C)+(1-\beta)(B+R-C)] \\ +(1-\alpha)[\beta(B+\Delta B-I_{甲})+(1-\beta)B] \tag{5-8}$$

企业乙的期望收益函数为

$$E_Z(\alpha-\beta)=\beta[\alpha(1-\gamma)(R-C)+(1-\alpha)(B+R-C)] \\ +(1-\beta)[\alpha(B+\Delta B-I_Z)+(1-\alpha)B] \tag{5-9}$$

对式(5-8)，给定 β，甲企业选择参与生态环境保护项目和投资、拒绝参与生态环境保护项目和投资，即 $\alpha=1$ 和 $\alpha=0$ 时的期望收益分别为

$$E_\alpha(1-\beta)=\beta\gamma(R-C)+(1-\beta)(B+R-C) \tag{5-10}$$

$$E_{1-\alpha}(0,\beta)=\beta(B+\Delta B-I_甲)+(1-\beta)B \tag{5-11}$$

对式(5-9)，给定 α，乙企业选择参与生态环境保护项目和投资、拒绝参与生态环境保护项目和投资，即 $\beta=1$ 和 $\beta=0$ 时的期望收益分别为

$$E_\alpha(1-\alpha)=\alpha(1-\gamma)(R-C)+(1-\alpha)(B+R-C) \tag{5-12}$$

$$E_{1-\alpha}(0,\alpha)=\alpha(B+\Delta B-I_乙)+(1-\alpha)B \tag{5-13}$$

假设甲企业自愿进行生态环境保护投资，根据式(5-10)和式(5-11)，使其期望收益相等，则可以得到

$$\beta=\frac{R-C}{(B+\Delta B-I_甲)-(1-\gamma)(R-C)} \tag{5-14}$$

同理，假设乙企业自愿对生态环境保护进行投资，根据式(5-12)和式(5-13)，使其期望收益相等，则可以得到

$$\alpha=\frac{R-C}{(B+\Delta B-I_乙)-\gamma(R-C)} \tag{5-15}$$

因此，得到社会资本之间参与生态环境保护的竞争策略的纳什均衡解为

$$(\alpha,\ \beta)=\left[\frac{R-C}{(B+\Delta B-I_甲)-(1-\gamma)(R-C)},\frac{R-C}{(B+\Delta B-I_乙)-\gamma(R-C)}\right]$$

由上式可知，社会资本参与生态环境保护项目竞争与否取决于 α 和 β 的大小，α 和 β 的大小与生态环境保护项目的投资成本及投资所能获取的净收益相关。当 α 和 β 逐渐向 1 趋近，参与生态环境保护建设所能获取的净收益与不参加生态环境保护建设所能获取的净收益相同。而当 α 和 β 趋近于 0 时，表明社会资本认为参与生态环境保护项目不能满足收益最大化的需求，且收益基本为零。因此，政府在生态环境保护领域，需要推出可行的竞争机制和激励机制，降低社会资本参与生态环境保护的成本，使其获得合理收益。

5.2.4　社会公众参与生态环境保护的博弈分析及策略选择

社会公众是生态环境保护建设重要的参与主体，发达国家在进行生态环境保护时更多的是采取政府、社会资本和社会公众共同参加的方式。在生态环境保护建设中的社会公众参与主要是指社会公众对生态环境保护的认识、参与和监督，其主要内容有前期决策参与、过程参与和末端参与：①前期决策参与是指在进行生态环境保护方案、规划设计时，社会公众为其提供重要的决策信息；②过程参与是指在方案实施的过程中社会公众对其进行监督；③末端参与是指在生态环境被破坏以后，社会公众直接对生态环境进行治理，参与生态环境保护宣传等。

假设社会公众参与生态环境保护的博弈基于这样的过程，社会公众受企业排污的损害，有维权和不维权两种决策。如果维权，社会公众可以向政府部门举报，政府会根据各方面的情况来决定是否受理社会公众的举报，政府需要对举报的情况进行调查，还要考虑成本支出。此外，企业的寻租行为也会影响政府最终决策。

社会公众参与生态环境保护的动态博弈模型见表 5-2，其假设如下。

1)社会公众和社会资本是博弈模型的参与人，政府和社会公众的主要目标分别是实现社会和个人福利最大化，而社会资本以利润最大化作为其主要目标。社会公众 S 的策略集为 $\{S_1, S_2\}$，表示公众选择向有关部门举报排放污染物的企业和由于某种原因放弃举报排放污染物的企业。社会资本 P 的策略集为 $\{P_1, P_2\}$，表示社会资本可以选择排污，也可以选择守法、不排污。

2) w 表示社会资本排污的超标程度，假设社会公众可以承受的社会资本最大程度的排污量为 $\bar{w}$，故 w 的取值范围为 $[0, \bar{w}]$。$R(w)$ 为社会资本超标的排污量为 w 时获得的额外收益，$D(w)$ 为公众因承受污染为自身带来的损失。

3)假设社会资本对生态环境造成破坏之后，社会公众对其行为进行举报的概率为 α，不进行举报的概率是 $1-\alpha$，公众为此付出的成本是 C_1；社会资本选择违法向生态环境中排放污染物的概率为 β，选择守法不向生态环境中排放污染物的概率为 $1-\beta$。

4)政府对社会资本排污情况进行检查时会产生成本，政府接受社会公众举报并对社会资本进行检查的概率为 ε，不接受举报的概率为 $1-\varepsilon$。若政府发现社会资本超标排污，社会资本承受的损失为 $C(w)$，主要包括政府对超标排污的罚款、排污费的缴纳等。

5)社会公众受社会资本排污影响的个人损失期望值为 $-(1-\varepsilon)D(w)$，社会资本排污接受罚款的期望值为 $\varepsilon C(w)$。

表 5-2　生态环境保护市场中公众与社会资本之间的博弈矩阵

项目		社会资本			
		举报　α		不举报　$1-\alpha$	
社会公众	排污　β	$R(w)-\varepsilon C(w)$，　$-C_1(1-\varepsilon)D(w)$		$R(w)$，　$-D(w)$	
	不排污　$1-\beta$	0，　$-C_1$		0，　0	

当社会资本污染物排放的超标量为 w 时，此时社会资本的期望效用为

$$Ep=\beta[(R(w)-\varepsilon C(w))\times\alpha+R(w)(1-\alpha)]=\beta(\alpha\varepsilon C(w)+R(w)) \tag{5-16}$$

对式(5-16)，给定 β，社会资本选择超标排污和不排污、守法，即 $\beta=1$ 和 $\beta=0$ 时的期望效用分别为

$$Ep(\beta=1)=\alpha\varepsilon C(w)+R(w) \tag{5-17}$$

$$Ep(\beta=0)=0 \tag{5-18}$$

联立式(5-17)和式(5-18)，令 $Ep(\beta=1)=Ep(\beta=0)$，则 $\alpha=-\dfrac{R(w)}{\varepsilon C(w)}$

对社会公众而言，期望损失为

$$\begin{aligned}Es&=\alpha\{[-C_1-(1-\varepsilon)D(w)]\beta-C_1(1-\beta)\}+(1-\alpha)[-D(w)]\beta\\&=\alpha\beta\varepsilon D(w)-\beta D(w)-\alpha C_1\end{aligned} \tag{5-19}$$

对式(5-19)，给定 α，社会公众选择举报社会资本排污和不举报社会资本排污，即 $\alpha=1$ 和 $\alpha=0$ 时的期望效用分别为

$$Es(\alpha=1)=\beta\varepsilon D(w)-\beta D(w)-C_1 \tag{5-20}$$

$$Es(\alpha=0)=-\beta D(w) \tag{5-21}$$

联立式(5-20)和式(5-21)，令 $Es(\alpha=1)=Es(\alpha=0)$，则 $\beta=\dfrac{C_1}{\varepsilon D(w)}$

因此，得到社会公众参与生态环境保护，与社会资本排污之间博弈的纳什均衡解为 $(\alpha,\ \beta)=\left[-\dfrac{R(w)}{\varepsilon C(w)},\dfrac{C_1}{\varepsilon D(w)}\right]$。

为了使各自的利益最大化，公众、社会资本和政府分别选取如下策略。

1)社会公众对社会资本超标排放污染物进行举报的概率临界点为 $-\dfrac{R(w)}{\varepsilon C(w)}$。

当社会资本超标排污，公众举报的概率取决于社会资本超额排污获得的额外

收益和政府对社会资本排污处罚的概率和力度。政府监管部门对社会资本排污行为的监督管理越严格，社会公众对其进行举报的可能性就越小，社会资本也不会轻易对生态环境进行破坏；社会资本由对环境的破坏所获取的额外收益越高，则社会资本对生态环境的破坏程度就越大，社会公众对社会资本的举报概率也会越高。如果社会公众对社会资本违法排放污染物的行为进行举报的概率高于$\dfrac{R(w)}{\varepsilon C(w)}$，为了自身的利益社会资本就会选择不排污；否则，社会资本的最优策略为排污。

2)社会资本以$\dfrac{C_1}{\varepsilon D(w)}$概率作为是否超标排污的分界点。社会资本超标排污的概率取决于社会公众向政府举报其排污的成本、政府对其进行检查的概率和社会公众受污染物的损害大小。社会公众为向政府进行举报所付出的成本越高，社会资本违法排放污染物的概率就越大；政府对其进行检查的概率越大，社会公众受污染物排放影响越大，社会资本倾向于向生态环境排放更多的污染。假如社会资本违法排放污染物的概率高于$\dfrac{C_1}{\varepsilon D(w)}$，社会公众就会对其进行举报；否则，社会公众的最优策略为不举报。

3)政府对社会资本排污进行检查的概率不仅取决于公众对社会资本排污、对生态环境污染严重程度的举报，还需要兼顾社会利益与经济利益。社会公众对社会资本的监督举报是受政府政策影响的，假如社会公众对社会资本进行举报后政府不采取任何行动，则社会公众对社会资本违法排污行为进行举报的概率就会降低，社会资本会增加排污量；如果政府重视社会公众对社会资本排污的举报，并降低社会公众参与生态环境保护和监督社会资本排污的成本，则会督促社会资本遵纪守法，不超标排放污染物，从源头降低了生态环境污染和破坏的可能性。

5.3　生态环境保护市场主体间的合作机制

5.3.1　市场主体间合作关系的形成

(1)合作项目的确定

从我国生态环境保护项目投资决策的现状来看，依然存在决策科学化、民主化意识淡薄，科学论证不规范，重大生态环境保护项目超出方案预定范围等问题，其降低了社会资本投资的积极性，对我国生态环境的改善、污水和大气污染处理也产生了巨大的影响。合作项目的确定需要科学的决策机制，主要包括决策主体、决策方法、决策程序、决策制度四个方面的内容。

政府和社会资本是生态环境保护合作项目的决策主体，需要兼顾社会利益和经济利益；社会公众可以通过投票、上访等方式参与项目的决策。合作项目的决策程序具体有：政府部门或社会资本上报生态环境保护投资项目后，首先应对生态环境保护项目进行必要性和可行性分析，其次需要对生态环境保护项目方案的技术和经济指标进行对比，确定最符合项目需求的方案。鉴于政府与社会资本合作的生态环境保护项目评估模型还不完善，初期可以采用多种决策方法，如层次分析法、多目标决策法、模糊综合评价法、目标规划法等。

(2)合作伙伴的选择

为保证参与生态环境保护的政府、社会资本和企业的质量，需要对其进行初步的资格评价，主要包括财务状况、人力资源、信誉、专业技术和科研等，初步的资格审查将一些不具备参与生态环境保护项目的市场主体排除在市场之外，为政府和社会资本能够共同开展生态环境保护项目建设创造了有利的条件。对合作企业的选择，应当对其技术水平、内部结构、财务实力和专业程度等进行详细的考察，最终选择安全、诚信的企业作为合作人，并且要在双方平等的基础之上商讨政府和社会资本之间的权利与义务。

为进一步确定政府与社会资本的合作关系，政府和财政部门可以对社会资本的信誉进行评价，跟踪考察社会资本的投融资能力和运营能力；社会资本也可以通过政府以往的合作行为确定是否与当地政府合作，项目承包方和运营方通过竞争机制筛选后由社会资本评估最终的参与资格。政府和社会资本之间还可以通过洽谈，明确双方参与生态环境保护的目的，通过合作建立信任关系。

5.3.2　市场主体间的资源共享机制

(1)共享性资源的含义和分类

生态环境保护市场中的共享性资源指政府、社会资本和企业贡献的各项资源的总称，包括各主体本身就拥有的资源、合作双方之间形成的互动资源。在不同企业层面的资源共享类别上进行扩展，生态环境保护市场中的共享性资源具体分类如下。

1)市场要素性资源。市场要素性资源主要指人力资源、财力资源和物质资源三部分：①人力资源包括参与生态环境保护的政府部门、社会资本和企业的管理人员、技术人员、施工人员、研发人员，生态环境保护项目的工作人员。②财力资源包括生态环境保护项目的投融资资金，主要用途是生态环境污染整治、生态环境保护基础设施建设等。③物质资源在这里指生态环境保护市场主体可以共享的生态环境保护技术、产品、机械设备等，传统的物质资源不能作为共享的物质资源。

2)战略性资源。主要的战略性资源有品牌、技术等。社会资本长期价值文化的传播形成其品牌效应，社会资本良好的信誉某种程度上代表了其投融资和管理水平，吸引承包机构的广泛参与，有助于项目的顺利进行。技术创新是发展之本，也是战略性资源中的核心内容，参与生态环境保护的社会资本大多拥有较高的环境保护技术，包括 R&D 投入、绿色生产等科研技术成果。

3）制度与政策资源。生态环境保护市场主体合作的形成涉及的制度与政策资源包括政府为规范和促进生态环境保护市场发展而颁布的法律法规、政策、规范性文件等，也包括生态环境保护市场中形成的行业规范、主体之间共同制定的规章制度，如准入制度、信用制度。

此外还有信息资源，以及政府与社会资本合作中、社会资本之间竞争中溢出的信息、知识等。

（2）资源共享的影响因素

影响资源共享实现的主要原因包括共享渠道、主体间的信任和主体间的协调。

1）共享渠道。资源共享渠道一般遵循就近性、网络性、公正性的原则。就近性体现在地理位置上，相邻或相近的主体之间方便人力及物质资源的调动；网络性体现在生态环境保护主体之间建立了一定的合作关系，可能在可合作范围内充分共享资源，如环境保护技术、信息知识的交流等；公正性体现在成员具有公平机会参与资源交换和共享，同时也要为市场提供相应的资源。

2）主体间的信任。主体之间的信任扩大了资源共享的区域范围，使资源共享不仅局限于地理相邻的主体之间，同时，主体之间的资源共享的信任促进了双方进一步的合作，扩大了生态环境保护市场。生态环境保护主体之间的信任来源包括资源共享管理制度和主体自身的资源共享意识。因此，对资源共享进行规范的管理是保证主体间相互信任的基础。

3）主体间的协调。生态环境保护市场主体之间的协调是资源有效利用、项目顺利实施的重要机制，必须要协调各个主体之间资源的收集、整理、交换、使用和监管，并且通过成文的管理规范对主体的行为进行约束和管理，形成共享机制的良性运行。

（3）资源共享对策

1）构建资源共享平台。资源共享平台使生态环境保护市场主体之间打破地域上的空间聚集限制，将分散的生态环境保护资源集聚在共享平台中，可以通过平台的对接，直接或间接贡献资源。我国财政部已经建立了"政府与社会资本合作中心"，并定期公布中央和各省市政府与社会资本生态环境保护项目建设情况，资源共享平台可借助"政府与社会资本合作中心"这个现有平台，实现资源的共享。

资源在共享平台发布之前，需要提供资源的信息和证明文件，保证资源的可用性和准确性。知识、技术等信息资源划分成可公开信息资源和不可公开信息资源进行共享，可公开信息资源以电子资料形式上传至共享平台，可促进生态环境保护市场主体之间信息的交流、通过资料和会议交流，获得新知识、技术和信息资源；系统可查询不可公开信息资源，有需求的主体只能通过与信息发布者的协商，才可能获得该信息资源。

2)完善共享资源管理制度。生态环境保护市场共享资源的供给方和需求方之间需要订立规范协议。一方面共享资源供给方必须要保证价格的合理性和资源的真实性；另一方面，共享资源需求方要承诺按期归还资源、充分利用资源、保证资源的完整性及资源损坏的赔偿。通过订立协议，明确共享资源的供给和需求双方的责任，使资源共享能够顺利进行。

5.3.3　市场主体间的协调机制

生态环境保护市场主体间的协调机制是指生态环境保护市场主体之间为了实现既定的目标，主体之间的协作、配合，所关联的资源、要素之间的协调，促进政府与社会资本合作及社会资本之间合作，形成良性的运转态势和合理的控制机制。生态环境保护市场主体间的协调机制包括战略上的协调、管理上的协调和技术上的协调，三个层面的关系如图 5-4 所示。在协调机制系统运作过程中，战略层制定实施方案，确定可以实现的目标，战略层指定的实施方案是管理层和技术层的行动指南；管理层的作用是清除组织中协调和沟通中的障碍；技术层制定技术标准并解决技术在使用过程中存在的问题，管理层和技术层为实现战略层制定的目标提供保障。

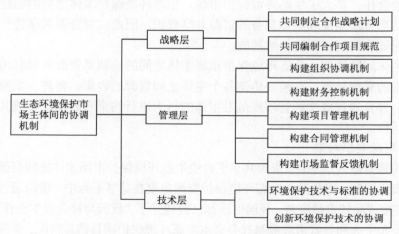

图 5-4　生态环境保护市场主体间的协调机制

（1）战略层上的协调

战略层的协调机制需要生态环境保护市场主体之间制定项目开发和建设的规

划，以便解决生态环境保护市场发展的战略性问题，目的是将有限的资源重新分配，以取得最大的投资收益和更好地对生态环境进行保护。

1)共同制定合作战略计划。生态环境保护市场主体在生态环境保护过程中的协同合作、共同建设，政府、社会资本和社会公众应该担负起相应的责任和义务，实现生态环境的可持续发展。生态环境保护市场主体目前的合作主要是从生态环境保护项目入手，进行污染治理、生态修复等项目的建设、运营，需要政府发挥引导作用，鼓励其他主体参与生态环境保护项目，确定合作原则和模式，指导生态环境保护的经济活动。

2)共同编制合作项目规范。在《关于印发政府和社会资本合作模式操作指南(试行)的通知》(财金〔2014〕113 号)和《国家发展改革委关于开展政府和社会资本合作的指导意见》(发改投资〔2014〕2724 号)的两个文件中，为了满足经济发展的需求，基于提高政府资源使用效率等原则，提出了政府与社会资本之间进行合作的行为规范，包括项目的识别、准备、采购、执行和移交五个方面，以及项目储备、项目挑选、合同管理、伙伴选择、绩效评价和退出机制六个方面的内容。具体项目的建设和运行规范应参考政府给出的生态环境保护项目建设的基本指导意见，以政府和社会资本合作示范项目的运行模式为指导进行生态修复、污水处理等方面的专项项目建设的规划，引导管理层面和技术层面进行项目合作。

(2)管理层上的协调

管理层上的协调为生态环境保护市场主体的合作顺利进行提供保证。在管理层上，需要在政府各相关部门之间、项目实施各部门之间构建协商、约束和反馈机制，具体内容有组织协调、财务控制、项目管理、合同管理和市场监督反馈等机制。

1)构建组织协调机制。政府可设立生态环境保护市场合作管理办公室，对参与生态环境保护的地方政府、社会资本等市场主体的资格进行审核，对申报的项目和在建的项目进行管理、协调、监督，扩大生态环境保护项目示范效应；财政部门负责生态环境保护项目的采购和预算控制，对社会资本和项目实施机构做好相应的监督工作；第三方组织需要对社会资本依法设立的项目做客观公正的评价。

2)构建财务控制机制。生态环境保护市场主体之间的合作涉及政府采购、预算控制和政府性债务等问题，对主体之间合作模式的财务控制有更高的要求，政府部门需要做好生态环境保护相关的财务管理工作，还要监督社会资本参与项目的财务控制状况，结合生态环境保护项目周期长、涉及领域广、复杂程度高等特点，改革针对参与生态环境保护的财税体制，灵活地制定更具适应性的预算控制、项目预算和收费机制。

此外，应当构建动态的生态环境保护补贴体系，并且纳入政府部门的长期预算当中。对不能回收成本和无法获取一定收益，但却能带来较高社会效益的项目，财政部门在对政府和社会资本合作项目进行补贴时应当对项目建设成本、运营费用、预期收益率、政府财政实际承受能力等进行综合评估。

3)构建项目管理机制。项目应分别构建项目识别—项目准备—项目采购—项目执行—项目移交五个不同阶段的管理机制。①项目识别阶段，政府或社会资本发起应出具项目建议书，并对项目进行完整的评价工作，还需要对项目建设提供经济支持，对实地环境情况进行考察。②项目准备阶段，项目公司成立和相应的股权结构形成，确定组织机构、协调机制、投融资模式、资金的风险收益分配方式。③项目采购阶段，对通过资格审核的社会资本可以采用竞争性谈判和竞争性磋商的方式择优选择项目的承包方和运营方；项目采购文件上除采购要求、竞争者资格和须知、资格证明、采购方式等规定基本的内容外，还对采购的政策、服务和技术做出说明。④项目执行阶段主要分为设立项目公司、对项目进行融资、遴选承包方和运营方，并且通过协议说明项目建设过程中可能会出现的各种风险和违约、争议等情况的处理方式，保证项目的顺利完成。⑤项目移交阶段主要是指政府根据合同规定的内容，灵活运用约定移交、补偿等方式收回项目所有权和使用权，政府邀请第三方机构对项目进行最终的评估，完成项目的管理、所有权的移交。

4)构建合同管理机制。项目管理的重点是对合同的管理，其包含于整个生态环境保护项目建设和执行的全过程。各地方政府、财政部门、环境保护行业主管部门根据具体项目确定合同条款，保证合同内容完整、条例规范，能够为生态环境保护项目的顺利实施提供保障。合同需要对生态环境保护项目的成本、施工期限和项目质量等做出明确规定，明确项目资产的权属，以及各参与主体承担的责任、义务及其收益和风险的分配，对各参与方参与环境保护项目建设、争议解决、调整机制和项目退出等关键环节利用合同条款做出明确与完善的约定。同时合同也需明确强制保险方案及由建设履约保函、运营维护保函和移交维护保函构成的履约保函系统。

5)构建市场监督反馈机制。为减少机构冗余，生态环境保护的市场监督者及市场主体，应包括政府、社会资本、社会公众(包括 NGO、环境保护组织)和第三方机构：①政府的主要责任是定期对社会资本及项目的实施进度进行监督。②社会资本对项目承包企业和运营企业进行监督。③社会公众对社会资本的排污情况进行监督，并及时向政府相关部门举报。④第三方机构主要对项目的实施效果进行评价。各方机构定期编制季报和年报，上交至其直接监督部门，进行备案。

项目评估论证由第三方机构在传统项目评估论证的基础上，借鉴国外政府与社会资本合作的项目评估理论和方法完成。项目评估的目的，首先是评估项目的进展、质量是否与合同约定的条款一致，若达到约定标准则予以考虑政府与社会资本和承包方的继续合作，以及实施对社会资本进行补贴等激励措施；其次是项目和运营模式的筛选，看政府与社会资本合作的项目是否在低成本条件下优于政府或社会资本单独筹建的项目，是否平衡了项目的经济效益和社会效益。

(3)技术层上的协调

在技术层，需要对生态环境保护商品、项目建设中涉及的技术标准和技术问题进行研究、创新与协调。在合作领域涉及学习和获取新技术、进行科学技术研究是企业之间进行合作的动机之一，同时也是企业进入相关市场的动力。

选择相对先进、成熟的环境保护技术，统一相关的技术标准是非常重要的。政府、社会资本和承包企业商谈、协商生态环境保护项目和与环境保护商品有关的技术、标准，对合作的形成具有重要的意义。项目建设中要对技术进行分级，选定技术并制定技术标准，制定技术应急预案，定期向财政部或政府与社会资本合作中心上报技术评估报告。经济技术指标的重点是确定生态环境保护项目的地理位置、建设规模和面积、资金来源、投资范围和经济效益等。

生态环境保护市场主体之间技术合作的建立需要激发环境保护技术开发能动性，政府需要加快建立有效的环境保护技术专利申请和保护政策，制定更加完整的环境保护产业技术标准；社会资本在政府的激励下，降低环境保护技术研发的成本和开发难度、缩短开发周期、加大对环境保护技术的研发及投入，通过对合作项目的建设构建多重互补基础，推动环境保护技术的不断创新。

5.3.4　市场主体间风险分担和利益共享机制

(1)风险和利益分配原则

政府和社会资本在生态环境保护项目的利益与风险的分配原则应遵守利益共享和风险共担原则、风险和利益对等原则、风险和利益分配最优原则及分配方式灵活原则。在此基础之上，充分分析政府和社会资本的项目汇报制度和应对风险的能力，将项目的利益分配因素与风险因素有机结合起来，合理分配利益和风险。

1)利益共享和风险共担原则。风险和利益是由项目所有参与者共同分享的，在保障整体利益的前提下，不能出现主体承担风险未获得利益，或者参与项目建设没有获得收益等情况。

2)风险和利益对等原则。项目的收益与项目的风险成正比。生态环境保护项目投资的长周期扩大了整体的风险，在得不到额外补偿收益的情况下，社会资本一般难以主动投资高风险项目，这就是风险和利益对等原则。

3)风险和利益分配最优原则。生态环境保护市场主体间合作的目的是降低自身承担的风险并获得最大的收益，因此应当建立科学的收益和风险分配体系，使之能够表明主体的投入和承担风险的能力，使主体间的收益达到帕累托最优状态。

4)分配方式灵活原则。政府与社会资本合作的最大特色是创新了生态环境保护项目合作模式，动态、多样的合作方式要求灵活的协调方式，包括对利益和风险的分配，对不同的生态环境保护参与机构应当采用符合其特点的分配方式。

(2) 风险分配机制

政府与社会资本合作进行开发建设的生态环境保护项目的风险主要有如下两类。

第一类是政府部门面临的风险。首先，政府对生态环境保护项目的建设承担社会和经济双重责任，但主要是社会责任，对生态环境保护商品和服务进行价格限制，造成了项目收益难以满足融资的要求。其次，贷款、汇率和利率的变动，增大了政府对资金的担保风险。最后，由于生态环境保护项目有很强的政治依赖性，法律、政策、行业规范的变动性直接影响项目的正常建设和运营。

第二类是社会资本面临的风险。在我国现行的法律法规和政策体系下，社会资本在与政府的合作中，主要承担项目的融资，以及对项目承包方和运营方的管理。我国生态环境保护项目融资途径有限，主要通过银行贷款和企业投资，其中银行贷款占总资金的90%，社会资本面临融资风险。此外，还存在管理和合同风险，社会资本作为生态环境保护项目运行的核心主体，面临政府部门、承包方和运营方不履行合同等风险。

遵从风险共担、收益与风险对等、由最有能力应对风险的一方承担风险和按环节承担相应的风险损失等原则，生态环境保护项目的风险由政府、社会资本、承包方和运营方共同承担，政府对社会资本的补偿不能超过其从环境保护项目中获得的收益，不能存在只获取收益不承担风险的参与主体。在生态环境保护项目建设的各个环节，由该环节的主要参与机构承担主要风险，如项目融资由社会资本承担主要风险，承包方和运营方主要承担项目建设与运营的风险，第三方机构承担项目评估的风险等。

(3) 利益分配机制

生态环境保护市场主体获得的利益构成有对投入要素的补偿、生态环境保护项目贡献的收益(管理、运营、风险控制等)和对具体环节承受最大风险的补偿。生态环境保护市场各参与主体进行合作都是以实现效益最大化为目标，影响生态环境保护项目收益分配的因素主要有资金投入、努力程度、监督力度和风险分担等。合理的利益分配机制有利于调动主体参与项目和合作的积极性，也有利于为合作提供更多的资源，其还是对主体主动承担风险和对项目贡献做出的补偿。

从实践来看，生态环境保护项目各主体利益分配需要确认四个问题：生态环境保护项目需求的资金、人员和物资等资源，生态环境保护项目面临的风险，生态环境保护项目的总收益，生态环境保护项目各个阶段中各主体的资源投入和各阶段的收益。从利益分配角度出发，可以看到利益分配的实质是利益及资源投入和主体承担风险之间的分析，对生态环境保护项目各个阶段的利益分析是确定各主体利益分配比例和方式的重要环节。生态环境保护项目参与主体之间收益分配的具体步骤为：①通过市场和项目的具体分析，在综合考虑项目收益和总投入的情况下，对项目收益进行科学的估算，确定项目的收益。②根据政府、社会资本等主体对环境保护项目的资源投入，包括环节的承担、风险的承担等投入，确定各主体在项目建设各个环节发挥的作用及作用的大小，对这些资源投入带来的收益进行测算，确定各主体、各环节投入资源获得的利益，并计算总收益比例。③遵循按投入要素分配、按能力分配和按环节风险最大者承担的环境保护项目利益分配原则，尽可能减少因分配利益而可能出现的分歧。④以项目收益的估算值和拟分配比例为基础，各主体之间签订项目利益分配初始协议，由于利益分配考虑的因素繁多，项目建设又具有阶段性特征，最终利益的分配充分参考协议，应根据利益分配的变化而灵活变动投资。

　　此外，在选择生态环境保护项目利益分配模型中，要充分考虑影响利益分配的因素，方法的选取是利益分配实现的最终环节。参阅现有的研究成果对收益各主体比例的确定，学者研究了基于不同模型的收益分配方法(张耀启，2011；韩冬等，2017；王瑶，2017；徐进才等，2017)，本书的生态环境保护项目，主要选择的方法有：①投入-产出方法，即分析和匹配项目合作的各种投入资源、风险和收益，通过线性规划方法确定收益比例。②博弈论方法，主要考虑主体间利益分配的最优化，选取达到最优分配效率的方法。

5.4　生态环境保护市场主体间的竞争机制

5.4.1　市场主体间有效竞争的形成

　　迈克尔·波特的五力模型认为市场存在影响竞争程度和竞争状况的五种力量：现有竞争对手的竞争能力、替代品的替代威胁、潜在竞争者的进入威胁、买方的讨价还价能力和卖方的讨价还价能力。波特认为在竞争中有三种普遍适用的策略：差异化战略、总成本领先战略和专一化战略。

　　随着市场规模的扩大，企业生产成本越低、效率越高，但规模经济的发展必然会导致垄断、恶性竞争等非有效竞争，这种现象称为"马歇尔效应"。为了消除这种经济规模与市场效率之间存在的障碍，在 1940 年克拉克提出了有效竞争的概念，有效竞争能够促进市场长期均衡局面的实现，其目标是使竞争活力和规模经济二者之间协调发展。有效竞争市场对市场结构和市场效果都有一定的要求，其本质是实现收益大于成本的目标，适度竞争符合当前的市场规模，是一种介于竞争活力低下和过度竞争之间的竞争状态。市场竞争收益、市场竞争成本与市场竞争程度三者之间的关系为：市场竞争成本随着市场竞争程度的升高而不断增加，此时市场竞争收益表现为先增加后减少的趋势。在市场竞争的初期，市场竞争活力低下导致市场竞争收益低于市场竞争成本；市场竞争程度随着市场规模的逐渐扩大而不断加深，市场竞争收益逐渐高于市场竞争成本，并且净收益在此阶段到达最大值，随后净收益会逐渐减少，此时企业通过竞争可以取得更高的经济效益，市场也处于有效竞争阶段；此后市场继续扩张，规模逐渐扩大，使市场竞争收益逐渐低于市场竞争成本，市场处于过度竞争状态。由以上分析可知，当市场竞争程度增加时，两次市场竞争收益与市场竞争成本相等之间的市场竞争程度为有效竞争的范围。因此，为了达到生态环境保护市场有效竞争的目标，需要各参与主体处于适度竞争的状态，防止恶性竞争和垄断竞争的产生。

本节以波特的市场竞争理论和有效理论为基础，结合本章前边内容对生态环境保护市场各主体的行为和利益分析、主体之间的博弈选择，认为生态环境保护市场竞争机制的形成包括强化市场竞争的政策措施、规范市场结构、放松社会资本的进入机制和退出机制、构建主体间的垄断竞争控制机制和恶性竞争控制机制（图 5-5）。

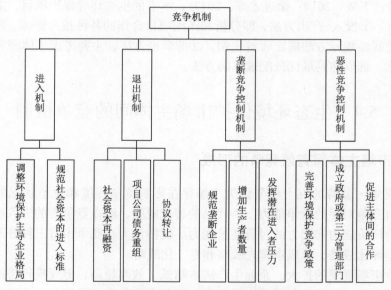

图 5-5　生态环境保护市场主体的竞争机制

首先，社会资本的进入机制和退出机制是保证生态环境保护市场中主体质量和均衡数量的重要环节，我国生态环境保护市场往往对进入市场的限制条件宽松而对退出市场的要求比较严格，存在进入和流动的资源限制，不符合规模经济的要求。其次，在各国，竞争政策的核心是反垄断法，我国环境保护市场机制还不完善，极端的生态环境保护商品和技术差异容易造成过度垄断。最后，生态环境保护市场主体之间的恶性竞争破坏了市场秩序，社会资本之间、企业之间为获得短期利益，采用模仿生态环境保护技术、价格战等手段竞争；根据有效竞争理论，有效的市场是使每个企业都进行高效率的生产，在满足消费者需求最大化的同时满足消费者利润最大化。因此，生态环境保护市场需要建立以反垄断竞争控制机制、恶性竞争控制机制为核心，以主体的进入机制和退出机制为约束环节的生态环境保护市场主体间的竞争机制，消除行政性壁垒、规范市场秩序、完善资源配置的基础性作用、发展多元化的环境保护投资主体，建立与生态环境保护市场化相适应的政策和规范、投融资机制，实现运营管理方式市场化，规范市场参与主体之间的有效竞争。

5.4.2　社会资本的进入机制和退出机制

为了确保生态环境保护市场主体活动的顺利开展，应设立社会资本的进入机制和退出机制，进入机制可以阻止信誉低、实力弱、与生态环境保护市场发展不匹配的社会资本进入市场，降低具有生态环境保护项目投资实力并具有良好信誉的社会资本进入市场的标准和壁垒，同时完善社会资本退出生态环境保护市场的方式、降低退出壁垒，保证生态环境保护市场中合作与竞争活动的稳定性及提高社会资本之间的良性竞争力。

(1)社会资本的进入机制

政策、市场环境、技术等因素成为社会资本进入生态环境保护市场的壁垒，抑制潜在的生态环境保护市场进入者，这些潜在的社会资本的投资与环境保护产品和服务有间接的关系，但没有参与生态环境保护项目的各环节。因此，调整生态环境保护市场的法律法规、政策制度，规范生态环境保护市场的进入标准，可以促进生态环境保护市场的多元化投资，也可以提高进入生态环境保护市场的社会资本的质量。

1)调整生态环境保护主导企业格局。制度性因素对社会资本进入生态环境保护市场有重要的影响。在政策等制度性因素的保护下，生态环境保护主导企业的格局基本形成，且生态环境保护主导企业多为国有企业，国有企业往往受到政府其他目标的影响，生态环境保护投资成为企业的次要目标，同时其占用大量生态环境保护资源，阻碍了社会资本的进入，不利于生态环境保护产业的长远发展。随着生态环境保护市场需求增加、资本市场的扩大及生态环境保护政策的激励等方面的影响促进社会资本进入生态环境保护市场，生态环境保护投资项目建设的集群效应逐渐形成，这很容易导致市场中社会资本质量的下降。

社会资本只有具有一定的优势，才能进入生态环境保护市场并稳定其地位，生态环境保护主导企业的格局决定了社会资本的进入情况。政府一方面要调整现有生态环境保护主体格局，另一方面要利用机理机制引导社会资本进入。社会资本更应提高自身的投融资水平、技术水平、管理水平，拓宽生态环境保护市场。

2) 规范社会资本的进入标准。现有研究表明，进入市场限制条件严格而退出市场限制条件较为宽松是生态环境保护市场主体进出该市场的理想状态。在进入壁垒低而退出标准高的情况下，大量社会资本进入生态环境保护市场，加剧了生态环境保护市场的竞争，容易形成恶性竞争，造成生态环境保护投资困境。

政府可以根据资源状况和生态环境保护市场的具体需求，调整产业结构和布局，通过政策、法律法规改变社会资本的进入壁垒，统一进入生态环境保护市场的社会资本的标准。进入生态环境保护市场的社会资本的资本数量、公司规模、盈利状况、高级管理人员和技术水平应符合具体生态环境保护项目的要求，生态环境保护项目的设立数量也应和当地经济水平、环境保护需求相一致，以生态环境保护项目的需求稳定生态环境保护市场中社会资本的均衡数量。在生态环境保护市场机制不完善的情况下，预期的社会资本的均衡数量无法实现，故需要政府制定政策、产业规章进行规范，避免生态环境保护市场中社会资本数量的过多或过少。

(2) 社会资本的退出机制

单一的退出机制造成社会资本难以从生态环境保护市场中脱离，阻碍社会资本和政府的良性合作。因此建立以社会资本再融资、项目公司债务重组、协议转让等为主的多层次社会资本退出方式是解决社会资本退出生态环境保护市场壁垒高的问题的可行方案。

1) 社会资本再融资。在政府和社会资本合作项目因不可抗力等因素而终止，政府需要退出的情况下，或者项目运作资金缺乏时，社会资本可以通过对项目再融资获得资金、分散风险。社会资本具体可以通过在资本市场配股增发和发行可转换债券等方式，将项目风险转移到更大范围的市场，扩大项目风险承担的受众群体数量。社会资本通过资本市场的再融资，保证了环境保护项目公益性、持续建设和运营，避免了因环境保护项目前期投入成本过大而无法获得经济利益且承受更大风险的状况发生。

2) 项目公司债务重组。在社会资本组建的项目公司发生重大经营失误、产生财务困难和危机的情况下，政府和社会资本面临较大的财务风险，并有意退出合作项目，政府和社会资本可以在达成一致终止生态环境保护项目合作的同时进行项目公司债务重组的申请，由第三方机构或其他社会资本等债权人接管项目公司，完成项目公司债务重组后，原社会资本和政府完全退出项目合作。

3) 协议转让。在合作项目的某一方想终止合作，放弃该生态环境保护项目的情况下可以采取协议转让的退出方式。采取协议转让方式的项目一般经营良好、不存在战略偏差和财务困难，仅仅是由于政府或社会资本投资意向的转变而单方面地终止合作。政府可以通过协议将其转让给与其合作的社会资本或者第三方机构。协议转让保证了生态环境保护项目建设的进度和运营的持续性，这种社会资本退出生态环境保护合作项目的机制操作简单，收购项目的第三方机构可进行部分项目或者整体项目的移交。此种方式有可能破坏生态环境保护项目带来的社会利益。

此外，破产清算、收购和兼并也是风险投资的退出方式，但是由于生态环境保护项目的建设关系生态环境的改善和维护及经济社会的发展，一般不采取这些退出方式。

5.4.3 市场主体间垄断控制机制

《中华人民共和国反垄断法》规定，限制、排除竞争的行为都是垄断。在政策垄断状况下，垄断企业主要是国有生态环境保护企业，在享有政府优惠政策、补贴，以及投资建设项目获得特许经营权等方面都具有先天的优势；在自然垄断状况下，生态环境保护企业在技术、市场、经营等方面具有垄断优势。生态环境保护市场的垄断不能阻止全部的潜在进入者进入市场。按照 X(非)效率理论，在垄断型市场竞争状态之下，企业缺少降低成本提高生产效率的动力，因为通过对市场的垄断其可以更容易获取超额利润。因此，生态环境保护市场处于垄断竞争状态会造成成本升高和生产效率低下，使该市场参与主体之间不能进行有效竞争。

参与生态环境保护的社会资本在资金、技术、经营方面的优势是主体在生态环境保护市场中处于主导位置的关键。这些主导企业为保持行业领先地位，会广泛地与其他社会资本加强合作或并购其他公司，加速了技术创新，扩大了企业规模。随着该生态环境保护市场中社会资本的合作与社会资本联盟的不断壮大，该联盟的消费者越来越多，该项技术逐渐成为社会资本进入生态环境保护市场的壁垒，联盟形成垄断，新进入的社会资本只有通过与联盟合作或者接受联盟的技术标准才能立足于生态环境保护市场，进一步加强了该社会资本的合作垄断位置。因此，必须要通过规范垄断企业、增加生产者数量、充分发挥潜在进入者的压力作用才能控制生态环境保护市场中主体间的垄断竞争环境。

(1)规范垄断企业

为规范生态环境保护市场垄断主体，政府首先要充分运用价格机制，既要对生态环境保护商品和服务进行统一管理，又要对价格进行灵活的调整。将大型国有环境保护企业的经营权和所有权分离，经营权交给独立的经理人，政府仍然拥有企业的所有权并且承担管理职责，实现政企分开，政府制定的环境保护产业法律法规、政策、行业规范等针对市场中所有的参与主体。引入社会资本形成生态环境保护市场的私有化、股份化，注重技术进步对竞争机制发挥作用的影响。通过控制生态环境保护市场的垄断，缓解该市场中的垄断压力。

（2）增加生产者数量

生态环境保护市场中现有的垄断主体，针对不具有自然垄断特征但重复建设成本低于垄断成本的企业，增加生产者数量的主要方式有吸引新的生产者进入和对原有的垄断企业进行拆分。由政府根据相关法律，通过股份制改造、改变经营方式和控制企业规模等改革手段，强制性将生态环境保护市场中的大型垄断企业分成几个企业，通过企业间的竞争培育新型生态环境保护市场，政府应及时向社会和生态环境保护行业发布项目和政策等相关信息，拓宽生态环境保护市场，通过多途径引入新的投资者、生产者，对新进入生态环境保护市场的社会资本给予一定的财政补贴，维持主体的持续经营。

（3）充分发挥潜在进入者的压力

按照公正、公开、公平的原则，充分运用招标、投标等形式，让多家社会资本参与生态环境保护项目的竞争，让多家企业拥有项目的独占权，对项目的产品和服务形成充分的竞争。实施特许经营权投标制，便于新环境保护项目的建立和实施，有助于选择更有效率、有能力、与项目需求相匹配的社会资本，给无效率的生产者制造市场压力，对生态环境保护需求做出及时的反应。此外，还可以采取缩短合作期限的方式防止原合作企业利用在位者优势进行垄断。生态环境保护市场潜在进入者的压力使垄断企业面临竞争，促进垄断企业改进生产管理方式、创新技术，降低生态环境保护市场企业的成本，提高生产效率。

5.4.4　市场主体间恶性竞争控制机制

不正当竞争和过度竞争统称为恶性竞争，恶性竞争会对其他参与主体造成伤害，不利于生态环境保护市场的健康发展。生态环境保护市场中的恶性竞争突出表现在为了降低生态环境保护商品的投入成本，而使收益最大化，模仿成功的生态环境保护技术，造成产业内部生态环境保护商品雷同，利用价格战恶性竞争，甚至使用劣质材料降低生态环境保护商品质量，从根本上影响了生态环境保护效率。生态环境保护市场主体之间的信任度较低也是恶性竞争产生的原因之一，主体之间缺少信息共享、技术交流，只在少数情况下进行合作。

（1）市场主体恶性竞争的特征

生态环境保护市场主体的不正当竞争是指以不正当手段获得参与生态环境保护项目、投资、建设、经营等市场交易，为谋取私利或扩大自身利益而损害竞争对手的利益。生态环境保护市场中参与主体不正当竞争的特点如下。

1）生态环境保护市场主体的不正当竞争具有群体性、动态可变性，表现为一种整体参与的状态。

2)生态环境保护市场中单个主体之间的不正当竞争共同构成整个群体的不正当竞争。

3)生态环境保护市场中的不正当竞争行为，对该市场中正常的投资、交易等活动产生负面影响，增加了新社会资本进入生态环境保护市场的进入壁垒。

(2)抑制市场主体恶性竞争的策略

1)完善环境保护竞争政策。对产业发展和运行进行规范的法律法规就是产业政策。竞争政策是保证市场竞争不对社会造成危害的法律法规，其主要目的是使市场参与主体都处于有效竞争的状态，进而优化市场资源配置和提升生产效率，使公众福利达到最大化。市场机制发挥的作用越大，生态环境保护主体之间的竞争越强，而环境保护竞争政策是促进市场参与主体之间进行有效竞争的重要环节，二者在生态环境保护产业的发展过程中协调互动，均以法律和政府为中心，具体包含产业发展和竞争性的政策、法规，以及各地方政府部门为促进市场发展而采取的措施。为形成统一的生态环境保护市场竞争环境，需要处理好中央政府和地方政府的关系，中央政府统筹全局，制定基本的生态环境竞争政策和市场规范，允许各省以经济水平、社会状况、技术发展和环境保护能力等具体情况为出发点做出适宜的竞争政策安排，在生态环境保护市场的竞争程度和市场化水平上有更多自主权。

2)成立政府或者第三方管理部门。政府作为生态环境保护市场的管理者，成立专门的监管部门或委托第三方管理部门，监督市场各主体的行为，管理社会资本和其他参与主体进入和退出市场。政府或第三方管理部门的监管，可以为生态环境保护市场主体创造良好的竞争环境，鼓励政府和社会公众主体不断进行技术突破，将营销层面的竞争转移到高级的技术层面竞争。引入社会资本之后，政府更加注重管理绩效和提升生态环境保护效率。此外，还可以通过法律手段对生态环境保护市场主体的行为进行约束，加大对《中华人民共和国价格法》《中华人民共和国反不正当竞争法》《中华人民共和国广告法》等与竞争有关的法律的宣传力度，强化生态环境保护参与主体的法律意识，主张进行良性竞争。

3)促进主体间的合作。生态环境保护主体采用恶性竞争获得的仅仅是眼前的利益，长远的环境保护技术创新和可持续发展计划才是保证主体在生态环境保护市场不断发展、获得最大利益的方式。生态环境保护市场合作与竞争共存，鼓励社会资本之间建立合作联盟，因为合作是各参加主体均可以获得最大利益的最优策略。政府和社会公众主体间的合作可以改变生态环境保护各类主体之间为争夺有效资源和消费者而采用恶性竞争的方式，促使其综合利用资源，共同实现最大收益。生态环境保护主体之间的联盟可以由同类主体、项目中的合作双方构成，也可以由消费者和社会资本等组建。充分发挥各自的优势资源，充分利用生态环境保护项目合作平台，建立合作基础。政府和社会资本在共享平台免费推荐合作项目，进行生态环境保护技术和项目运营模式交流，避免项目供给不足而导致恶性竞争，同时可以通过交流提高生态环境保护市场中技术的创新性、完善运营模式。生态环境保护主体之间的合作使原有的价格竞争、产品和技术的模仿走向非价格竞争、自主创新，从恶性竞争转变为比较优势竞争。

第6章　社会资本参与生态环境保护市场化的激励约束机制

本章在阐释激励约束机制相关问题的基础上，构建了社会资本参与生态环境保护市场化的激励约束机制，引导并激励社会资本规范自身市场行为，不断提升其正向努力程度，有效促进社会资本参与生态环境保护市场化机制的建立和完善。

6.1　社会资本参与生态环境保护市场化的激励约束机制基本问题

6.1.1　激励约束机制基本内涵

(1)激励与约束的定义及相互关系

激励和约束的经济学定义有很大区别，激励是指被激励者持续不断地进行积极性的行为和过程，与之对应的约束是指通过一定的限制条件将当事人的行为局限于一定的界限范围内。具体而言，激励是激励主体(委托人)通过各种形式的激励因素与激励客体(代理人)相互作用的方式，激励主体通过对激励客体的绩效评价，激发激励客体的主观能动性，确保实现工作目标和共同愿望。约束是约束主体(委托人)通过约束因素与约束客体(代理人)相互作用，从而防止约束客体的行为偏离工作目标。激励与约束的主体和客体的利益既具有共同点，又存在差异性。

激励和约束是一种对立统一的关系，本章在研究过程中，将约束视作一种负向激励，从而确保社会资本参与生态环境保护市场化激励约束机制能够从正反两个方面对社会资本产生激励效应。在具体实践过程中，需同时采用激励手段和约束手段，通过激励给社会资本以正面的利益刺激，调动社会资本参与生态环境保护的积极性，从而最大限度地发挥社会资本在生态环境保护中的作用。同时，应对参与生态环境保护的主体行为加以约束和管制，减少社会资本机会主义行为和道德风险等行为的发生，这样才能从客观上起到推动社会资本参与生态环境保护的作用，更好地实现预期效果。

(2)激励约束机制概念界定

机制是指在一个母系统中的每一个子系统之间互相影响和制约的一种表现形式。通过建立社会资本参与生态环境保护的激励约束机制可以有效地规范和约束社会资本在参与生态环境保护过程中的市场行为，使之有效地开展各项生态环境保护活动。社会资本参与生态环境保护市场化激励约束机制，是指能够对社会资本参与生态环境保护参与主体的行为产生影响的全部机制的总和。在社会资本参与生态环境保护市场化激励约束机制中，激励与约束两者之间相辅相成，科学有效的激励必须同时配合科学有效的约束加以支撑。同样，科学有效的约束也一定离不开科学有效的激励。

考虑到生态环境保护的特殊性，在具体实施过程中，应当在激励约束机制中加强或者凸显激励的作用，以激励为主、约束为辅，这样才能增强社会资本参与生态环境保护的积极性，吸引更多社会资本的进入，充分发挥典型榜样作用。与此同时，约束是社会资本参与生态环境保护市场化激励约束机制的重要组成部分，对社会资本参与生态环境保护进行相应约束。但是在具体实践过程中，应当把约束机制作为激励机制的有效补充，不能通过约束机制对社会资本过度使用相应约束手段，防止社会资本参与生态环境保护积极性的降低，只有这样，才能使社会资本参与生态环境保护市场化激励约束机制作用发挥到最大。

(3)激励约束机制的主要内容

激励约束机制的主要构成因素包括激励约束主体、激励约束客体、激励约束目标、激励约束工具及绩效评价五部分内容。

1)激励约束主体和激励约束客体相对应，激励约束主体是指激励约束机制的实施者，通常为所有者或委托人。在社会资本参与生态环境保护的具体实践中，政府是激励约束机制的实施主体。

2)激励约束客体是指激励约束机制的实施对象，一般为企业或项目经营者或代理人，与政府所扮演的角色相对应，社会资本是激励约束机制的实施对象。

3)激励约束目标是指激励约束主体通过对激励约束客体进行相应的激励和约束，从而最大化各自的收益。在引导社会资本参与生态环境保护市场化的过程中，构建和完善激励约束机制的目的是有效提高社会资本参与生态环境保护的规模及经营管理能力，规范政府引导社会资本参与生态环境保护过程中的市场行为，进而提高社会资本参与生态环境保护的整体效率，最终促进社会资本参与生态环境保护市场化的进程。

4)激励约束工具是指在激励约束机制推行过程中，激励约束主体对激励约束客体所采用的具体激励约束方法。一般而言，激励可以分为物质激励和精神激励两种形式，其中物质激励包括基本年薪和福利津贴等在内的短期激励，以及股票、期权等在内的长期激励；而精神激励包括社会地位、荣誉头衔等。约束主要分为内部约束和外部约束两种形式，其中内部约束主要有公司治理结构约束、制度约束和契约约束等；外部约束主要包括法律约束和道德约束与市场监管约束等。

5) 绩效评价是指结合激励约束机制的实施情况，对激励约束客体工作进行科学有效的观测和评估，并且将评估结果反馈给激励约束主体，确保激励约束主体适当合理调整激励约束措施，从而实现共同目标。在社会资本参与生态环境保护市场化的具体实践中，通过建立社会资本参与生态环境保护市场化激励约束机制实施的绩效评价体系，能够有效了解激励约束机制实施的效果，并通过反馈不断对激励约束机制进行改善。

6.1.2　激励约束机制运行条件

基于委托代理管理的激励约束机制设计是一种特殊的不完全信息博弈，其中，委托人的支付函数是共同知识，代理人的支付函数对委托人及其他代理人来说是非对称的，委托人通过提供适当的激励和约束，才能促使委托人和代理人之间实现信息对称。激励约束机制设计主要是促使代理人将委托人的效用最大化作为自身行为的准则，从而遏制代理人的机会主义行为和道德风险。一般而言，社会资本参与生态环境保护市场化激励约束机制有效运行应该遵循以下条件。

第一，社会资本的自身能力和努力程度必须对参与生态环境保护项目的业绩或收益具有敏感性。要使社会资本参与生态环境保护的激励约束机制充分发挥作用，就必须以社会资本参与生态环境保护项目的业绩或收益对社会资本的自身能力和努力程度具有敏感性为基本条件。

第二，社会资本的自身能力和努力程度对激励约束机制具有敏感性。在社会资本参与生态环境保护过程中，要保证社会资本参与生态环境保护的激励约束机制充分发挥作用，就必须以社会资本的自身能力和努力程度对激励约束机制具有敏感性为基本条件。

第三，社会资本在接受该激励约束机制下所得的净收益必须不低于不接受该激励约束机制时得到的收益。社会资本参与生态环境保护的激励约束机制既要具有激励和约束兼容的特征，又要具有自我强化特征，即社会资本会自愿接受生态环境保护的激励约束机制，并自觉按照相关规章制度实施。

6.1.3　激励约束机制构建原则

为确保社会资本参与生态环境保护市场化激励约束机制能够有效地促进我国生态环境保护市场化进程，构建社会资本参与生态环境保护市场化激励约束机制应该遵循的基本原则主要包括以下几个方面。

第一，公平原则。引导社会资本参与生态环境保护，应该基于我国社会主义市场经济体制，并确保参与主体拥有平等地位和公平待遇，这是推进我国生态环境保护市场化的重要保证。因此，在建立社会资本参与生态环境保护市场化激励约束机制时就必须体现其公平原则。首先，公平原则体现在激励约束主体的公平，要同时针对政府和社会资本实施激励约束，不能存在区别对待、厚此薄彼的现象，并对社会资本参与生态环境保护过程激励约束机制公平原则的贯彻情况实施监督。其次，公平原则还体现在政府和社会资本责任与义务的公平。为了体现社会资本参与生态环境保护过程激励约束机制公平原则，应该建立健全生态环境保护项目追责机制，倒逼社会资本和政府不断提高其参与生态环境保护的绩效。

第二，平衡原则。社会资本参与生态环境保护市场化激励约束机制的平衡原则是指激励约束机制中激励措施和约束措施应该平衡并达到一种和谐状态。在激励约束方式上应当以激励为主、以约束为辅，充分形成激励和约束相辅相成的状态。在激励约束力度上要做到足够程度的激励和约束，通过最大可能的物质精神激励等形式刺激企业积极性和努力程度，同时通过最大限度的约束手段制约政府和社会资本在参与生态环境保护过程中的机会主义行为与道德风险。

第三，连续原则。社会资本参与生态环境保护市场化激励约束机制的连续原则是指激励约束机制对于政府和社会资本的激励与约束应当具有连续性，在一定时期内保持持续激励和约束作用。一方面，激励和约束措施应持续产生有效的激励与约束效果；另一方面，激励和约束措施的手段与强度应在一定时期内保持稳定，这样才能产生引导作用。如果社会资本参与生态环境保护的激励约束机制不具有连续性，不仅会致使激励约束手段无法发挥效果，也会使政府信用受到损害，从而会影响社会资本参与生态环境保护市场化激励约束机制正向效应的发挥。

第四，动态调整原则。社会资本参与生态环境保护的动态调整原则是指社会资本参与生态环境保护的激励约束措施应当随着时间和生态环境保护行业的发展状态而不断调整。社会资本参与生态环境保护是发展变化的，与其对应的激励约束机制也应当动态调整，一成不变会影响激励约束机制实施的效果，最后甚至会对社会资本参与生态环境保护产生负面影响。社会资本参与生态环境保护市场化激励约束机制应当是动态和静态的结合体，连续性是指一段时间内激励措施不能频繁变动，而动态调整则是指长期中激励措施应当随环境的改变而变动，两者在时间节点上是不同的，这说明连续原则和动态调整原则可以同时共存。

6.2　社会资本参与生态环境保护市场化激励约束模型构建

本章在研究过程中发现，针对社会资本参与生态环境保护采取一系列激励和约束措施，能够显著影响社会资本的努力程度。因此本节研究内容主要是基于委托代理理论，构建社会资本参与生态环境保护项目的激励约束模型，分析影响社会资本参与生态环境保护的最终因素，为社会资本参与生态环境保护市场化激励约束机制的构建奠定基础。

6.2.1 激励约束模型基本假设

假设激励约束模型中政府能够提前做出决策，首先政府和参与生态环境保护的社会资本之间会形成一个"契约"，其中包括社会资本将从政府部门获得的各种优惠措施及应该承担的义务，进而社会资本根据"契约"条件选择对自己有利的行为。

假设 1：社会资本内部的线性收入函数为

$$y = a + k + \xi \tag{6-1}$$

$$k = k(k_1, k_2, k_3, \cdots) \tag{6-2}$$

式中，y 为社会资本参与生态环境保护项目当年获得的收益；a 为社会资本的努力程度；k 为生态环境保护商品综合评价的一个指数，它受生态环境保护商品研发水平、生态环境保护商品质量和消费者偏好等因素影响。从长期来看，生态环境保护商品研发水平和生态环境保护商品综合评价指数呈正相关关系。因此，生态环境保护商品研发水平与收益 y 呈正相关关系，但短期会有波动，这反映了生态环境保护产业科技研发的优势。随着消费者生态环境保护意识不断增强，消费者对生态环境保护商品的偏好因子系数也会逐渐增大，显现出其重要作用。ξ 为外生随机扰动项，是正态分布随机变量，其均值为 0、方差为 σ^2，即 $D(\xi) = \sigma^2$。如果方差 σ^2 值大，则表明外部生态环境保护市场对社会资本经营扰动大，社会资本会在不同时期发生较大扰动。该函数表明，社会资本当年获得收益与其努力程度和生态环境保护商品综合评价指数呈线性相关，并且可以看到研发因子等均为跨时期影响因子，如果跨期越大，那么它对本期的影响力系数越小，反之，如果跨期越小，那么它对本期的影响力系数越大。

社会资本参与生态环境保护主要追求自身利益最大化，因此可以将社会资本视为风险规避型。同时，假设政府参与生态环境保护过程属于风险中性，这就意味着收益效用期望与期望收益效用持平。考虑线性契约合同：

$$s(y) = \alpha + \beta y - \gamma\theta\beta y \tag{6-3}$$

式中，α 为前期激励报酬，即社会资本参与生态环境保护之前就已经存在的激励政策，如政府提供地方保护、贷款融资优惠、减免税收等，这些激励政策是固定的，即只要社会资本参与生态环境保护领域并符合政策条件，就能够享受到这些优惠政策；βy 为奖励性报酬，奖励性报酬与 y 呈正相关，β 为社会资本收益的奖励性报酬系数，通常认为 $0<\beta<1$，即社会资本经营生态环境保护项目一段时间以后，如果其经营效果良好，那么有可能会继续得到政府给予的一些优惠，这些优惠不是行业内所有企业都能得到，只有具备一定条件才能享有，这些优惠措施包含显性和隐性两个方面，表示社会资本未完成合同要求、努力程度不够、采取有损生态环境保护行业发展秩序行为等被政府发现，政府对社会资本的惩罚，因为初期的税收减免等优惠政策既定，所以这些惩罚属于奖励性报酬的一部分，如不能再享受政府贷款担保等；γ 为社会资本机会主义行为被发现的概率，如果社会资本诚实守信，则 $\gamma=0$；θ 为惩罚比例，一般情况下 $0<\theta<1$，为了使分析简化，在分析结果不受影响的情况下，在此不考虑政府为制定惩罚机制所付出的成本，假定在一定时期内 α、β、θ 保持不变。

假设 2：政府收益函数为

$$
\begin{aligned}
\pi &= -\alpha + \tau y + \varphi y - \beta y + \gamma\theta\beta y \\
&= -\alpha + (\tau + \varphi - \beta + \gamma\theta\beta)y \\
&= -\alpha + (\tau + \varphi - \beta + \gamma\theta\beta)(a + k + \xi)
\end{aligned}
\tag{6-4}
$$

式中，π 为政府收益，在社会资本参与生态环境保护初期，政府会给予一定财力、物力及政策方面支持，因此这部分支出就是 $-\alpha$；τy 为政府获得的隐性收益，对当地政府来说，主要是其声誉的提高和社会拥护力量的增强，这部分利益和生态环境保护产业的持续发展联系紧密，只有社会资本收益不断增长，才能带动当地就业和经济发展；φy 为税收，为了简化分析，将税收视为社会资本收益的一定比例；$\gamma\theta\beta y$ 为社会资本在参与生态环境保护过程中由于自身机会主义行为受到惩罚从而被政府扣除的收益。

假设 3：社会资本经营者获得的收益函数为

$$
\begin{aligned}
\omega &= s(y) + y - \varphi y - c(a) \\
&= \alpha + \beta y - \gamma\theta\beta y + y - \varphi y - c(a)
\end{aligned}
\tag{6-5}
$$

式中，ω 为社会资本经营者的收益，社会资本的收益等于其获得的外部报酬加上内部收益，社会资本需要为此付出努力并积极采取有效行动，而这是要付出相应代价的，将这些代价用 c 表示，$c=c(a)$。其中，$c'(a)>0$，$c''(a)>0$，这表示社会资本越努力，所付出的代价越大。假设社会资本努力的成本 $c(a)$ 等价于货币成本，为了简化，假定 $c(a)=ba^2/2$，这里 $b>0$，代表成本系数。b 越大，表明同样的努力程度带来的负效用越大。则

$$\omega = s(y) + y - \varphi y - c(a)$$
$$= \alpha + \beta y - \gamma\theta\beta y + y - \varphi y - c(a)$$
$$= \alpha + \beta y - \gamma\theta\beta y + y - \varphi y - ba^2/2 \tag{6-6}$$
$$= \alpha + (\beta - \gamma\theta\beta + 1 - \varphi)(a + k + \xi) - ba^2/2$$

假设 4：政府的期望效用函数为

$$E[u(\pi)] = u[E(\pi)] \tag{6-7}$$

式中，$E[u(\pi)]$ 为政府的期望效用函数，假定政府是风险中性类型，这意味着政府的收益效用期望值等于期望收益的效用，即 $E[u(\pi)] = u[E(\pi)]$，其中，π 代表政府收益的变量值，政府的收益函数是 $\pi = -\alpha + (\tau + \varphi - \beta + \gamma\theta\beta)(a + k + \xi)$，则收益函数的期望值为 $u[E(\pi)] = u\{E[-\alpha + (\tau + \varphi - \beta + \gamma\theta\beta)(a + k + \xi)]\}$。因此，政府的最优行动选择 Z 满足：

$$Z = \max_{\alpha,\beta,\theta}[-\alpha + (\tau + \varphi - \beta + \gamma\theta\beta)(a + k + \xi)]$$

假设 5：社会资本经营者的效用函数具体如下。

在这里假定社会资本的效用函数具有常绝对风险规避特征，用 r 衡量社会资本对风险的规避程度，绝对风险规避程度 $R(\omega) = \left|\dfrac{u''(\omega)}{u'(\omega)}\right|$，其中 $R(\omega) = r$。因假定社会资本为风险规避类型，则 $R(\omega) > 0$，即 r 效用函数为凹函数。同时，社会资本经营者获得的收益 ω 服从均值为 $E(\omega)$、方差为 $D(\omega)$ 的正态分布，则有

$$E[u(\omega)] = \int_{-\infty}^{+\infty} -e^{-r\omega} \frac{1}{\sqrt{2nD(\omega)}} e^{\frac{[\omega - E(\omega)]^2}{2D(\omega)}} \mathrm{d}\omega = -e^{-r\left[E(\omega) - \frac{rD(\omega)}{2}\right]} \tag{6-8}$$

由式（6-6），已知社会资本收益函数为

$$\omega = \alpha + (\beta - \gamma\theta\beta + 1 - \varphi)(a + k + \xi) - ba^2/2$$

则

$$E(\omega) = \alpha + (\beta - \gamma\theta\beta + 1 - \varphi)(a + k) - ba^2/2 \tag{6-9}$$

$$D(\omega) = (\beta - \gamma\theta\beta + 1 - \varphi)^2 \sigma^2 \tag{6-10}$$

将社会资本在不确定条件下的不确定等值记为 CE，$E[u(\omega)] = u(\text{CE})$，因此，$-e^{-r\text{CE}} = -e^{-r\left[E(\omega) - \frac{rD(\omega)}{2}\right]}$，即

$$CE = E(\omega) - \frac{rD(\omega)}{2} \tag{6-11}$$

将 $E(\omega)$ 和 $D(\omega)$ 代入式 (6-11) 可得

$$CE = \alpha + (\beta - \gamma\theta\beta + 1 - \varphi)(a + k + \xi) - \frac{1}{2}ba^2 - \frac{r}{2}(\beta - \gamma\theta\beta + 1 - \varphi)^2\sigma^2 \tag{6-12}$$

社会资本经营风险成本为 $\frac{r}{2}(\beta - \gamma\theta\beta + 1 - \varphi)^2\sigma^2$，当 $\beta = 0$ 和 $\varphi = 1$ 时，风险成本为 0，如果在比较极端的情况下，即 $\varphi = 1$，则表明社会资本经营获得的收益要全部上缴给政府，此时社会资本的经营风险成本为 0。根据确定性等值定义可以得出，社会资本在获得完全确定的收益 CE 时的效用水平与在不确定条件下获得的效用的期望值是等价的。作为风险规避型的社会资本所追求的是期望效用最大化，由于 $E[u(\omega)] = u(CE)$，$u(CE)$ 最大化，即期望效用最大化，由于 $u(\omega) = -e^{-r\omega}$ 且 $r > 0$，可以得到 $u'(\omega) = re^{-r\omega} > 0$，$u(\omega)$ 单调递增，社会资本只需采取适当行动使 CE 最大化：

$$
\begin{aligned}
\max CE &= \max\left[E(\omega) - \frac{rD(\omega)}{2} \right] \\
&= \max\left[\alpha + (\beta - \gamma\theta\beta + 1 - \varphi)(a + k + \xi) - \frac{1}{2}ba^2 - \frac{r}{2}(\beta - \gamma\theta\beta + 1 - \varphi)^2\sigma^2 \right]
\end{aligned} \tag{6-13}
$$

6.2.2　激励约束模型构建

在生态环境保护领域中政府和社会资本间属于委托代理关系，政府做出的最优规划力求满足三个方面的要求：一是政府期望效用达到最大；二是社会资本的效用达到最大；三是社会资本参与生态环境保护领域得到的期望效用不能低于参与其他领域得到的期望效用。一般情况下，都是由政府设立生态环境保护项目，然后进行招标。因此，政府可以事先制定对社会资本的优惠措施，如前期激励报酬 α、奖励性激励系数 β 和惩罚比率 θ。在此基础上，社会资本拥有自己选择的空间，可以选择合适的努力程度 a。因此政府为了实现吸引社会资本参与生态环境保护的目标，首先必须保证社会资本参与生态环境保护获得的期望效用不低于其机会成本，也就是要满足社会资本参与约束；其次要制定相应的激励措施来促使社会资本选择合适行为，从而使社会资本的效用达到最大，也就是要满足社会资本激励相容约束这一条件。

以上问题可用以下函数表述：

$$\max_{\alpha,\beta,\theta}\left[-\alpha+(\tau+\varphi-\beta+\gamma\theta\beta)(a+k+\xi)\right] \tag{6-14}$$

$$\max_{a}\left[\alpha+(\beta-\gamma\theta\beta+1-\varphi)(a+k+\xi)-\frac{1}{2}ba^2-\frac{r}{2}(\beta-\gamma\theta\beta+1-\varphi)^2\sigma^2\right] \tag{6-15}$$

$$\alpha+(\beta-\gamma\theta\beta+1-\varphi)(a+k+\xi)-\frac{1}{2}ba^2-\frac{r}{2}(\beta-\gamma\theta\beta+1-\varphi)^2\sigma^2\geqslant\bar{u} \tag{6-16}$$

式 (6-14) 表示政府的效用最大化, 式 (6-15) 表示社会资本经营的激励相容约束, 式 (6-16) 表示社会资本的参与约束。

假设社会资本只能选择努力程度 a, 对式 (6-15) 中 a 求一阶导数, 令其等于 0 可得

$$\frac{\partial}{\partial a}\left[\alpha+(\beta-\gamma\theta\beta+1-\varphi)(a+k+\xi)-\frac{1}{2}ba^2-\frac{r}{2}(\beta-\gamma\theta\beta+1-\varphi)^2\sigma^2\right]=0$$

$$\beta-\gamma\theta\beta+1-\varphi-ab=0$$

解得

$$a=\frac{1-\gamma\theta}{b}\beta+\frac{1-\varphi}{b} \tag{6-17}$$

为了确定社会资本参与生态环境保护的最大效用, 本书构建了社会资本参与生态环境保护效用的拉格朗日函数:

$$\begin{aligned}L=&-\alpha+(\tau+\varphi-\beta+\gamma\theta\beta)(a+k+\xi)\\&+\lambda\left[\alpha+(\beta-\gamma\theta\beta+1-\varphi)(a+k+\xi)-\frac{1}{2}ba^2-\frac{r}{2}(\beta-\gamma\theta\beta+1-\varphi)^2\sigma^2-\bar{u}\right]\end{aligned} \tag{6-18}$$

对前期激励报酬 α 求导, 令其等于 0, 得

$$\frac{\partial L}{\partial\alpha}=-1+\lambda=0$$

解得

$$\lambda=1$$

将 $\lambda=1$ 代入式 (6-18) 得

$$L = (\tau+1)(a+k+\xi) - \frac{1}{2}ba^2 - \frac{r}{2}(\beta - \gamma\theta\beta + 1 - \varphi)^2\sigma^2 - \overline{u} \qquad (6\text{-}19)$$

将式(6-17)代入式(6-19)得

$$L = \frac{(\tau+1)(1-\gamma\theta)}{b}\beta + \frac{(1-\varphi+bk)(\tau+1)}{b} - \frac{[(1-\gamma\theta)\beta+1-\varphi]^2}{2b}$$

$$-\frac{r}{2}(\beta - \gamma\theta\beta + 1 - \varphi)^2\sigma^2 - \overline{u} \qquad (6\text{-}20)$$

求 L 关于 β 的一阶导数可得

$$\frac{\partial L}{\partial \beta} = \frac{(\tau+1)(1-\gamma\theta)}{b} - \frac{[(1-\gamma\theta)\beta+1-\varphi](1-\gamma\theta)}{b}$$

$$-[(1-\gamma\theta)\beta+1-\varphi](1-\gamma\theta)r\sigma^2 = 0$$

解得 $\beta = \dfrac{(\tau+1)-(1-\varphi)(1+br\sigma^2)}{(1+br\sigma^2)(1-\gamma\theta)}$，进而求二阶导数：

$$\frac{\partial^2 L}{\partial \beta^2} = -\frac{1-\gamma\theta}{b} - (1-\gamma\theta)r\sigma^2 \qquad (6\text{-}21)$$

令 $\dfrac{\partial^2 L}{\partial \beta^2} < 0$ 得 $\theta < \dfrac{1}{y}$，其结果与式(6-17)逻辑相符，即奖励性报酬与社会资本的努力程度呈正相关，且当 $\theta < \dfrac{1}{y}$ 时，L 才可能在 β 处取得最大值。

6.2.3　激励约束模型结果分析

结合社会资本参与生态环境保护市场化激励约束模型的构建和求解，本小节主要针对该模型的求解结果进行分析，主要有以下四个方面的结论。

1）由社会资本参与生态环境保护市场化激励约束模型求解的 $a = \dfrac{1-\gamma\theta}{b}\beta + \dfrac{1-\varphi}{b}$ 可以得出以下内容。

第一，社会资本努力程度 a 与政府制定的激励系数 β 呈正相关。因此，在吸引社会资本参与生态环境保护的过程中，不仅需要政府给出前期的优惠政策来激发社会资本参与的积极性，还要在社会资本参与进来之后继续施加有效的激励机制来保障社会资本能够继续付出较大的努力来实现环境保护的目标。如果缺乏激励性报酬对社会资本的激励，会使社会资本在建设和经营生态环境保护项目过程中的努力程度下降，不利于技术创新和生态环境保护商品质量的提高。

第二，社会资本负向努力程度与政府发现该行为的概率及相应的惩罚系数呈负相关。在利益的驱动下，社会资本面临两种行为的选择。第一种行为是社会资本为了获得更多的奖励而加大投入，从而提高生态环境保护商品质量。这也是政府实施激励措施的目标。第二种行为是社会资本会采取欺骗手段从政府那里套取优惠措施，如采取做假账的方式骗取税收减免等，将社会资本的这些逆向行为称为负向努力。由社会资本参与生态环境保护市场化激励约束模型中的 $a = \frac{1-\gamma\theta}{b}\beta + \frac{1-\varphi}{b}$ 可知，假如社会资本选择纯粹的正向努力，则 $\gamma = 0$，那么惩罚系数 θ 的作用为零，而激励系数 β 的作用达到最大。假如社会资本选择负向努力，则该行为与政府发现该行为的概率及惩罚比率呈负相关。随着政府对社会资本的监督不断加强，社会资本采取负向努力就会付出更多的机会成本，所以其采取逆向行为的可能性会减小。同理，惩罚系数 θ 越大，则社会资本采取逆向行为的可能性就越小。

第三，社会资本努力程度 a 与参与成本 b 呈负相关。从社会资本参与生态环境保护市场化激励约束模型的构建和求解中可以发现社会资本的回报与努力直接挂钩。由 $a = \frac{1-\gamma\theta}{b}\beta + \frac{1-\varphi}{b}$ 可以得出社会资本参与成本与其努力程度之间具有负相关关系，社会资本在参与生态环境保护中努力程度越高，它的参与成本就会越低；相反，其参与成本就会越高。因此政府应当充分利用社会资本参与生态环境保护项目建设的价值，积极鼓励社会资本在保证各方利益的前提下，努力经营，不断降低社会资本在生态环境保护项目中的运作成本，提高生态环境市场资源配置效率，以确保社会资本在参与生态环境保护时其所获取的净收益不低于其不接受激励约束机制时所获得的收益。

2) 由社会资本参与生态环境保护市场化激励约束模型中的 $\beta = \frac{(\tau+1)-(1-\varphi)(1+br\sigma^2)}{(1+br\sigma^2)(1-\gamma\theta)}$ 可以得出：社会资本参与生态环境保护市场化激励系数 β 与主体的声誉系数 τ 呈正相关。信息经济学认为市场声誉是在信息不完全的情况下拥有私人信息的一方向不拥有私人信息的一方通过某些途径或方式传递出的一种"市场信号"，通过这种"市场信号"信息劣势方可以认为自己已经获得了对方所付出的部分承诺，不过这种承诺不能具备法律上的可执行性，通常不能通过交易关系之外的第三方来执行。在信息不对称的情况下，委托方通常都会相信和选择具有良好口碑和声誉的对象进行合作，在社会资本参与生态环境保护中，政府选择合作的社会资本也同样如此。而且声誉机制在维持交易关系中是不可或缺的一种机制，在降低信息不对称和提供激励等方面具有其他机制无法替代的作用。因此在引导社会资本参与生态环境保护过程中，政府应该积极营造自身良好的声誉，确保社会资本有足够的信心与政府合作参与生态环境保护，与此同时，政府在选择合作伙伴时，应该严格标准，选择一些具有良好社会声誉的社会资本作为合作伙伴，从而营造一种政府和社会资本都对生态环境保护产业高度重视的良好氛围，提高社会资本参与生态环境保护的整体效率。

3) 由社会资本参与生态环境保护市场化激励约束模型中的 $0 < \theta < \dfrac{1}{\gamma}$ 可以得出以下内容。

第一，只有 θ 处于 $(0, \dfrac{1}{\gamma})$，并且 θ 处于 β 点时，拉格朗日函数 L 才会取得最大值。因此，在引导社会资本参与生态环境保护过程中，政府所制定的惩罚系数不应太大，否则，会使社会资本减少努力而无所作为；惩罚系数也不应太小，否则会使政府对社会资本参与生态环境保护的约束作用弱化。

第二，惩罚系数 θ 和社会资本不良行为被政府发现的概率 γ 呈负相关关系。社会资本不良行为被政府发现的概率越大，那么社会资本就会相应地减小其机会主义行为的概率，此时就应该通过适当地降低惩罚系数来实现风险和利益的均衡；反之，社会资本不良行为被政府发现的概率越小，社会资本就会相应增大其机会主义行为的概率，此时就应该通过适当提高惩罚系数实现风险和利益的均衡。在政府引导社会资本参与生态环境保护过程中，其监督水平直接影响社会资本不良行为被发现的概率，政府监督水平越高，社会资本不良行为被政府发现的概率越大；反之，社会资本不良行为被政府发现的概率越小。一般而言，如果通过提高社会资本参与生态环境保护项目惩罚系数来约束社会资本机会主义行为，反而会限制社会资本参与生态环境保护的积极性；而通过强化监督水平提高社会资本不良行为被发现的概率，进而降低惩罚系数能够有效地刺激社会资本参与生态环境保护。因此，政府应该针对社会资本参与生态环境保护项目的市场准入和退出、生态环境保护项目控制权及生态环境保护项目建设和运营等不断完善监督管理机制，对社会资本形成一种约束的效果，自觉减少负向努力。

6.3 社会资本参与生态环境保护市场化激励约束机制作用机理

构建社会资本参与生态环境保护市场化激励约束机制的根本目标是满足社会公众对生态环境保护的各项需求，政府作为委托人通过对社会资本参与生态环境保护行为进行激励和约束，将社会资本参与生态环境保护目标统一到满足社会公众的需求上。在此过程中，政府应该不断引导构建一种均衡的社会资本参与生态环境保护市场化激励约束机制，使社会资本参与生态环境保护接受该机制的收益大于其不接受该机制时的收益，降低社会资本在参与生态环境保护过程中的道德风险。

　　本章主要从报酬机制、控制权机制和声誉机制三个方面构建政府对社会资本参与生态环境保护行为的激励约束机制。社会资本参与生态环境保护市场化激励约束机制基本框架如图 6-1 所示。

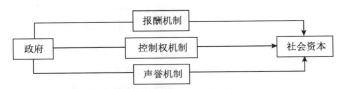

图 6-1　社会资本参与生态环境保护市场化激励约束机制基本框架

6.3.1　报酬激励和约束机理

　　报酬是影响社会资本参与生态环境保护最直接和最重要的因素，如果政府针对社会资本参与生态环境保护具体实施情况而适当调整社会资本所获得的报酬，则会对社会资本起到一种激励和约束的作用。具体而言，针对社会资本参与生态环境保护的良好表现而提高其报酬，则会激励社会资本扩大参与生态环境保护的规模，相应提高其正向努力程度；而针对社会资本参与生态环境保护的不良表现而减少或者取消其报酬，则会对社会资本参与生态环境保护的逆向选择和道德风险产生约束作用，倒逼其提高生态环境保护的努力程度。

　　在社会资本参与生态环境保护具体实践中，通常存在一些影响社会资本努力程度的变量。例如，参与生态环境保护项目所获得的报酬能够直接影响社会资本参与生态环境保护努力程度。因此，本章从报酬角度针对社会资本参与生态环境保护项目的激励和约束进行探索与解析。

　　一般而言，社会资本参与生态环境保护项目是分阶段实施和运营的，在项目实施和运营每个阶段都有其阶段成果的表现形式。因此，在社会资本参与生态环境保护项目运行一段时间后，政府可以根据该项目阶段成果表现再与社会资本针对其参与项目的报酬进行谈判，从而对社会资本实施激励和约束。如图 6-2 所示，在第一阶段主要是针对激励结构和激励系数 β 的大小进行谈判。在社会资本参与生态环境保护项目运行中的第一阶段即谈判激励系数 β 可能会更接近最优系数。因为，此时政府(委托人)和社会资本(代理人)双方的信息不对称性降低，政府和社会资本都会根据生态环境保护项目的事实和运营情况来调整该项目最初预期的

激励系数 β，以满足对方要求。本书认为社会资本参与生态环境保护项目的报酬应采取基本报酬+激励报酬形式，因此社会资本参与生态环境保护项目报酬可以表示为如下形式。

$$W = W_0 + \beta\pi \qquad (6\text{-}22)$$

式中，W 为社会资本参与生态环境保护项目总报酬；W_0 为社会资本所获得的基本报酬；β 为社会资本的激励系数；π 为生态环境保护项目绩效。在生态环境保护项目建设和运营具体实践中，如果从绝对业绩角度来评估社会资本参与生态环境保护项目中的业绩，会使社会资本承受由生态环境保护项目外界环境不确定性所引起的、社会资本自身所难以控制的风险，因此，此处绩效指的是社会资本参与生态环境保护项目的相对业绩，$\beta\pi$ 表示社会资本参与生态环境保护项目激励报酬，本书认为激励报酬应该包括奖励报酬、效益报酬和超常规激励报酬三部分，并且通过不同指标对奖励报酬、效益报酬和超常规激励报酬进行衡量，从而对社会资本进行激励和约束。

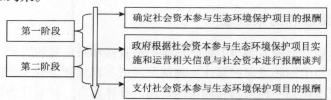

图 6-2　社会资本参与生态环境保护项目报酬分阶段谈判时序图

　　一般认为，社会资本参与生态环境保护投资主要是追求经济利益，如果政府不满足社会资本合理的报酬要求，那么社会资本就不会参与生态环境保护，或者社会资本将会因为投资和收益不匹配而选择中途退出，这会影响生态环境保护项目的建设和运营。如果社会资本参与生态环境保护项目在第一阶段努力工作后有一个阶段性成果，社会资本（代理人）也就有了基本条件与政府（委托人）进行相应的谈判。这种谈判并不意味着社会资本在第一阶段之后就不努力工作了，因为社会资本参与生态环境保护的最终报酬是根据第二阶段项目最终运作成果确定的。如果社会资本在第二阶段懈怠工作或者发生道德风险，就会影响最终报酬。

　　作为生态环境保护委托方，政府根据生态环境保护项目实施和运营情况确定社会资本（代理人）报酬，这有利于及时规避社会资本道德风险的发生，从而减少政府和社会资本由信息不对称所造成的损失和收益；而作为代理人的社会资本知道其所参与生态环境保护项目要在实施和运行某一个阶段与作为委托方的政府进行报酬谈判，为了在谈判中增加自身的筹码而强化自身利益，社会资本必然会竭尽自身最大努力在生态环境保护项目报酬谈判阶段之前努力工作。

6.3.2　控制权激励和约束机理

社会资本对生态环境保护项目的控制权是影响社会资本参与生态环境保护行为的重要因素。管理学认为如果一种要素能够满足人的某种需要，那么这种要素就能够对人产生激励作用。因而，本书认为把控制权收益作为一种回报可以对社会资本参与生态环境保护产生激励和约束。对社会资本而言，在和政府合作过程中拥有生态环境保护项目的控制权具有三方面意义：第一，可以一定程度上提高社会资本的自主决策权，实现社会资本和政府合作中的平等地位；第二，社会资本拥有生态环境保护项目的一定程度的控制权，对市场上的其他同行或者竞争对手而言就会有优越感；第三，会给社会资本带来正规报酬激励以外的其他利益。生态环境保护项目控制权对社会资本激励和约束作用的大小和该控制权对社会资本所带来收益的大小呈正相关关系。

针对社会资本参与生态环境保护的相关项目，政府应建立相应的控制权激励和约束机制，这可以对社会资本获得的生态环境保护项目控制权进行激励和约束，进而提高社会资本参与生态环境保护的积极性。在引导社会资本参与生态环境保护过程中，控制权激励约束机制有效性和强度取决于社会资本参与生态环境保护项目的控制权收益，较高或者较显著的控制权收益能够刺激和强化社会资本参与生态环境保护控制权激励约束机制的实施效果，反之，社会资本参与生态环境保护控制权激励约束机制就会失效或者实施效果不显著。

图6-3表示社会资本参与生态环境保护项目控制权调整时序图，政府（委托人）根据社会资本（生态环境保护项目管理者）在项目实施和运营阶段的表现决定是否调整社会资本对生态环境保护项目的控制权。衡量社会资本对生态环境保护项目控制权被调整的标准是现任社会资本带给政府的收益是否超过新任社会资本所带来的收益。如果现任社会资本在建设和经营生态环境保护项目过程中，带给政府的收益超过新任社会资本所带来的收益，则政府通过提高或强化社会资本对生态环境保护项目控制权来激励社会资本继续努力；如果现任社会资本带给政府的收益小于新任社会资本所带来的收益，那么，政府就会根据现任社会资本在下一阶段的表现决定是否对其留任或者直接对其进行替换，这将使参与生态环境保护的社会资本面临失去生态环境保护项目控制权的威胁。本书在研究过程中，主要侧重于政府对参与生态环境保护项目社会资本的替换机制，对社会资本滥用生态环境保护项目控制权的寻租行为进行制约，从而产生一种反向激励。

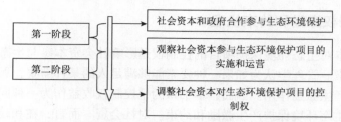

图 6-3　社会资本参与生态环境保护项目控制权调整时序图

　　在引导社会资本参与生态环境保护过程中，如果现任社会资本建设和经营生态环境保护项目所产生的收益小于新任社会资本建设和经营生态环境保护项目所产生的收益，那么现任社会资本就会面临被替换的威胁，此时，假设新任社会资本建设和经营生态环境保护项目所产生的收益为

$$V_0 = \int_{D+W_0}^{\infty} (x - D - W_0)g(x)\mathrm{d}x \tag{6-23}$$

式中，V_0 为新任社会资本建设和经营生态环境保护项目所产生收益；x 为生态环境保护项目在第二阶段期末现金流，其密度函数为 $g(x)$；D 为社会资本债务；W_0 为社会资本在第二阶段薪酬。

　　如果现任社会资本建设和经营生态环境保护项目所产生收益大于新任社会资本建设和经营生态环境保护项目所产生收益，则令现任社会资本在第二阶段期末带给生态环境保护项目的现金流为 s，于是现任社会资本比新任社会资本多给生态环境保护项目带来的收益为

$$\Delta V = s - D - W_0 - V_0 \tag{6-24}$$

　　现任社会资本能给生态环境保护项目带来更多收益，则社会资本要分享这部分增值收益。现任社会资本保留生态环境保护项目控制权的条件就是在现任社会资本分享了部分 ΔV 之后，生态环境保护项目收益仍大于 V_0。设现任社会资本分享 ΔV 的系数为 β，则现任社会资本保留生态环境保护项目控制权的条件为

$$s - D - W_0 - \beta \Delta V > V_0 \tag{6-25}$$

即

$$(1-\beta)s > (1-\beta)(D + W_0 + V_0) \tag{6-26}$$

　　令 $R = D + W_0 + V_0$，当 $\beta \neq 1$ 时，整理式 (6-26) 得到 $s > R$，即现任社会资本的观察条件，政府与社会资本合作参与生态环境保护时为了最大化自己的收益，通

过观察社会资本参与生态环境保护项目替换机制的替换条件来替换现任社会资本。新任社会资本综合水平越高，创造的 V_0 越大，$R = D + W_0 + V_0$，因此，R 就越大，这表明生态环境保护项目控制权替换机制越强。与此同时，现任社会资本所能获得的激励报酬相对较小，假设现任社会资本的激励报酬为

$$W_1^* = \beta(s - D - W_0 - V_0) = \beta(s - R) \tag{6-27}$$

由式 (6-27) 可知，R 越大，W_1^* 越小。现实解释是：新任社会资本综合水平越高，那么现任社会资本的增值空间就越小，而现任社会资本能获得的激励报酬也就越小。结合控制权激励约束机制与报酬激励约束机制的关系分析，社会资本参与生态环境保护控制权替换机制越强，生态环境保护项目控制权对社会资本激励约束程度越大，即使报酬激励程度相对较小，从总体上也能实现对社会资本参与生态环境保护进行激励和约束。

控制机制的重要性不在于政府经常替换与之合作的社会资本，而是当社会资本的能力和努力不够时，政府让社会资本离开生态环境保护项目、失去生态环境保护项目控制权，以及不能享受在职消费等，这是社会资本参与生态环境保护控制机制影响社会资本努力的根本原因。

6.3.3　声誉激励和约束机理

从管理学角度而言，追求良好的市场声誉是社会资本成长和发展的必要条件。马斯洛需求层次理论认为人的需要是从低级向高级需求过渡和发展的。在社会资本参与生态环境保护过程中，当社会资本在市场某一层次的需要得到最低限度满足后，会追求更高层次的需要，如此循环上升过程就变成推动社会资本在生态环境保护过程持续努力的内在动力。因此，从社会资本参与生态环境保护市场化激励和约束角度而言，给予一定报酬和生态环境保护项目控制权对社会资本只是激励和约束的部分途径，通过对参与生态环境保护的社会资本进行市场声誉激励和约束，进而赢得市场同行和消费者的承认与尊重，实现其较高层次的需求。

在市场机制作用下，社会资本的市场声誉完全由社会资本参与生态环境保护项目的经营业绩决定，经营业绩越高，社会资本市场声誉越高，反之，则越低，生态环境保护项目的经营业绩由社会资本经营能力和努力程度决定。本书在研究过程中将声誉收益表示为

$$R = f(a, \theta) \tag{6-28}$$

式中，R 为社会资本的市场声誉收益；θ 为社会资本的经营能力；a 为社会资本

提高其自身经营能力的努力程度，a 与 θ 相互独立，$f(a,\theta)$ 表示在其他情况一定时，社会资本参与生态环境保护项目的市场声誉收益是经营能力和努力程度的函数。假设，社会资本参与生态环境保护项目的最终收益为

$$W = \beta f(a_\theta, a_r, \theta) + p + B \tag{6-29}$$

式中，$f(a_\theta, a_r, \theta)$ 为生态环境保护项目的收益；β 为社会资本对生态环境保护项目的剩余利润的索取，$0 < \beta < 1$；B 为社会资本的控制权收益，而且，$\dfrac{\partial B}{\partial a} = 0$，社会资本的努力成本函数为 $c(a) = c(a_r + a_\theta)$，$\dfrac{\partial c}{\partial a} > 0$，社会资本的效用函数为

$$\begin{aligned} U &= W + R - c(a) \\ &= \beta f(a_\theta, a_r, \theta) + p + B + [ar(a_\theta, \theta) + (1-a)ra_r] - c(a_r + a_\theta) \end{aligned} \tag{6-30}$$

追求利益最大化是社会资本参与生态环境保护的目标，在此过程中社会资本追求良好声誉是为了获取长期利益。从式(6-29)可以看出，对参与生态环境保护的社会资本而言，良好的企业声誉有助于增加其参与生态环境保护市场上的收益，因此在政府和社会资本合作中，政府通过声誉机制对社会资本实施激励，能够有效地提高社会资本的努力程度和降低道德风险及机会主义行为。当社会资本在参与生态环境保护中由于自身的道德风险声誉受损时，政府或其他社会资本会对该社会资本信誉产生怀疑，并拒绝与其再次合作，社会公众也会对该社会资本产生负向评价，声誉受损的社会资本产品市场份额会明显萎缩，盈利能力快速下降。为了生存和发展，社会资本会采取种种措施重塑社会声誉，重新赢得政府和社会公众的信任，或者加强生态环境保护项目过程控制，提高生态产品质量，旨在树立良好声誉，获得长期利益。

6.4　社会资本参与生态环境保护市场化激励约束机制设计

本章 6.3 节通过模型构建对社会资本参与生态环境保护市场化激励约束机制做了理论说明，不仅对社会资本参与生态环境保护市场化激励约束机制要素作用及相互关系进行了定量化分析，也对社会资本参与生态环境保护市场化激励约束机制运用效果进行了比较，但是这只是一种理论上的、抽象的分析。在社会资本参与生态环境保护市场化激励约束机制实施过程中，该模型还不能直接操作和运用。本节内容主要是将社会资本参与生态环境保护市场化激励约束机制模型中的定量化分析转为定性化阐释，形成具有可操作性的社会资本参与生态环境保护市

场化激励约束机制。

6.4.1　报酬激励约束机制

社会资本参与生态环境保护项目管理一般采用委托代理制，其中政府是委托人，社会资本是代理人。在政府和社会资本关于生态环境保护项目委托代理关系中，社会资本具有逐利性，其参与生态环境保护的主要目的是营利，而生态环境作为公共产品，投资与盈利周期较长。因此，社会资本在参与生态环境保护过程中往往会由于预期收益和现实收益之间的矛盾而产生道德风险，在项目实施过程中出于自身利益最大化考虑而偏离委托人(政府)目标，因此针对参与生态环境保护的社会资本提供激励约束十分必要。本章主要从报酬激励约束、控制权激励约束和声誉激励约束三个方面建立社会资本参与生态环境保护的激励约束机制，这三个方面相辅相成，共同作用。

生态环境保护项目报酬激励和约束对社会资本行为有重要影响，报酬激励约束机制是一个综合体系，本章在研究过程中认为社会资本参与生态环境保护的报酬激励约束机制的主要内容如图 6-4 所示。

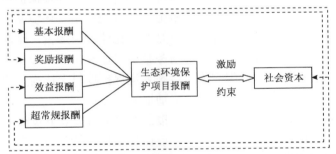

图 6-4　社会资本参与生态环境保护的报酬激励约束机制的主要内容

1)基本报酬。基本报酬是社会资本参与生态环境保护项目的基本身价，较高(或较低)的基本报酬能刺激(或者限制)社会资本参与生态环境保护积极性，因此基本报酬是社会资本参与生态环境保护报酬激励约束机制中最直接的手段。社会资本参与生态环境保护项目基本报酬主要包括社会资本建设和运营生态环境保护项目所付出的成本，以及通过运营生态环境保护项目所获得的收益。当然社会资本参与生态环境保护基本报酬也受社会资本自身条件和市场环境的影响。本书在研究过程中认为社会资本参与生态环境保护的基本报酬影响因素主要包括社会资本的规模、社会资本的经营管理素质和地区平均收入水平等，因而构建社会资本参与生态环境保护项目基本报酬数学表达式如下：

$$A = (X_1 + X_2)(\beta_1 N_1 + \beta_2 N_2 + \beta_3 N_3) \tag{6-31}$$

式中，X_1 为社会资本建设和运营生态环境保护项目所付出的预期成本；X_2 为社会资本运营生态环境保护项目所获得的预期收益；β_1 为社会资本规模调节系数，可按照社会资本资产规模和员工数量多少，将社会资本按照超大型企业、大型企业、中型企业及小型企业四个档次设置相应规模调节系数；β_2 为社会资本经营管理素质调节系数，可以根据社会资本经营者和员工学历水平与从业年龄来设置，本书在研究过程中只给出 β_1 和 β_2 的理论解释，其数值应该结合各地区经济发展和社会资本参与生态环境保护具体情况确定；β_3 为地区平均工资水平调节系数，用地区生态环境保护行业产值和地区生产总值的比值来表示；N_1、N_2 和 N_3 分别为与社会资本规模调节系数所对应的权重、与社会资本经营管理素质调节系数所对应的权重和与地区平均工资水平调节系数所对应的权重，因为社会资本规模和社会资本经营管理素质能够在基本年薪中起决定性作用，权重应该较高，而地区和行业平均工资调节系数应该相对较低，所以本书在此只给出 $N_i(i = 1, 2, 3)$ 的理论解释，具体数值应该结合各地区经济发展和社会资本参与生态环境保护情况确定。

2）奖励报酬。奖励报酬是对社会资本经营和管理生态环境保护项目，确保生态环境保护项目平稳建设和运营风险的酬劳。通过观察生态环境保护项目财务指标和业务流程指标确定生态环境保护项目是否平稳建设与运营，因此社会资本参与生态环境保护项目的奖励报酬应该和财务指标与业务流程指标相关，只要社会资本在参与生态环境保护过程中完成了生态环境保护项目上述指标或保证上述指标达到某一水平，社会资本就应该获得奖励报酬。

社会资本参与生态环境保护项目奖励报酬的确定可按以下步骤进行。

第一，根据评价社会资本参与生态环境保护项目业绩各指标在整个体系中的重要程度，按照专家意见打分法（德尔菲法）确定每个指标权重。

第二，根据社会资本参与生态环境保护行业状况和生态环境保护项目中社会资本历史情况制定各指标的评价标准，可分为优秀、良好、平均、较差和差五个档次，进而确定每个评价标准的标准系数。

第三，计算评价总分，其计算公式为

$$T = \sum t = \sum \left[n_{i1} + \frac{g_{i1} - g_{i3}}{g_{i2} - g_{i3}} (n_{i2} - n_{i1}) \right] \tag{6-32}$$

式中，T 为评价总分；t 为单项指标评价分数；i 为第 i 个指标；n_1 和 n_2 分别为本期基础分和上期基础分；n_{i1} 为本期的第 i 个指标；n_{i2} 为上期的第 i 个指标；g_{i1}、g_{i2} 和 g_{i3} 分别为第 i 个指标本期实际值、第 i 个指标上期标准值和第 i 个指标本期标准值。

第四，将社会资本参与生态环境保护的当期业绩和上期业绩进行对比，得出净增加分数。

第五，设定基本报酬与净增分数之间相关关系。假定每净增一个单位，奖励报酬为基本报酬的 a 倍，则社会资本参与生态环境保护的奖励报酬为

$$B = a(T_2 - T_1)A \tag{6-33}$$

式中，A 为基本报酬；T_1 和 T_2 分别为社会资本参与生态环境保护项目业绩上期评价总分和当期评价总分；a 为奖励的倍数关系，即评级总分每净增一个单位，奖励报酬为基本报酬的 a 倍，具体的 a 值由政府和参与生态环境保护的社会资本协商确定，如果奖励报酬数值小于零，则从社会资本参与生态环境保护项目的基本报酬中扣除。

3) 效益报酬。社会资本在参与生态环境保护过程中，不断提高其努力程度和经营才能，通过经营生态环境保护项目获得超额利润。因此，可以结合社会资本在参与生态环境保护项目过程中的超额利润完成情况给予社会资本相应效益报酬，来激励和约束社会资本。因此，本书在构建社会资本参与生态环境保护项目效益报酬表达式时，充分结合生态环境保护行业的整体情况进行调整，所确立的指标包括净资产收益率、总资产报酬率和主营业务利润。社会资本参与生态环境保护项目的效益报酬表达式如下：

$$C = \beta z_1 \left(M_2^{\frac{z_2}{z_2'}} + M_3^{\frac{z_3}{z_3'}} + M_4^{\frac{z_4}{z_4'}} \right) \tag{6-34}$$

式中，C 为社会资本参与生态环境保护项目的效益报酬；β 为社会资本和政府(生态环境保护项目所有者)对生态环境保护项目超额利润的分配比重；z_1 为生态环境保护项目的超额利润；z_2、z_3、z_4 为社会资本的净资产收益率、总资产报酬率和主营业务利润率；z_2'、z_3'、z_4' 为同行业同规模社会资本的净资产收益率、总资产报酬率和主营业务利润率；M_2、M_3、M_4 分别为对净资产收益率、总资产报酬率和主营业务利润率设定的权重。可以从以下三个方面解释社会资本参与生态环境保护项目的效益报酬表达式。

第一，z_1 是限制性指标。当 $z_1 > 0$ 时，表明社会资本经营生态环境保护项目能够获得超额利润，社会资本有权参与超额利润分享，能够获得生态环境保护项目的效益报酬；当 $z_1 < 0$ 时，表明社会资本经营生态环境保护项目不能获取超额利润，社会资本因此而无法获得生态环境保护项目的效益报酬。

第二，β 与 z_1 紧密相关，且 z_1 相对值越大则 β 取值越大。因为当 z_1 较小时，政府在生态环境保护项目中所承担的未来风险较大，因此 β 会较小；但当 z_1 值较

大时，表明参与生态环境保护的社会资本在同行业中出类拔萃，政府在生态环境
保护项目中所承担的未来风险较小，政府为了继续与社会资本合作参与生态环境
保护，会给予社会资本较高的效益报酬，故 β 会较大。β 的具体值可在政府引导
社会资本合作过程中，由政府和社会资本协商确定。

　　第三，权重 M_2、M_3、M_4 可根据不同社会资本参与生态环境保护项目实际
情况或专家意见，由当地政府自行确定。

　　4）超常规报酬。超常规报酬是对社会资本为生态环境保护项目长远发展所做
出贡献的一种补偿，因此超常规报酬能够对社会资本参与生态环境保护产生长期
激励和约束作用。生态环境保护项目长远发展影响生态环境保护项目未来盈利能
力，但很难在年度经济效益增加值中体现，因此，超常规报酬也可以看作对效益
报酬的一种补充。当社会资本为生态环境保护项目长远发展牺牲眼前利润时，社
会资本的付出理应得到补偿，否则就没有社会资本为生态环境保护项目长远发展
做出努力。本章在研究过程中将社会资本参与生态环境保护的超常规报酬的数学
表达式记为

$$D = C\gamma(X_2 - X_1) \tag{6-35}$$

式中，D 为社会资本参与生态环境保护的超常规报酬；γ 为比例系数，γ 值的确
定应在委托代理合同中由政府和参与生态环境保护的社会资本共同协商决定；C
为社会资本参与生态环境保护项目的效益报酬；X_1、X_2 分别为评价社会资本核
心竞争能力指标往期得分和当期得分。当 $X_1 < X_2$，即评价社会资本核心竞争能力
指标的当期得分大于评价社会资本核心竞争能力指标的往期得分，表明社会资本
为生态环境保护项目长期发展做出了贡献，因此政府应该在确保社会资本其他收
益条件下给予社会资本超常规报酬，从而对社会资本产生激励；当 $X_1 > X_2$，即评
价社会资本核心竞争能力指标的当期得分小于评价社会资本核心竞争能力指
标的往期得分，表明社会资本为了自身利益而忽略了生态环境保护项目长期发
展，政府应该从社会资本的收益中扣除社会资本超常规报酬，从而对社会资本
形成约束。

6.4.2　控制权激励约束机制

　　社会资本所获得的报酬是影响社会资本参与生态环境保护最为直接的因素。
因此，报酬激励约束机制是社会资本参与生态环境保护市场化激励约束机制中的
重要内容之一。但是生态环境保护项目控制权对社会资本参与生态环境保护形成
激励和约束更具意义，因为生态环境保护项目经营控制权不仅能够给社会资本带
来货币报酬，而且能够给社会资本带来非货币报酬。具体而言，社会资本对生态

环境保护项目的经营控制权一方面受来自社会资本参与生态环境保护过程中政府对社会资本的监督约束；另一方面受来自社会资本参与生态环境保护市场的竞争约束。社会资本参与环境保护控制权激励约束机制是一种通过决定是否授予特定控制权即选择对控制权的约束程度来激励和约束社会资本参与生态环境保护的制度。从本质上看，社会资本参与生态环境保护的控制权激励约束机制是一种动态调整社会资本对生态环境保护项目控制权的决策机制，包括是否对社会资本授予生态环境保护项目控制权、如何选择社会资本及将生态环境保护项目控制权授权给社会资本后如何对其进行制约三方面决策内容，决策的结果影响着社会资本参与生态环境保护的努力程度和行为。

控制权机制对社会资本参与生态环境保护的激励作用机理是：通过获得生态环境保护项目控制权，社会资本不仅拥有包括在职消费等的诸多特权，而且在精神层面获得权利本身带来的满足感与成就感。相对于物质激励，控制权对社会资本的激励作用更加强烈与持久。社会资本参与生态环境保护控制权激励约束机制不是由单一要素构成，而是由控制权授予、控制权收益与控制权监督约束三个子机制构成。本书基于这三个方面的内容对社会资本参与生态环境保护控制权激励约束机制展开研究。

首先，社会资本参与生态环境保护控制权授予机制是政府和社会资本合作过程中，根据社会资本在生态环境保护项目中的建设、经营和维护情况决定是否授予或继续授予社会资本对生态环境保护项目控制权的动态过程。在社会资本参与生态环境保护控制权授予过程中涉及授予主体、授予客体及授予标准三个方面内容。

1) 社会资本参与生态环境保护控制权授予主体是政府和社会资本之间关于生态环境保护委托代理关系中的委托人。在引导社会资本参与生态环境保护市场化过程中，政府是社会资本参与生态环境保护控制权激励约束机制的设计者，也是社会资本在生态环境保护过程中具体行为的负责对象，因此，政府在社会资本参与生态环境保护控制权授予过程中扮演着控制权授予主体的角色。

2) 社会资本参与生态环境保护控制权授予客体和其授予主体相对应，是政府和社会资本之间关于生态环境保护委托代理关系中的代理人。社会资本是生态环境保护项目建设、运营和维护的具体实施者，也是生态环境保护控制权激励约束的对象。因此，社会资本是生态环境保护控制权的授予客体，社会资本的行为能够对政府所指定的社会资本参与生态环境保护控制权激励约束机制产生反馈作用。

3) 授予标准为政府（授予主体）决定对参与生态环境保护的社会资本（授予客体）是否授予或是否继续授予控制权，以及政府授予社会资本生态环境保护项目控制权的程度提供依据。授予标准既是衡量社会资本参与生态环境保护项目经营管理能力的标尺，也是政府对社会资本关于生态环境保护项目控制权的授予程度的衡量标准。因此，授予标准既为参与生态环境保护的社会资本提供了建设经营的努力方向，也为政府针对社会资本参与生态环境保护的控制权激励约束机制的实施提供了依据。

其次，社会资本参与生态环境保护的控制权收益机制是指社会资本在参与生态环境保护过程中因为掌握生态环境保护项目控制权而给自身带来的利益，从而对社会资本形成激励和约束。社会资本参与生态环境保护控制权收益机制有诸多表现形式，本书在研究过程中主要从显性控制权收益和隐性控制权收益研究社会资本参与生态环境保护控制权收益机制的表现形式。

显性控制权收益也可以称为显性货币收益，其原因主要在于显性控制权收益的表现形式是货币。社会资本在参与生态环境保护项目中获得显性控制权收益主要表现为社会资本合法经营生态环境保护项目所获得的能够量化的货币收益。社会资本参与生态环境保护显性控制权收益主要包括年度报酬和长期激励两部分内容，具体指社会资本经营生态环境保护项目所获得的工资奖金、福利津贴及保障基金等收益。社会资本在建设和经营生态环境保护项目过程中获得显性控制权收益与生态环境保护项目经济效益成正比，生态环境保护项目经济效益越好，社会资本获得显性控制权收益也就越多。

隐性控制权收益与显性控制权收益相对应，社会资本在参与生态环境保护项目过程中获得隐性控制权收益主要是社会资本所获得的一些难以量化的收益。具体来看，社会资本参与生态环境保护隐性控制权收益包括隐性货币收益和隐性非货币收益两部分。其中，隐性货币收益是指社会资本利用生态环境保护项目控制权进行寻租获得的灰色或黑色货币收益，这部分收益非公开透明，所以把社会资本获得的这部分货币收益称作隐性货币收益。隐性非货币收益表现形式主要包括两方面：一是享受各种有形无形在职消费和各种特权；二是享受多方面精神回报。精神回报主要包括较高社会地位和荣誉带来的成就感、控制和分配资源获得的满足感，除此之外，隐性非货币收益还表现为社会资本自身发展的广阔空间。

最后，社会资本参与生态环境保护的控制权监督约束机制是对社会资本实施生态环境保护项目控制权进行监督的机制。控制权监督约束机制保证了社会资本参与生态环境保护项目控制权是监督之下的权利，本书在研究过程中主要从内部监督和外部监督两个方面来展开对社会资本参与生态环境保护控制权监督约束机制研究。内部监督主要通过内部职能部门监督社会资本对生态环境保护项目控制权，主要对社会资本参与生态环境保护项目的经营业绩和财务管理进行监督；外部监督主要通过法律对社会资本参与生态环境保护项目控制权进行监督，社会资本参与生态环境保护过程中必须依照国家相关法律法规进行经营活动，从而对社会资本的经济行为形成制约。总之，社会资本参与生态环境保护控制权监督机制能够对社会资本的道德风险和机会主义行为产生约束效力。

综上所述，社会资本参与生态环境保护的控制权激励约束机制如图6-5所示。社会资本参与生态环境保护的控制权激励约束机制的有效实施建立在控制权授予机制、控制权收益机制和控制权监督约束机制三者协同作用的基础上，其中控制权收益机制是核心内容，它会对社会资本产生直接的激励和约束作用；社会资本通过控制权授予机制能够获得并调整生态环境保护项目控制权，改善控制权收益，如果缺乏完善的控制权授予机制和科学有效的控制权授予标准，就会导致社会资本参与生态环境保护项目控制权激励和约束发生扭曲；在引导社会资本参与生态环境保护过程中，如果不能建立健全控制权监督机制，就不能对社会资本参与生态环境保护控制权激励约束机制实施过程中的机会主义行为或者道德风险及时反馈和纠正。

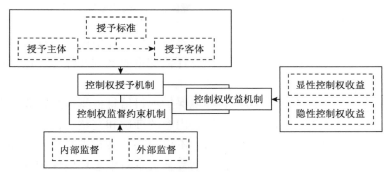

图6-5　社会资本参与生态环境保护的控制权激励约束机制

6.4.3　声誉激励约束机制

在社会资本参与生态环境保护市场过程中，声誉最能反映生态环境保护参与主体在生态环境保护市场的社会地位和经营能力，声誉激励约束机制对社会资本参与生态环境保护市场的作用主要表现为正向激励和负向约束。如果社会资本缺乏一定市场声誉会导致社会资本经营困难，这对社会资本机会主义行为有约束作用；而良好的市场声誉会提高社会资本在市场上的竞争能力，对社会资本经营行为有激励作用。因此，声誉激励约束机制是维系社会资本参与生态环境保护市场有序运作的基础机制之一，建立和完善社会资本参与生态环境保护的声誉激励约束机制是政府实现社会资本参与生态环境保护在精神层面实施激励和约束的重要手段，对政府和社会资本在合作过程中维护自身信誉、扩大合作范围并提高合作程度及合作后期的收益分配至关重要。

声誉激励约束机制作为一种重要的隐性激励契约，与报酬激励约束机制和控制权激励约束机制相互补充。声誉激励约束机制对社会资本参与生态环境保护具有重要意义，但是生态环境保护市场正处于深化改革和发展的阶段，对声誉激励约束机制运用得不够成熟和完善。因此，在社会资本参与生态环境保护过程中，应该从信息披露、声誉评估和声誉市场环境三方面来构建社会资本参与生态环境保护的声誉激励约束机制，如图 6-6 所示。

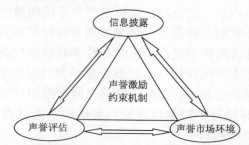

图 6-6　社会资本参与生态环境保护的声誉激励约束机制

第一，信息披露。信息披露是社会资本参与生态环境保护声誉激励约束机制的重要环节，它不仅是社会资本进行声誉评估的重要基础和保障，也是声誉市场良好发展的重要指标。

要建立和完善社会资本参与生态环境保护项目信息披露体系，必须对信息披露制度给予更加明细的规定，确保所披露内容的准确和完整。信息披露制度应该包含两个方面的内容：首先，披露的内容不仅包括社会资本参与生态环境保护项目信息、评审标准和工作流程等，也包括社会资本对生态环境保护项目的运营实施情况和咨询服务等相关信息；其次，针对社会资本参与生态环境保护所建立的信息披露制度，一定要确保信息审批过程公正透明，只有这样才能避免权力寻租和道德风险；最后，应该确保所披露信息准确及时地对外发布。

第二，声誉评估。声誉评估是社会资本参与生态环境保护声誉激励约束机制的关键环节，根据社会资本参与生态环境保护过程中项目实施和运营的具体数据信息所得到的社会资本声誉的评估结果，是判断社会资本经营和管理能力的重要指标，也是政府在生态环境保护过程中选择合作伙伴的重要指标。

建立社会资本参与生态环境保护的声誉评估体系是保证声誉激励约束机制发挥作用的有效手段。在社会资本参与生态环境保护过程中，社会资本声誉主要受两方面影响：首先，社会资本声誉会受政府寻租行为的影响。作为生态环境和保护的重要参与主体，一些政府部门为了最大化自身利益而采取寻租行为，有可能迫使参与生态环境保护的社会资本不能自主决策，而被迫做出一些违背市场经营的决策，从而导致社会资本参与生态环境保护项目运营效果不佳，影响了社会资本声誉。其次，社会资本声誉还受自身机会主义和道德风险的影响，为了在生态环境保护项目中最大限度地获取收益，一些社会资本有可能违背合同或者法律政策，最终导致社会资本声誉受损。因此，在建立社会资本参与生态环境保护声誉激励约束机制时，必须始终把社会资本参与生态环境保护项目的综合收益作为首要目标，对参与生态环境保护社会资本的行为自主权建立评价体系并对其实施和运营效果进行评估，量化社会资本声誉，从而激励社会资本努力工作。

第三，声誉市场环境。培育适合社会资本参与生态环境保护声誉激励约束机制发挥作用的社会环境是社会资本参与生态环境保护声誉激励约束机制有效发挥作用的基本保证。良好的市场环境能够有效促进社会资本参与生态环境保护信息披露体系和声誉评估体系的建立和完善，对激励引导社会资本参与生态环境保护和约束社会资本的机会主义行为具有重要意义。

一般而言，社会环境的培育主要包含法律、伦理道德和意识形态三方面内容。首先，通过法律体系培育社会资本参与生态环境保护市场化充分竞争的市场环境是保证社会资本参与生态环境保护声誉激励约束质量最为直接有效的措施。通过营造充分竞争的生态环境保护市场环境，确保社会资本参与生态环境保护声誉信息精准产生和流畅传递，这是防止声誉机制被扭曲的制度保证。其次，通过伦理道德和意识形态对社会资本参与生态环境保护实施激励约束是必要手段。当前我国社会主义市场经济正处于深化改革阶段，相关法律体系还有待进一步完善，因此伦理道德和意识形态能对法律体系起到补充作用。社会资本参与生态环境保护的职业道德主要表现为诚实守信、维护生态环境保护项目利益及廉洁自律等。

第7章　社会资本参与生态环境保护市场化机制的路径

在系统构建了社会资本参与生态环境保护市场化机制的基础上，本章从社会资本资格、进入条件和进入方式三个方面界定参与生态环境保护的社会资本相关问题，通过刺激对生态环境保护商品的供给与需求、完善生态环境保护商品定价必要条件、规范生态环境保护市场竞争秩序、采取合理激励约束措施及完善生态环境保护产业配套服务体系等方面为社会资本参与生态环境保护市场化机制明确了路径。

7.1　界定社会资本相关问题

7.1.1　社会资本资格与进入条件

生态环境保护是新兴产业，属于高新技术产业，其健康发展对生态建设和环境污染治理具有非常重要的作用。因此，对进入生态环境保护市场的参与主体要进行严格审查，并通过制定一定的标准将不符合条件的社会资本阻挡在生态环境保护市场之外，以免其对生态环境保护市场正常发展造成不良影响。

我国政府可根据生态环境保护市场的需求和资源状况，对生态环境保护产业结构的布局进行调整，通过政策、法律法规明确社会资本的进入条件，标准化进入生态环境保护市场，既要确定什么样的社会资本可以进入生态环境保护市场，又要明确社会资本可以进入哪些生态环境保护领域。进入生态环境保护市场的社会资本数量、公司规模、盈利状况、高级管理人员和技术水平应符合具体生态环境保护项目的要求，生态环境保护项目设立数量也应和当地经济发展水平、环境保护需求一致，以生态环境保护项目的需求稳定市场中社会资本的均衡数量。在社会资本数量均衡的同时要确保进入生态环境保护市场的参与主体能够提供高质量的生态环境保护商品。

7.1.2　社会资本进入领域

目前我国生态环境形势比较严峻，对生态环境保护的需求比较大。但是政府财力有限，生态环境保护市场巨大的资金需求迫切需要社会资本的积极参与。但是，不是所有生态环境保护领域都要引入社会资本，要根据生态环境保护不同领域具有的不同外部性等特征确定不同的市场化程度，从而明晰哪些生态环境保护领域需要社会资本参与，哪些领域要由政府负责。这既能够为社会资本参与生态环境保护指明投资方向，又能对生态环境保护领域进行合理划分，实现生态环境保护市场的可持续发展。

根据第 3 章供求均衡分析对相关概念的界定，生态环境保护分为三大类：污染物防治管理、资源可持续发展和生态环境保护建设。污染物防治管理主要包括固体废弃物污染防治管理、水体污染防治管理、大气环境污染防治管理和土壤污染防治管理等。资源可持续发展是对自然资源的可持续保护，即在对自然资源进行开发与利用的同时对其进行可再生性投入，如在开发森林资源的同时保障森林资源的永续开发利用。生态环境保护建设主要包括生态自然保护和生物多样性保护两大类。到目前为止，我国在生态环境保护的某些领域已经运用了市场化模式，如污水处理领域。但是大多数生态环境保护领域市场化运营才刚刚起步。对这些领域，政府要综合考虑其外部性、专业性、风险性、可操作性等因素。

7.1.3　社会资本进入方式

社会资本是市场经济运行的重要组成部分，同时也是生态环境保护的主要参与者。界定参与生态环境保护的社会资本进入方式，建立生态环境保护市场化机制，才能有效引导社会资本参与生态环境保护建设。

社会资本主要通过以下几种方式进入生态环境保护市场：①使用者付费。其是指由生态环境保护商品和服务的消费者对其进行付费，社会资本通过向使用者收取费用的方式来回收成本和获取收益。②合同外包。政府通过契约方式利用财政资金将生态环境保护商品外包给社会资本，社会资本提供相应生态环境保护商品和服务，并从中获得财政资金补偿。③特许经营。政府通过特许经营方式吸引社会资本参与生态环境保护，社会资本根据所签署合同约定的内容开展生态环境保护相关活动，并从中获取相关收益。政府应当根据其要实现的市场化程度，并结合自身状况，选择对应的市场化方式。

7.2　刺激对生态环境保护商品的供给与需求

7.2.1　生态环境保护商品需求

(1)增强社会公众的生态环境保护意识

社会公众的生态环境保护意识可以体现在人们从生态环境中感受到的效用，

生态环境保护意识的增强意味着生态环境给人们带来的效用增加，从而使人们对生态环境保护商品的支付意愿增加。

生态环境保护意识就是人们在思想和行动上表现出的对生态环境的主动关注与保护及对生态环境保护商品的需求。社会公众的生态环境保护意识主要通过以下途径对生态环境保护商品产生影响：①具有较高生态环境保护意识的人对其所处的生存环境质量要求较高，因此就会非常抵制对生态环境的破坏行为，积极参与生态环境保护活动，主动购买所需要的生态环境保护商品，从而会增加对生态环境保护商品的需求。②社会公众的生态环境保护意识提高之后，会采取许多形式向政府表达自己对生态环境保护商品的需求，政府迫于舆论压力，会增加对生态环境保护商品方面的投入，从而增加对生态环境保护商品的市场需求。③企业生产经营活动所导致的生态环境破坏会受政府及社会公众的监督，在这种压力下，企业会逐渐提高生态环境保护意识，并增加对生态环境保护商品的需求。

增强社会公众生态环境保护意识的主要途径有：①从学校角度出发，采取各种方式向学生普及生态环境保护知识，增强学生的环境保护责任意识。②从政府角度出发，通过各种媒体渠道向全体社会公众宣传生态环境保护的重要意义，同时可以制定一些激励政策，使社会公众能够充分参与到生态环境保护中来。③从社会角度出发，调动民间环境保护组织在生态环境保护中的积极性，带动更多相关组织参与进来。

(2)提高生态环境保护商品质量

根据第3章对生态环境保护商品需求变化内在机理的分析，社会公众对生态环境保护商品需求量直接受其商品质量的影响。因此，可以通过提高生态环境保护商品质量标准来刺激消费者对生态环境保护商品的需求。生态环境问题是长期以来严重制约我国经济发展的重要因素，因而在制定社会资本供给生态环境保护商品质量标准时，既不能像德国、日本那样制定在全国范围必须遵守的较为严格的生态环境保护商品质量标准，也不能像美国生态环境保护市场那样过于灵活，缺少全国范围内统一实行的生态环境保护商品质量标准。我国环境保护产业发展应当立足于自身经济发展水平，并且积极学习发达国家环境保护技术和发展方式，制定出既与国内实际发展状况相符，又能够对生态环境保护商品的质量提供保障的质量标准。我国不同地域之间的自然条件存在差别，为了确保环境保护与经济发展相协调，不同地区应该依据当地实际，以全国统一发布的生态环境保护商品质量标准要求和指导为基础，制定出符合本地区经济发展水平所要求的生态环境保护商品质量标准。

(3)加强对企业排污的监管

必须强化对企业排放污染物行为的监督和管理，提高企业违规排污成本，迫使企业选择污染治理。首先，提高环境监督管理部门的监管水平及监管技术。一方面，在排污企业安装自动监测污染排放设备并与所在管辖区域环境保护部门联网，使环境保护部门能够随时监控企业排污行为，做到事前防范；另一方面，组织专业培训，制定完善的绩效考核制度和奖惩制度，从而提高环境监督管理者监管水平和工作积极性。

其次，要加大惩罚力度。当前我国环境保护法对违法排污行为只进行单次罚款，且罚款金额上限是 20 万元。因为惩罚不够严厉，一些排污企业会选择偷排。因此要对排污企业偷排行为进行严厉处罚或征收高额"环境税"，并将偷排行为超过一定次数的企业记入"黑名单"，使其成为重点监管对象。

7.2.2　生态环境保护商品供给

（1）增加生态环境保护商品供给者数量

根据前面关于生态环境保护商品供给变化影响因素的分析，增加生态环境保护商品供给者数量能够扩大生态环境保护商品供给。因此，我国政府要采取各种手段引导社会资本参与到生态环境保护市场中来。首先，政府要放开对部分生态环境保护市场的垄断，允许社会资本参与。由于生态环境保护属于公共产品，许多生态环境保护项目一直都是由政府投资经营，但是随着市场化经济的发展及我国环境保护需求的增加，政府资金投入有限，迫切需要社会资本广泛参与，因此为了扩大生态环境保护商品供给、提高生态环境保护效率，政府应该结合实际将之前垄断经营的生态环境保护项目交给社会资本来投资经营。其次，政府要制定优惠政策使社会资本参与到生态环境保护市场中来。生态环境保护属于公共产品，社会资本参与的积极性不高。因此我国政府要在放开垄断的基础上，一方面制定优惠政策鼓励社会资本积极参与；另一方面通过合理的定价机制让社会资本参与生态环境保护后能够"有利可图"，增加我国生态环境保护市场的供给者。

（2）提升处理技术和工艺

对生态环境保护商品供给影响因素进行分析可以发现，污染物处理技术和工艺水平的高低会影响生态环境保护商品供给水平。因此针对当前我国生态环境保护商品供给不足问题，社会资本应该提高污染物处理技术和工艺水平，从而降低生产成本，增加生态环境保护商品供给。首先，政府要鼓励社会资本进行污染物处理技术和工艺创新。社会资本在污染物处理技术和工艺水平提升方面有一定的内在动力，但是因为在生态环境保护市场存在较少的竞争者，社会资本进行污染物处理技术和工艺水平提升的积极性不高，需要政府通过税收或补贴等优惠措施来激励社会资本积极主动地提升污染物处理技术和工艺水平。其次，社会资本要加大研究开发力度，增强创新能力。社会资本要加大对污染物处理技术和工艺水平研发的投资，积极学习和借鉴国内外先进的处理技术和工艺，结合自身发展需要，将其转化为适合自己的技术和工艺，同时可以邀请国内外专家进行研发指导，创造出属于自己的技术和工艺。最后，社会资本应当重视培育科学技术人才。先进技术的应用离不开相应的科技人才，只有让员工充分掌握技术和工艺，才能将先进的技术和工艺转化为生产力。

(3)完善市场化运行机制

完善生态环境保护市场化运行机制，引导社会资本积极参与生态环境保护，可以有效提高生态环境保护商品的供给。只有在政府和社会资本之间，构建一种有效的市场化运作机制，合理配置资源并且降低交易成本，才能使社会资本和政府在生态环境保护市场供给上实现均衡，在二者之间展开广泛竞争与合作，充分发挥社会资本在生态环境保护商品供给方面的优势，提高生态环境保护商品的供给量。首先，政府应当减少对生态环境保护市场的准入限制，拓宽社会资本进入领域。在推动生态环境保护市场化进程中，除了那些具有全局意义的领域外，要逐步减少政府对社会资本进入市场的审批程序，使社会资本可以进入更多适合其自身特点的公共产品领域。其次，要继续深化市场经济体制改革。生态环境保护商品供给市场化推进离不开市场和社会主体的发展壮大，只有将市场经济体制改革不断推向深入，才能培育出成熟市场，为生态环境保护商品供给的市场化提供良好的经济基础和社会条件，吸引更多高质量社会资本进入生态环境保护商品供给领域，提升我国生态环境保护商品的供给效率。

7.3　完善生态环境保护商品定价必要条件

7.3.1　明晰生态环境资源产权

产权是在市场经济环境下各市场主体进行经济活动的基础。对产权进行清晰的界定可以规范参与主体行为，合理配置资源。生态环境保护市场化机制顺利实施离不开对生态环境资源产权的界定，清晰的产权是资源相对价格与市场价格一致的前提条件。因此，只有合理确定生态环境产权才能保证生态环境产权市场的健康发展。

对生态环境资源产权进行界定，首先要明确其所有权，同时也包含对占有、使用、收益权的界定。除空气、阳光等纯公共物品外，绝大部分的自然资源都理应界定产权。例如，水、土地、石油、各种矿产等稀缺资源，都应在法律上对其产权进行界定。在对其产权进行界定之后，要将其划分，并且在市场上对已经划分的产权进行交易。对实在无法进行产权界定的生态环境资源，要由国家采取措施对其加强监管，保证社会公众利益免受损害。通过生态环境资源产权的交易，可以让更多市场主体拥有某些生态环境资源的产权，并采用租赁等方式将生态环境资源的所有权和使用权进行分离，以促进生态环境资源使用效率的提高。

7.3.2　成立专门价值核算机构

社会资本供给的生态环境保护商品定价机制中产权价值和补偿成本的价值核算应该由物价局来负责，但是考虑到定价的公平与效率，本书建议由物价局代表政府发起，社会资本和社会公众参与，成立专门的生态环境保护商品价值核算机构。这个机构是在物价局、社会资本和社会公众监督下成立的第三方定价组织，并且该组织的财务权和人事权需要独立于政府和社会资本之外。因此该组织的第三方定价委员会成员至少应当包括行业代表、民众代表，以及生态环境、财务、法律方面的专家，同时组织经费应当由当地政府的财政出资。第三方定价机构的主要职责就是负责核算社会资本供给生态环境保护商品的产权价值和人工价值，并汇总生态环境保护商品的人工成本、产权价值和补偿成本，得出生态环境保护商品总价格。在成立第三方定价机构时，要明确以下内容：第三方定价委员会的人员构成、经费来源、运作流程、定价方法、管理制度、定价周期等。

7.3.3　建立价格听证制度

根据前面的分析，在核算生态环境保护商品人工价值时，需要社会公众积极参与，而社会公众可以通过访谈会、听证会、讨论会等方式参与。目前，在立法、行政决策过程、执法监督、行政许可等领域中听证制度都有较为广泛的应用。在进行定价的过程中引入价格听证制度，在很大程度上拓宽了社会公众参与的途径，促进了定价过程逐渐步入民主化、法制化、透明化。

但是，我国当前在生态环境保护商品价格决策过程中还没有引入价格听证制度，如污水处理收费，都是政府制定价格区间，由污水处理企业自由定价。考虑到价格听证制度在众多领域中应用的广泛性，以及起到的重要作用，有必要在生态环境保护商品定价过程中引入价格听证制度。

价格听证制度在实施过程中还面临一些亟须正视和解决的问题，如价格听证会主办方的条件和中立性，过程公示、代表遴选的公平性和代表性，记载内容的法律约束力，听证会意见和一般社会公众意见的关系等。

7.4　规范生态环境保护市场公平竞争秩序

(1)制定相应规章制度

我国生态环境保护市场中的地方保护主义问题比较严重并且存在行政管理上的条块分割，使生态环境保护市场秩序混乱，不利于我国生态环境保护市场的健康发展。因此政府应当在金融和财税等领域制定相应规章制度、在价格管理等方面采取一定措施，给社会资本提供公平、公正、公开的市场竞争环境，保证社会资本参与生态环境保护市场化机制顺利运行。市场经济的正常运行离不开政策法规的规范与约束，所以政府应该就生态环境保护市场制定相应的政策法规，对违法违规行为进行治理，维护生态环境，保护市场的公平竞争秩序。这就需要对生态环境保护市场的市场准入、产品质量检测、生产许可及检验审查等进行规范和统一。

（2）促进大中小环境保护企业均衡发展

推动市场主体之间有效竞争，协调大、中、小环境保护企业间的竞争行为，保障其健康发展。一方面，要为中小环境保护企业创造合适的发展条件。在生态环境保护市场中，中小企业最为活跃，不仅能够有效带动就业，而且能够推动社会经济发展，使其成为生态环境保护市场新的经济增长点。但是，这些中小环境保护企业可能会产生过度竞争。因此为了避免中小环境保护企业给生态环境保护市场带来盲目性，需要政府对它们进行规范和引导，根据企业具有的优势选择适合的生态环境保护项目。另一方面，要扶持大型环境保护企业的发展。通过促进环境保护领域技术改革和产业升级，培育出生态环境保护市场的龙头企业，使其带动整个生态环境保护市场发展，实现生态环境保护市场规模效应。鼓励实力相当的大型环境保护企业并购重组，实现人力、物力等资源的优化配置，形成以大型环境保护企业为核心、各种中小型环境保护企业公平竞争的产业形势。

（3）强化对市场行为的监管

生态环境保护市场发展质量的好坏，很大程度上取决于发展环境优劣，而要优化发展环境，就要发挥政府及其职能部门的作用，加强对市场行为的监管。政府必须对市场进行监督管理，构建完整高效的监管体系，重点是整合工商行政管理局、环境保护等领域政府管理资源和监管队伍，形成政府对生态环境保护市场的监管合力。政府还应该建立生态环境保护市场相应的监督和执法体系，把对价格的监督作为工作重点，严厉打击不公平的价格竞争和欺骗行为，同时对环境保护市场违规交易行为进行严处。

7.5 采取合理激励约束措施

7.5.1 激励措施

（1）增大财税政策对社会资本投资的引导和扶持力度

对投资额大、回收期限长、风险较大的生态环境保护相关项目，政府要进行财政补贴，以吸引社会资本参与。政府要给予社会资本参与的生态环境保护项目税收优惠政策，如投资的税收抵扣和减免等，减轻社会资本的纳税负担，提高社会资本投资生态环境保护项目的积极性。

(2)实行政策补偿制度

为了吸引社会资本投资生态环境保护领域，同时降低其投资风险，政府可以制定补偿制度。如果某生态环境保护项目的投资报酬率比平均收益率低，则政府可以通过价格补贴等各种补偿制度来维持社会资本的最低收益水平。对给予环境保护企业贷款优惠的各个银行进行利息补偿，鼓励银行向环境保护企业贷款，促进社会资本向生态环境保护领域投资。

(3)改进维护投资者利益的法律体系

发达国家法律法规体系较为完善，生态环境保护项目的投资报酬率较高且风险较低，很多有实力的社会投资者都纷纷进入生态环境保护领域，但是我国生态环境保护市场化起步较晚，缺少规范的法律体系进行严格监管。面对资金回收周期长、投资成本高的项目，风险往往是投资者最注重的因素，项目运行过程没有相应的政策法规保障其合法权益，且具有较大的投资风险，这些使投资者不愿意进入生态环境保护领域。所以，要想吸引社会资本参与生态环境保护，必须完善和改进法律体系来维护投资者的合法权益。

7.5.2　约束措施

(1)政府监督

政府监督的目的是防止市场机制失灵、促进市场公平竞争、保障社会公众利益不受损害。政府对市场监督管理有利于市场有序运行，是市场化机制实现的基础。政府主要从以下几个方面对生态环境保护领域社会资本进入和运营进行监督：第一，社会资本资质的审查、监管。生态环境保护关系国计民生，在吸引社会资本参与生态环境保护方面，要严格审查条件，对社会资本资金规模、员工人数、环境保护相关技术水平、在行业里的声誉等审查核实，若存在资质较差、弄虚作假、套取财政补贴等行为，要做出惩罚，并取消其参与资格，并在相关部门备案。第二，运营期间的监督。对经营生态环境保护项目的社会资本，政府要组织专业机构对运营情况进行评价、监督，对生产的生态环境保护商品或提供的服务进行定期检查和评价，并且对社会资本在运营期间的努力程度进行系统评价。如果发现生产的生态环境保护商品或提供的服务数量和质量没有达到预期标准，或者在项目运营期间社会资本存在"偷工减料"，则根据实际情况给予一定惩罚，以此来约束社会资本在生态环境保护项目运营期间的行为。

(2)公众监督

随着市场经济不断发展，市场范围不断扩大，政府的监督难度也在逐渐增大，这些因素都造成政府监管工作中不断出现纰漏，因此社会公众监督就成为政府监督的必要补充。随着社会信息化程度的逐渐增强，社会公众的舆论效应对企业形象及产品接受程度等都会产生很大影响。与此同时，政府相关部门执法情况也会受社会公众监督。

为了让社会公众充分发挥监督权利，政府应该向社会公众发布环境保护企业名单、地址、生产工艺、环境保护治理情况等信息，给社会公众提供监督举报的条件。政府部门在接到社会公众的举报后要及时去现场核实情况，一方面要督促相关环境保护企业改正不良行为，并视情节给予一定惩罚；另一方面，对检举有功的社会公众提供一定嘉奖，激励他们继续实行监督权利。

社会公众的监督有时候也不是完全理性和真实的，社会公众有可能一时冲动或者为了蝇头微利，做出非理性的监督行为，给相关企业带来不必要的损失。因此，在社会公众监督力量不断增强的今天，政府必须配套以完善的政策法规，对社会公众的监督行为既要有激励也要有适当约束。

7.6　完善生态环境保护产业配套服务体系

7.6.1　完善投融资机制

（1）改善社会资本投资环境

加强对社会投资产业的引导，改进前置考核办法，减少不必要的流程和手续。根据公共投资行业特点，采取市场经济导向的项目组织形式和投资形式，如公开招标、特许经营等，鼓励和引导社会资本进入生态环境保护领域。不管社会资本选择哪一种进入形式，都应当为各个投资主体获取合理收益提供保障，保证市场公开、透明和公平竞争。

加大对政府投资信用管制力度，为社会资本投资提供政策保障。规范政府与社会资本之间的投资经营契约，强化双方权利义务的有效约束，用法律约束政府与社会资本的权利与义务。通过公开招标选择环境保护基础设施、建设用地、承包商，避免"暗箱操作"。

（2）完善社会资本融资环境

构建多层次的社会资本融资模式，为中小社会资本融资提供便利条件。不同规模的社会资本对融资担保存在着较大差异，这就要求为此提供服务的银行和担保系统与之相对应。应当构造"不同规模的银行联合经营，在国有银行的基础之上发展民营与外资银行，各区域银行互相协作"的多层次银行体系。鼓励有实力的社会资本创立民营金融机构，特别为一些大型银行还无法顾及的地区提供金融服务。

创建多元化的生态环境保护融资系统，为社会资本参与生态环境保护提供更多融资模式。具体可以采取以下方式：①在政府支持下将社会资金集合起来，成立环境保护产业基金，支持生态环境保护建设；②对收益明确且风险较低的生态环境保护项目，可以批准其以项目收益权和经营权为质押申请贷款；③支持以发行债券等方式筹集资金。

7.6.2　构建信息和技术交易体系

为推进我国社会资本参与生态环境保护市场化的发展，应该选择一些具备条件的地区，进行试点建设环境保护产业信息和技术交易市场，综合分析市场运营状况、效果等，总结经验教训，将有益经验逐步推广到各个地区。同时，要把信息技术融入生态环境保护市场建设，与发达地区进行互联，掌握目前最新产业发展动态、市场需求及技术手段等。要将该市场作为一种中介，向环境保护企业传递技术信息、提供技术服务，将国外先进环境保护技术引入当地环境保护市场，同时鼓励当地先进的环境保护技术走向国际环境保护市场。

7.6.3　设立风险投资体系

要促进我国生态环境保护产业发展，不仅要有各级政府提供相关政策作为支撑，还要有完善的风险评估与防范体系提供保障。一方面，要建立完善的投资风险评估及防范机制，尤其是对那些使用新技术和新工艺的环境保护产业，同时为了防范社会环境可能发生的状况，也要构建相应的风险评估与防范体系；另一方面，要设立风险基金，以应对环境保护投资可能面临的各种突发状况。尤其是对环境保护设备与技术方面的投资，政府要与社会资本一起承担投资于这些方面所面临的风险，进而使社会资本更有信心对生态环境保护产业进行投资，并最终推动我国社会资本参与生态环境保护市场化机制健康发展。

第8章 社会资本参与生态环境保护市场化机制的政策体系

本书前述章节主要阐述了社会资本参与生态环境保护市场化的现状、国外经验和启示、各项子机制构建和作用机理及促进社会资本参与生态环境保护路径分析,本章主要从社会资本参与生态环境保护市场化机制的法律法规、社会资本参与生态环境保护市场化机制的政策引导和社会资本参与生态环境保护市场化机制的运营管理三个方面阐述了引导社会资本积极参与生态环境保护市场化的保障措施,从而确保社会资本参与生态环境保护市场化机制能够科学规范和持续运行。

8.1 社会资本参与生态环境保护市场化机制的法律法规

法律法规为市场经济提供了一种行为规范,是市场经济有效运行的重要保障。当前我国社会资本参与生态环境保护市场化正处于起步和发展阶段,市场化相关机制并不健全,我国生态环境保护整体水平受到了极大限制。因此针对社会资本参与生态环境保护状况,通过建立健全法律法规体系,为社会资本参与生态环境保护提供一个公平、公开和公正的市场环境,引导和促进生态环境保护市场主体积极合作并且有序竞争,确保合作竞争机制在生态环境保护市场发挥作用,有效促进和保障生态环境保护的市场化进程,从而提高生态环境保护效率和实现资源优化配置。

8.1.1 完善主体事权的法律法规

社会资本参与生态环境保护涉及责任主体较多,因此在建立社会资本参与生态环境保护市场化机制时,应该通过制定相关法律法规明确各方市场主体事权和职能。本书认为,应该从政府、社会资本和社会公众三方面界定社会资本参与生态环境保护责任主体的职能,从而保证各市场主体权责明确,各司其职,进而提高社会资本参与生态环境保护整体效率。

(1)政府事权

长期以来我国政府在生态环境保护中占据着主导地位,既作为行政管理者对生态环境保护法律和政策进行监督，又作为公共产品或服务提供者提供生态环境保护商品。结合我国生态环境保护发展现状，引导社会资本参与生态环境保护，有助于实现政府和社会资本的"双赢"，因此在制定社会资本参与生态环境保护市场化机制法律法规时应该强化政府以下方面事权。

首先，制定环境保护法规和规范环境保护市场。法律法规制定对我国社会资本参与生态环境保护市场化机制具有重要指导意义，我国政府在制定和完善相关法律时，不仅要赋予社会资本参与生态环境保护的法律权利，保障社会资本参与生态环境保护的权益，而且要不断完善地方政府各项法律制度，从而突破社会资本进入生态环境保护领域制度方面的障碍，弱化生态环境保护市场政府垄断。

其次，出台政策调控生态环境保护市场。引导社会资本参与生态环境保护必须在强调前瞻性和指导性的同时加大科学规划力度，不仅要求地方政府科学严谨、实事求是地制定出各具特色的规划，而且要求中央政府充分结合地方政府规划制定系统、连贯的整体规划。从宏观层面来看，国家应该结合引导社会资本参与生态环境保护宏观规划，制定出一系列具有普遍性特点的激励和约束政策；从微观层面来看，地方政府应该结合当地实际情况，基于国家宏观政策制定出符合自身社会经济发展、内容丰富、各具特色的政策体系，来引导社会资本参与生态环境保护。

最后，监督管理生态环境保护市场。政府应该积极完善社会资本参与生态环境保护信息公开和分享制度，建立社会、舆论等多方面的监督体系，并不断完善监督手段，丰富生态环境保护监督主体，实现效率更高的新型监督管理体制。

（2）社会资本事权

社会资本是我国社会主义市场经济发展的重要组成部分，引导社会资本参与生态环境保护可以有效地促进生态环境保护产业市场化，提高我国生态环境保护整体效率和水平。为此在制定社会资本参与生态环境保护市场化相关法律法规时，应该明确社会资本的以下事权。

首先，实施技术创新和生产工艺创新。在引导社会资本对生态环境的保护过程中，积极实施技术创新和生产工艺创新，通过提高资源利用率来减少生产过程中的资源消耗，同时减少生产过程中生态环境污染物排放，从而减轻生态环境保护市场主体生产活动对生态环境的破坏和污染。

其次，落实环境类收费和排污权交易。社会资本应该严格落实在生产过程中的各项环境类收费和排污权交易制度，将生态环境破坏和污染的外部成本内化于企业生产成本，从而引导和激励社会资本积极参与生态环境保护。

最后，规范生态环境保护商品的市场竞争。社会资本是生态环境保护市场化最重要的主体，应该鼓励和引导社会资本积极参与生态环境保护商品生产，同时针对生态环境保护商品市场社会资本竞争行为进行约束和规范，引导生态环境保护商品市场建立公平、公正和公开的交易制度，促进生态环境保护市场健康有序发展。

(3) 社会公众事权

生态环境和社会公众日常生活息息相关，社会公众是良好生态环境的直接受益者，也是生态环境恶化的受害者，保护生态环境直接关系到社会公众的权益。因此制定社会资本参与生态环境保护市场化机制法律法规时，应该强化社会公众以下三方面事权。

首先，提高社会公众生态环境保护意识。社会公众的生活和生产活动是生态环境污染和破坏的主要原因之一，为了提高社会公众的生态环境保护意识，法律法规应该明确规定社会公众缴纳生态环境污染和破坏相关费用，将生态环境保护理念融入社会公众生活，促使社会公众培育绿色消费观念，刺激我国经济生产和消费模式转变，从而减轻生态环境的污染和破坏。

其次，落实生态环境保护商品付费。法律法规应该规定社会公众为使用生态环境保护商品付费，确保社会资本参与生态环境保护能够获得预期收益，从而引导和激励社会资本积极参与生态环境保护商品生产，减轻对生态环境的污染破坏。

最后，监督政府或企业的生态环境保护执行情况。法律法规应该明确规定社会公众对生态环境的监督权，积极鼓励社会公众参与生态环境监督，充分利用法律权利投诉或举报政府或企业的生态环境违法问题，并对其生态环境保护工作实施常态化监督。

8.1.2　优化参与理念的法律法规

权利和义务是法律的核心内容，西方发达国家已经把环境权作为社会资本的一项基本权利，在法律制定和执行过程中不断完善，相比较而言，我国当前社会资本参与生态环境保护市场化的理念和思路存在诸多不完善的地方，而且在实践中一些地方往往是经济发展优先，而忽视了生态环境保护的功能；社会资本仍然以末端参与为主导，缺乏源头控制的原则规定。

(1) 强化社会资本末端治理和源头控制并举

以末端参与为主的传统生态环境保护立法观念导致社会资本参与生态环境保护主要集中在环境污染治理基础设施建设方面，这不利于我国生态环境法制体系的优化和生态环境保护的发展。为了进一步提升我国生态环境保护的整体效率，应该加快推动生态环境保护立法理念的适应性变革，积极探索出一条促进我国生态环境保护市场化的立法理念，从源头控制和末端治理两个方面引导社会资本参与生态环境保护，从而拓宽生态环境保护的投资渠道。为此，不仅要完善生态环境保护末端法律监管机制，不断完善和细化《中华人民共和国大气污染防治法》

《中华人民共和国水污染防治法》《中华人民共和国海洋环境保护法》等法律在环境污染治理相关方面的规章细则，还应该建立生态环境保护的源头控制机制，突出《中华人民共和国森林法》《中华人民共和国矿产资源法》等法律对自然资源的优先保护，加强对循环经济、清洁能源和企业清洁生产方面相关的立法。

(2)强化社会资本污染防治和生态建设并重

我国在生态环境保护具体实践中往往偏重于环境污染治理，而不注重生态保护，如我国在环境污染治理和资源管理方面迄今为止已制定和颁布了一系列法律法规，但是围绕生态保护和建设还没有建立科学完备的法律体系，仅有少数生态环境保护的法律法规只是强调保护生态环境的经济价值，而对生态保护和建设的重视程度不够。因此在不断完善环境污染治理相关法律法规的同时，建立健全生态保护和建设立法十分必要，对引导社会资本参与生态保护和建设具有重要意义。

生态保护与建设是对"谁污染谁治理、谁开发谁保护"的环境保护基本原则的具体体现，污染者治理性修复和开发者还原性修复是生态保护与建设的主要内容。相较于生态环境污染防治的"治标保护"，生态保护与建设是"治本保护"，是改善生态环境质量，抑制生态环境恶化最根本的方法。因此，要尽快加强社会资本参与生态保护法律制度建设。

首先，我国应该制定适用于全国范围针对生态环境保护与建设的法律体系，对生态环境保护与建设做出综合性规定。其次，在生态环境保护法律制度中将生态保护与建设置于与环境污染防治同等的地位，突出生态保护与建设的重要性，并对其具体措施、责任主体及其分配规则、社会公众参与程序、资金来源与保管及监管等具体内容做出详细规定。最后，我国应该针对生态保护与建设制定严格的监管制度。生态环境保护与建设监管制度内容设计应致力于实现科学严格标准、全面具体规定。生态环境保护与建设监管的责任主体、责任范围、具体监管措施、权利义务内容，生态环境保护与建设监测指标设计原则、监测指标应用标准等都应是生态环境保护与建设监管制度必须具备的内容。

8.1.3　规范市场竞争的法律法规

在我国逐步推进生态环境保护市场化背景下，生态环境保护市场主要依靠《中华人民共和国反不正当竞争法》《中华人民共和国价格法》《中华人民共和国反垄断法》等一系列法律法规来调节和规范生态环境保护市场竞争，从规范社会资本参与生态环境保护主体的市场行为、鼓励和保护生态环境保护市场公平竞争及稳定生态环境保护商品价格三方面来维护生态环境保护商品生产者和消费者的利益，但是随着社会资本参与生态环境保护对我国生态环境保护市场化的不断促进，这种法律体系存在的问题也逐步显现，如一些法律法规存在重叠与冲突；一些较为模糊的法律表述影响了执法效率；惩处力度相对较弱难以对不规范的市场竞争行为形成约束；等等。为了确保社会资本参与生态环境保护效益，应该在已有的法律体系下，规范和完善社会资本参与生态环境保护市场化竞争的法律法规，为社会资本参与生态环境保护市场主体营造良好的法律环境和竞争秩序。

　　(1)强化《中华人民共和国价格法》和《中华人民共和国反垄断法》对生态环境保护商品市场价格的监管

　　《中华人民共和国价格法》对生态环境保护商品市场价格的监管应该侧重于以下三个方面：首先，应该充分肯定价格主管部门对生态环境保护商品价格管理的积极作用，明晰社会资本参与生态环境保护的定价模式和价格管理模式，并通过法律制度来不断强化定价方式和程序制度创新；其次，应该针对政府关于生态环境保护商品价格监督和管理的范围、政府直接定价和政府参与定价的商品种类，以及政府对生态环境保护市场的宏观调控的付费方式和手段进行合理的界定；最后，应该通过法律的形式建立对生态环境保护商品价格数据采集和分析系统，从而维持生态环境保护商品市场价格稳定，以及对生态环境保护商品价格所面临的危机进行有效处理。

　　针对生态环境保护市场的垄断行为所导致的生态环境保护商品价格扭曲，应该通过《中华人民共和国反垄断法》来进行有效的管控，从而确保生态环境保护商品生产者和消费者利益得到保障。为此，应该从以下四个方面强化《中华人民共和国反垄断法》对生态环境保护商品市场价格的监管：第一，厘清社会资本参与生态环境保护市场的重要相关法律概念及其相关责任主体的法律责任；第二，针对社会资本参与生态环境保护市场的垄断行为，应该从立案、听证和查处程序，经营者集中申报、听证和审查程序，以及未依法申报经营者集中调查处理程序等方面积极完善；第三，细化社会资本参与生态环境保护市场反垄断宽恕制度内容；第四，不断加大社会资本参与生态环境保护市场垄断行为的集中处罚力度。

　　(2)强化《中华人民共和国反不正当竞争法》对生态环境保护市场行为的约束

　　为了促进社会资本参与生态环境保护市场化的良好发展，应该积极强化《中华人民共和国反不正当竞争法》对生态环境保护市场行为的约束，首先，应该引导和鼓励社会资本参与生态环境保护市场的公平竞争，保护生态环境保护商品生产者和消费者的合法权益；其次，应该不断丰富社会资本参与生态环境保护市场经营主体和不正当竞争行为的内涵，从而不断扩大调整范围和对象。

8.1.4　健全市场监管的法律法规

　　生态环境监管法律体系是环境保护法律体系的重要组成部分，根据发达国家的经验，有效监管必须以健全的法律为基础，因此要求立法先行，监管立法是整个监管体系设计中最为基础的部分，也是其他监管制度建立的基础和前提。所以必须在法律中明确政府监管机构的组织机构和职能，明确政府和社会资本之间的市场关系，使在生态环境保护领域，政府和企业之间不仅仅是一种责任和义务关系，还应该建立政府和市场之间的经济关系，规范政府和市场的经济行为。通过对社会资本参与生态环境保护实施法制化监管，来明确社会资本参与生态环境保护相关主体的责任和义务，以及监管程序和内容，从而确保社会资本参与生态环境保护监管活动公开、公正和透明。

(1)规范生态环境监管法律体系的设计

首先，完善生态环境保护程序法制制度。放宽环境诉讼起诉资格，根据环境权及环境纠纷特点，构建诉讼程序与非诉讼程序相互衔接，司法、行政、社会自律相互协调，公力救济与自力救济相互补充的环境纠纷解决程序法制制度。

其次，中央政府和地方政府生态环境监管法律体系应该协调统一。地方政府生态环境保护部门应该基于中央政府现有的关于生态环境监管的法律体系，不断突出和强化地方政府生态环境监管法律体系特色。一是地方政府生态环境监管立法要结合当地实际情况，集中解决问题比较突出的事项；二是要全面细化和明确地方生态环境监管立法中的各项规章，形成一个充分涵盖各地方污染物防治管理、自然资源可持续利用，以及生态建设和保护等方面的生态环境监管法律体系。

(2)明确社会资本参与生态环境保护的管理部门

目前我国针对社会资本参与生态环境保护的法律并没有明确规定相关项目的管理部门，从而出现了社会资本在参与生态环境保护过程中政出多门、职权交叉、职责模糊不清的尴尬局面。这导致社会资本参与生态环境保护项目实施过程中，各部门之间的沟通不畅、信息不对称，各部门之间的政策标准和工作流程有所不同，必然给投资者实际操作增加额外时间和经济成本。为此，应该在相关法律体系中明确规定社会资本参与生态环境保护项目管理部门，并设立专门社会资本参与生态环境保护专业辅助机构，给社会资本参与生态环境保护项目实施提供通畅服务，解决社会资本参与生态环境保护项目政出多门带来的不便，协助地方政府处理社会资本参与生态环境保护项目相关问题，协调部门、层级之间的工作，总结社会资本参与生态环境保护发展的经验等。

(3)加大管理部门的执法力度

生态环境保护部门执法力度不够，往往会进一步加剧生态环境污染和破坏。因此，本书认为生态环境保护执法部门应该不断加大生态环境保护执法力度，突破生态环境保护执法过程中各种障碍，确保社会资本参与生态环境保护相关法律法规能够真正落实，促使政府部门对生态环境的监督职能不断强化。

首先，应该不断强化管理部门的执法权力。生态环境执法能够为社会资本参与生态环境保护提供保证，进而确保生态环境保护商品数量和质量。社会资本参与生态环境保护涉及责任主体较多，一旦社会资本参与生态环境保护项目出现可预期或者不可预期风险，造成损失，执法部门应该立即采取措施，依法依据明确各方市场主体的责任，进行公开、公正和公平执法，将风险降到最低程度，从而为引导社会资本参与生态环境保护营造良好的环境。

其次，应该加大对生态环境污染企业的执法力度。生态环境保护执法部门应该依据生态环境保护各项相关法律法规对部分生态环境污染严重企业进行严肃整改或坚决取缔，针对已经被依法关停或将关停的生态环境保护污染企业，政府应该按照生态环境保护相关法律法规及国家产业政策相关要求，对其依法进行资产转移，统一指导这些企业进行产业结构和产品结构调整，积极发展生产过程无污染、少污染或者资源低消耗的企业，切实防治环境污染和生态破坏，保护和改善生态环境。针对生态环境污染企业的超标排污行为，责令其限期治理是我国生态环境保护相关法律法规的一项重要规定。

（4）优化执法绩效评估制度

通过建立和优化执法绩效评估制度来提升生态环境保护执法效率，这是促进我国生态环境保护法治建设的重要手段。针对一些严重污染和破坏生态环境的企业，相关生态环境保护部门可以依据《中华人民共和国环境保护法》采取停业改造、查封扣押、行政拘留，以及罚款上不封顶等法律措施对其进行处罚。与此同时，政府必须通过建立科学规范、操作性强的执法绩效评估体系，强化对生态环境保护相关部门执法漏洞的监督约束和责任追究，从而提高生态环境保护执法效能。为此，应该从两个方面来对生态环境执法绩效评估制度实施优化。首先，应该不断规范生态环境执法的程序，通过建立和创新生态环境保护执法新模式，来降低生态环境保护执法成本；其次，应该积极引导第三方参与生态环境保护执法绩效评估，从而确保生态环境保护执法绩效评估客观公正；最后，应该建立生态环境保护执法信息采集和分析系统，对生态环境保护执法效果进行科学评估，从而发现生态环境保护执法过程中存在的问题。

8.2　社会资本参与生态环境保护市场化机制的政策引导

当前我国生态环境保护产业发展政策大部分分散于不同的政策体系之中，还没有形成一个完整的体系，尤其是针对社会资本参与生态环境保护市场化的政策相对较少，如除了对工业污染治理、垃圾处理及水污染治理少数几个环境保护行业给予相关政策优惠来扩大该类项目的固定资产投资外，我国还没有进一步针对生态环境保护其他相关行业制定专门政策法规来引导社会资本参与生态环境保护。因此，为了进一步促进我国社会资本参与生态环境保护市场化发展，有必要针对社会资本参与生态环境保护的政策体系进行完善，为社会资本参与生态环境保护市场化机制营造一种良好政策氛围。

8.2.1　平衡供给和需求

面对日益显露的生态环境问题及生态环境保护商品供给不足状况，中央政府和地方政府不断加大对生态环境保护商品投资力度，陆续推出了各种支持生态环境产业发展政策，这种良好的政策环境使生态环境保护商品供给在一定程度上得到改善。随着我国社会主义市场经济不断发展，社会资本逐步成为生态环境保护商品新的供应主体参与生态环境保护，这进一步推动了生态环境产业市场化进程。但是从目前我国生态环境保护产业发展来看，我国生态环境保护商品的供给依然不能满足经济社会发展需求，而且生态环境保护商品价格属于供给主导型，即生态环境保护商品价格受市场供给影响大于受市场需求影响。因此，积极制定并完善促进生态环境保护商品供给和需求均衡的政策，可以有效扩大生态环境保护商品的生产规模，提高我国生态环境保护的效率。

(1)创新投融资机制来扩大社会资本参与生态环境保护的投资规模

目前，生态环境保护融资渠道单一是限制中国生态环境保护效率和水平提高的重要原因之一。现有的生态环境保护投融资针对社会资本的参与机制并不健全，使社会资本投资生态环境保护项目面临着诸多限制，大量的社会资本处于闲散状态，在生态环境保护领域不能被充分利用。为此，应该不断打破生态环境领域的产业垄断和投资壁垒，扩大社会资本参与生态环境保护规模。与此同时，为了确保生态环境保护商品规模扩大和质量提升，应该合理调整社会资本参与生态环境保护资质，把竞争限制在合格的社会资本范围内，不仅要科学引导具有资金优势的国有企业积极参与生态环境保护投资，而且应该积极引导相对而言具有技术优势或者管理优势的社会资本参与生态环境保护领域。

(2)优化社会资本参与生态环境保护的投资结构

当前，我国生态环境保护普遍注重末端治理。因此社会资本参与生态环境保护主要集中在生态环境保护的基础设施建设方面，尤其是在水污染治理、垃圾处理等领域较为集中，对环境污染综合治理、生态建设和保护等生态环境保护的其他领域的参与程度较低。与此同时，社会资本长期以来很少参与包括生态环境监测、生态环境咨询在内的生态环境保护服务领域，从而影响了生态环境保护产业结构的合理化，导致社会资本参与生态环境保护的整体效率较低。因此有必要制定相关政策来引导社会资本参与生态环境保护投资结构趋于合理化。

首先，拓展社会资本参与生态环境保护投资领域。不断引导社会资本参与生态环境污染综合治理、生态建设和保护及生态环境服务等与生态环境保护相关的领域，促进生态环境保护整体水平提升。

其次，制定技术政策为生态环境保护企业提供明确技术导向和生态环境保护产业发展方向，引导企业投资和调整产业结构，促进产业技术进步。

最后，针对各行业制定污染防治相关政策。工业生产是生态环境污染物排放的主要来源，尤其是草浆造纸工业、印染工业、酿造工业和皮革工业等行业。因此针对这些行业强化相关污染物排放和治理技术政策能够从源头上遏制生态环境的恶化；除此之外，针对城市污水治理、城市生活垃圾处理，以及空气污染治理制定具体的有针对性的污染防治相关政策，能够显著改善生态环境保护末端治理实施效果。

(3) 促进社会资本参与生态环境保护市场化的区域平衡

社会资本参与生态环境保护市场化的区域平衡政策是指政府依据各区域社会资本参与生态环境保护市场化发展水平和特点，通过利用多种政策措施和经济杠杆，实现区域协作，促进区域间社会资本参与生态环境保护市场化的相对平衡，从而促进各地区经济、社会和生态环境相互协调发展。社会资本参与生态环境保护的区域平衡政策的目标是实现我国社会资本参与生态环境保护的合理布局，其实质就是促进我国生态环境保护产业的合理布局，以实现生态环境保护各类资源的最优配置。为此，应该从以下两个方面完善社会资本参与生态环境保护市场化的区域平衡政策体系。

首先，针对各地区经济发展和生态环境特点进行重点选择。包括政府制定省级生态环境保护市场化布局战略，确定战略期内重点扶持的地区，设计重点扶持地区社会资本参与生态环境保护市场化的发展模式和基本思路，并且加大对重点扶持地区社会资本参与生态环境保护的投融资支持，刺激该地区社会资本参与生态环境保护的发展。

其次，制定社会资本参与生态环境保护市场化的集中发展战略。例如，可以通过政府规制来确定生态环境保护产业集中发展的区域，针对生态环境保护建立产业开发区或者产业园区等，为社会资本参与生态环境保护提供项目支持。

8.2.2　实施生态环境保护商品科学定价

建立和完善生态环境保护商品的定价机制是吸引社会资本参与生态环境保护的重要基础。结合生态环境公共物品的属性，可以从经营性、准经营性和非经营性三个角度来划分社会资本参与生态环境保护项目。经营性项目是指具有全面合理的收费依据、收费标准和收费规则，通过使用者付费覆盖项目的投资成本从而获得收益的项目；准经营性项目是指虽然具有全面合理的收费依据、收费标准和收费规则，但是通过使用者付费所获得的收益不足以覆盖项目的投资成本，需要政府补助以弥补盈利缺口的项目；非经营性项目是指公益性较强，但是缺乏收费依据、收费标准和收费规则，只能通过政府购买服务收回成本并获得收益的项目。因此，可以通过改进使用者付费制度、政府补助制度和政府购买制度来完善生态环境保护商品的定价制度。

(1)积极完善生态环境保护可经营性项目的使用者付费制度

社会资本参与生态环境保护过程中，使用者付费机制是指消费者直接支付购买生态环境保护商品费用的机制，积极完善使用者付费制度可以进一步提高社会资本参与生态环境保护的规模和程度。

首先，明确生态环境保护商品收费的合法性。第一，应该从法规制度层面严格界定和规范社会资本参与生态环境保护项目收费的主体、依据、标准及规则等；第二，针对一些可能由政府直接定价，或者由政府指导定价的生态环境保护项目进行科学评估，并充分利用价格听证制度，公开生态环境保护商品收费的依据、标准和规则，明确收费款项的数额及用途，并接受社会资本和社会公众的监督。同时在制定收费标准时要充分考虑消费者支付意愿和能力，并根据市场需求价格弹性进行定价管理，达到社会效益和经济效益的统一。

其次，强化生态环境保护商品定价的规范性。社会资本参与生态环境保护产品或服务的生产和提供，能够有效地促进生态环境保护商品的供给水平。为了有效确保社会资本参与生态环境保护各方市场主体的收益，应该积极完善生态环境保护商品的定价机制。为此，在引导社会资本参与生态环境保护过程中应该充分利用宏观调控，加强生态环境保护商品价格监管，规范生态环境市场价格秩序，维护公平竞争，建立符合我国经济社会和生态环境保护发展要求的生态环境保护商品的价格运作机制；还应该加强价格服务，建立全方位、多功能、信息传递迅速的价格信息网络，为社会资本参与生态环境保护市场竞争提供信息服务。

再次，确保项目付费长期稳定。社会资本在参与生态环境保护的过程中，面临多重风险，能否确保生态环境保护项目具备长期稳定的使用者付费机制是引导社会资本持续参与生态环境保护的关键所在。因此，政府部门应该对项目的长期稳定做出承诺，合理分担社会资本的风险，针对社会资本参与生态环境保护项目进行准确收益评估和财务测算，对投入和产出进行准确的量化评估，强化项目使用者付费长期稳定，确保社会资本收回成本、获得稳定收益，从而为社会资本参与生态环境保护提供意愿和动力。

最后，采取灵活的价格调整措施。社会资本参与生态环境保护项目一般具有投资规模大、周期长的特点，为了确保项目运营期间，生态环境保护商品或服务的价格能够反映生态环境市场的供求关系，应该确保价格调整机制的灵活性，从确定价格比较的参照或者基准，明确价格调整的具体条件、触发机制、实施程序等来最终确定生态环境保护商品的市场价格与同类型商品的市场价格之间的比价关系，从而确保政府、社会资本和社会公众的利益相互协调。

　　(2)积极完善生态环境保护准经营性项目的政府补助制度

　　实施政府补助可以使社会资本参与生态环境保护获得合理投资回报，为了进一步引导社会资本参与生态环境保护的准经营性项目，政府应该积极完善货币性补助(包括贷款贴息、价格补助和投资入股等)和权益性补助(包括土地使用权和土地经营权等)，并在此基础上不断创新和丰富政府补助方式。

　　首先，平衡项目的公益性和经营性。社会资本参与生态环境保护的政府补助项目具有公益性和经营性双重特征，社会资本所提供的生态环境保护商品的定价不能完全实现市场化和商业化，市场机制的价格调整功能无法充分发挥。因此针对社会资本参与生态环境保护的准经营性项目，政府应该恰当平衡其公益性和经营性，给予社会资本适当补助，弥补其收益缺口。

　　其次，强化补偿的可操作性。社会资本参与生态环境保护的准经营性项目具有收益周期长的特征，为了提高政府补助的可操作性，一方面应该通过准确的财务测算，评估出项目整个周期成本和预期收益，从而明确生态环境保护商品政府补助的缺口范围；另一方面应该在政府财政所能够承担的能力范围内进行科学预算，确保在财政风险可控前提下提高生态环境保护商品的供给数量和质量。

　　(3)积极完善生态环境保护非经营性项目的政府购买制度

　　对非经营性生态环境保护项目而言，其所提供的生态环境保护商品具有非竞争性、非排他性和外部性特征，不具有收费基础，只有通过政府直接购买才能够实现收益。因此，为了保证生态环境保护非经营性项目商品的供给数量和质量，同时又确保社会资本能够获得合理的收益，政府应该积极完善生态环境保护非经营性项目的付费标准和规则体系。

　　首先，要不断完善可用性指标和使用量指标。不仅加强对生态环境保护商品的质量评价，还要强化对价格的约束，平衡生态环境保护商品收益额和需求量。

　　其次，要不断健全政府购买绩效评价制度。政府应该通过明确绩效评价目标，制订并监督执行评估方案，以及实施外部独立审计等措施，对生态环境保护商品政府购买实施绩效评价，从而提升政府购买项目管理效能，确保社会资本参与生态环境保护整体水平提升。

8.2.3　促进竞争与合作

　　引导社会资本参与生态环境保护市场化能够合理和有效地配置资源，提高生态环境保护的效率。社会资本参与生态环境保护市场主体之间既有竞争，又有合作，为了保障社会资本参与生态环境保护市场化合作竞争机制良好运行，本书从以下几个方面提出保障措施。

　　首先，明晰产权。清晰地界定生态环境保护商品的产权可以有效厘清政府、社会资本和公众在生态环境保护过程中的关系，为政府、社会资本和公众之间合作竞争机制的建立奠定基础。例如，针对环境资源(既包括有形的环境资源，也包括无形的环境资源)和生态环境保护商品清晰地界定产权，既可以为自然资源可持续开发与利用提供保障，又可以实现生态环境保护商品科学定价，确保生态环境保护商品交易双方公平交易，互惠互利；排污权的提出与环境容量和环境污染物控制密切相关，从本质上来说，排污权是一种对生态环境资源的使用权。在对污染物排放总量进行控制的前提下，根据污染治理边际成本大小进行排污权交易，可以以最小的社会成本治理生态环境污染和破坏，从而实现生态环境保护管理目标。

其次，构建社会资本参与生态环境保护合作竞争战略框架。鉴于我国生态环境保护属于政府主导型，社会资本参与生态环境保护过程中，应该和政府签署生态环境保护合作协议，才能使政府和社会资本之间的生态环境保护合作具有组织保证。生态环境保护合作需要通过创建制度来推进，利益是社会资本参与生态环境保护的原动力。因此，政府应该牵头构建社会资本参与生态环境保护战略合作协议框架，与社会资本达成若干合作协议，促进生态环境保护多元化管理体制改革，再通过建立社会资本参与生态环境保护区域协作机制，积极协调我国社会资本和政府全面合作参与生态环境保护，从而使具有综合性、广泛性和潜在性特征的生态环境问题实现系统规范统一管理。

最后，建立区域环境信息共享平台。通畅的信息是社会资本参与生态环境保护和与政府合作的基础，建立生态环境信息共享平台，使生态环境管理数据实现共享和关联，并且利用大型数据库实现动态管理，可以提高社会资本参与生态环境保护相关利益主体积极性，有利于政府之间、社会资本之间及彼此之间实现相互监督，有利于为社会资本与政府合作参与生态环境保护绩效评估提供依据。

8.2.4　加强激励和约束

生态环境保护项目一般具有投资周期长、收益缓慢特征，这和社会资本的灵活性与逐利性相矛盾，为了进一步引导社会资本参与生态环境保护，并扩大其投资规模，政府应该不断完善社会资本参与生态环境保护市场化激励约束机制。

首先，建立社会资本内部生态环境保护约束机制，减少生态环境污染和破坏行为。一是建立社会资本参与生态环境保护信息披露约束机制，公开披露社会资本参与生态环境保护的相关信息以减小社会资本与政府、社会公众等相关利益团体之间的信息不对称性，其最终对社会资本生态环境行为的约束作用在于加强社会资本的外部压力和内部动力以促进社会资本加强生态环境管理、改善生态环境业绩；二是建立社会资本内部会计约束制度，社会资本应该通过其自身的内部会计体系将转移价格分配给生态环境保护商品，从而刺激社会资本管理行为上的改善，通过实时控制和反馈控制约束社会资本生态环境行为，既可以将生态环境因素引入社会资本生产经营管理全过程，又可以为生态环境信息披露约束机制提供环境会计核算基础信息，保证其信息来源和真实性，二者共同作用。

其次，积极完善和落实财政补贴和税收优惠来强化社会资本参与生态环境保护的财政激励政策。我国生态环境保护财政政策主要存在以下两方面问题：第一，生态环境保护财政投入规模偏低，已有投资规模只能实现对生态环境问题的整体控制，而不能有效地改善生态环境质量；第二，生态环境财政补贴制度设计不合理，造成生态环境保护商品价格偏低，加剧了资源的浪费和生态环境污染及破坏。我国生态环境保护税收政策主要存在以下两方面问题：①缺乏专门的、有针对性的生态环境保护税种；②生态环境保护税收政策征收范围不全面，内部协调统一性较差。因此，在引导社会资本参与生态环境保护过程中，应该将生态环境保护纳入各级政府的财政预算，扩大生态环境保护的财政规模，并且不断强化财政政策对企业投资的约束，激励企业的生态环境保护投资；针对生态环境保护的税收政策现状，应该开征新的税种，强化其内在的统一性和协调性。除此之外，还应该积极完善生态环境保护的税收支出政策，从而有效激励社会资本不断参与生态环境保护。

最后，通过破除社会资本的融资壁垒和降低社会资本的融资成本来完善社会资本参与生态环境保护的货币政策。在引导社会资本参与生态环境保护过程中，应该积极对生态环境保护项目和参与生态环境保护项目的社会资本实施评估，并且应该制定相应政策支持生态环境保护项目融资，一方面应该充分简化贷款流程，降低社会资本的融资壁垒；另一方面，应该降低生态环境保护项目的贷款利率，减轻社会资本参与生态环境保护的融资成本，从而激励社会资本积极参与生态环境保护，扩大生态环境保护资金来源。

8.3　社会资本参与生态环境保护市场化机制的运营管理

针对社会资本参与生态环境保护市场化机制制定配套的运营管理相关措施，可以确保社会资本参与生态环境保护市场化项目顺利运营，保障各方主体的相关利益。本书主要从严格落实监督管理、全面深化风险控制、积极规范绩效评估和加强人才队伍建设四方面提出了相关保障措施。

8.3.1　严格落实监督管理

从经济学角度来看，监督管理一般是指政府对社会资本参与生态环境保护的活动进行某种限制或规定，如生态环境保护商品价格限制、数量限制或经营许可等；从行政法角度来看，监督管理是指政府行政机构根据法律授权，采用特殊行政手段对社会资本的生产行为实施直接控制的活动。利用市场机制引导社会资本参与生态环境保护，并且针对社会资本参与生态环境保护制定完善的监督管理机制，可以有效地提高生态环境保护项目收益和生态环境保护的效率。因此，严格落实社会资本参与生态环境保护监督管理，就是为了规范社会资本参与生态环境保护市场行为，促进社会资本参与生态环境保护市场化发展。

(1)价格监管

价格监管是社会资本参与生态环境保护过程中政府监管的核心内容。生态环境保护商品的价格水平直接关系社会资本参与生态环境保护预期盈利和社会公众利益。因此，政府在引导社会资本参与生态环境保护过程中必须制定科学合理的价格机制，社会资本参与生态环境保护商品定价机制的构建应考虑以下因素：生态环境保护项目的建设和运营成本、生态环境保护商品质量、地区的物价和消费水平、社会资本参与生态环境保护行业的平均利润水平等。首先，社会资本参与生态环境保护商品定价机制的设计应明确目标。定价机制应该以促进生态环境市场公平竞争、维护社会资本收益、保障社会公众利益和提高生态环境保护效率为目标；其次，坚持定价的基本原则。第一，应该结合科学定价的原则，采用科学的定价方法，确保生态环境保护商品价格的合理性；第二，应该坚持效率定价的原则，要结合投资回报，从保障环境效益、经济效益和社会效益的角度确定生态环境保护商品的价格，使政府和社会资本的生态环境保护绩效达到社会平均利润水平；第三，应该坚持鼓励社会公众参与的原则，通过听证会、成本调查等手段鼓励社会公众参与对政府和社会资本生态环境保护市场行为的监管。

(2)质量监管

为了确保社会资本生产和提供优质的生态环境保护商品，促使生态环境保护效益最大化，政府应该对社会资本参与生态环境保护项目的质量实施监管，通过采取定期检查、随机抽查等方式对社会资本参与生态环境保护项目的运营状况或者生态环境保护商品的生产和质量进行检查与评估，并通过检验和评估结果的透明化接受社会各方的监督。为此，应该采取内部监管和外部监管相结合的方法，从三方面采取措施。首先，建立社会资本参与生态环境保护项目质量内部管理制度。例如，严格实施项目质量规范、责任及相应的考核办法等，强化责任追究制度确保生态环境保护商品或服务质量。其次，建立量化质量标准。根据社会资本参与生态环境保护项目特点制定质量监控的量化标准，并将其作为生态环境保护产品或服务达标的准则和质量监管的标准。最后，建立科学完整的质量检验体系。该体系应该包括产品质量量化标准、专业检测队伍、质量检测程序、质量检验结果公示与质疑、质量责任等内容。

（3）市场准入和退出监管

公正透明的市场准入制度是在生态环境保护领域中引入市场竞争机制的重要内容，在引导社会资本参与生态环境保护过程中应该严格依据相应法律法规，应该基于社会资本的信用、企业规模、资质经验、资金与管理能力及社会责任等方面考核内容，制定公开透明、科学合理的社会资本的准入条件，规范社会资本参与生态环境保护招标制度，并且依据相关法律法规进行社会资本参与生态环境保护项目招标综合评价和合法审查，允许符合资质条件的社会资本展开公平竞争，充分发挥市场在环境保护资源配置中的决定性作用，使社会资本参与生态环境保护更有效率。

合理的市场退出机制能够解决社会资本参与生态环境保护的后顾之忧。积极完善社会资本参与生态环境保护市场的退出制度，应该积极完善社会资本参与生态环境保护破产制度，对社会资本参与生态环境保护破产的项目重新整合、委托管理，以及对社会资本参与生态环境保护相关责任主体和解清算等相关制度进行优化，对资产规模和业务范围较小的社会资本参与生态环境保护的项目实行简易破产程序，确保社会资本损失最小化，从而鼓励和引导社会资本积极参与生态环境保护。

8.3.2　全面深化风险控制

社会资本参与生态环境保护周期较长，涉及主体较多，在项目实施过程中存在许多不确定因素。因此，社会资本参与生态环境保护项目具有一定的风险，需要政府和社会资本双方积极合作，在社会资本参与生态环境保护项目建设、运营期间内积极实施风险防范和管理，针对可预见和不可预见的风险合理分担，确保社会资本参与生态环境保护各方市场主体利益损失的最小化。社会资本参与生态环境保护项目所面临的风险主要来自政治环境、项目合同、金融环境、项目建设及市场运营五个方面。因此，应该不断完善社会资本参与生态环境保护的风险控制机制，从风险回避、风险自留、风险控制、风险转移、风险监控五个方面采取措施，提高社会资本参与生态环境保护的风险控制水平。

（1）风险回避

针对社会资本参与生态环境保护项目进行风险评估之后，如果发现该项目存在较大风险，造成的损失巨大，而且没有有效的策略来应对风险，此时，政府或者社会资本应该放弃该生态环境保护项目，避免潜在风险的发生和风险所造成的损失，从而保护社会资本和政府利益。虽然风险回避是应对风险的一种消极措施，但是当社会资本参与生态环境保护项目风险所造成的损失大于收益时，风险回避就成为控制风险的有效手段。

(2) 风险自留

风险自留是指如果社会资本参与生态环境保护项目的风险保留在风险管理主体内部，那么可以通过采取内部控制措施等来消除或者化解风险。针对社会资本参与生态环境保护项目的风险可以从计划和非计划两个方面来实施风险自留。非计划风险自留是社会资本参与生态环境保护项目的相关管理人员没有意识到某种风险，或者没有针对风险有意识地采取有效措施，从而造成生态环境保护项目的风险只能保留在风险管理主体内部。计划性风险自留是社会资本参与生态环境保护项目的管理人员有意识地识别和评估风险后，及时主动地采取策略。

(3) 风险控制

在社会资本参与生态环境保护项目实施过程中，风险控制是一种积极主动的风险应对策略，因此可以从预防和减少风险损失两方面来实施风险控制。预防风险损失能够减少或者消除生态环境保护项目风险发生的概率；减少风险损失能够降低生态环境保护项目风险所造成损失的严重性，或者遏制生态环境保护项目风险所造成损失的进一步扩大，使损失最小化。一般来说，社会资本参与生态环境保护项目的风险控制方案都应当把预防和减少风险损失充分结合，同时应该针对风险控制制订一个周密而又完整的控制计划。

(4) 风险转移

风险转移本身并不能消除风险，社会资本参与生态环境保护项目的风险转移就是通过某种方式将生态环境保护项目风险所对应的权利和责任及风险所产生的结果转移给其他市场主体。采取风险转移之后，社会资本参与生态环境保护项目的管理者不再直接面对被转移的风险，因此也回避了风险所造成的损失。风险转移是社会资本参与生态环境保护项目风险管理的重要措施之一，当生态环境保护项目所面临的某些风险无法规避，社会资本自身又无法有效承担风险所造成的后果时，风险转移就是一种有效的选择。

(5) 风险监控

社会资本参与生态环境保护项目在实施过程中，应该及时对已经识别到的风险进行跟踪，并按照已有的风险控制制度进行监管，同时还要对风险监控手段的有效性进行评估。针对社会资本参与生态环境保护项目风险监控的主要目的是检验社会资本参与生态环境保护项目各种风险控制措施的具体效果、把握社会资本参与生态环境保护项目风险控制程度，以及明晰社会资本参与生态环境保护项目风险变化情况，从而确定是否调整社会资本参与生态环境保护项目风险管理计划和相应应急措施等，风险监控为社会资本参与生态环境保护项目的风险防范提供了重要依据。

8.3.3　积极规范绩效评估

生态环境保护投资属于公共物品投资，因此引导社会资本参与生态环境保护是提高我国生态环境保护整体水平和效率的重要探索和实践。但是从目前我国社会资本参与生态环境保护的发展实践来看，依然存在诸多问题，如社会资本参与生态环境保护规模不足、结构不均衡及相关运营管理机制不健全等。因此，建立并完善社会资本参与生态环境保护绩效评估机制，不仅有利于从宏观上把握社会资本参与生态环境保护的整体效率，也有助于从微观上明晰生态环境保护各方参与主体(政府和社会资本)的绩效，从而发现社会资本参与生态环境保护过程中存在的问题，并针对这些问题提出提升社会资本参与生态环境保护绩效的途径。

(1)项目评估的制度化和规范化

社会资本参与生态环境保护项目制度化和规范化是社会资本参与生态环境保护项目绩效评估的基础，首先，应该基于社会资本参与生态环境保护项目绩效评估结果建立科学合理的奖励和惩罚制度，不断完善社会资本参与生态环境保护项目责任追究制度；其次，应该加强社会资本参与生态环境保护绩效评估统一化和规范化，把评估内容、评估指标、评估程序和评估方法充分结合起来，建立全面、标准和合规的社会资本参与生态环境保护绩效评估体系；最后，应该建立规范的社会资本参与生态环境保护项目可行性论证制度和专家咨询制度，严格社会资本参与生态环境保护项目投资立项、建设、验收和评估制度。

(2)评估方法的普遍性与特殊性

针对社会资本参与生态环境保护项目绩效进行评估，首先，应该采取科学合理的评估方法。针对不同地域的社会资本参与生态环境保护项目绩效进行评估时，应该充分结合当地经济、社会和文化发展现状及生态环境特点，建立具有地域特色的评估方法。其次，应该全面准确地选择绩效评价指标。一是要保证社会资本参与生态环境保护项目绩效评价体系具有全面性，要确保指标体系充分涵盖社会资本参与生态环境保护的所有层面，从而构成一个完整的指标体系；二是要保证社会资本参与生态环境保护项目绩效评价体系具有协调性，即评价指标之间不应重复相关，而应该相互补充、相互衔接；三是要保证社会资本参与生态环境保护项目绩效评价体系具有可度量性，即评价指标应该尽可能细化和量化；四是要保证社会资本参与生态环境保护项目绩效评价体系具有针对性，即对社会资本参与生态环境保护项目开展和实施各个阶段有针对性地进行评估。

(3)评估内容的全面性

首先，针对社会资本参与生态环境保护项目前期工作决策进行评估。在社会资本参与生态环境保护项目初始立项阶段，应该通过预测、论证和评估，为社会资本参与生态环境保护项目决策者提供多方面参考；通过客观、准确地搜集并汇总项目各方面基本数据资料，实施准确的投资预算，从而编制社会资本参与生态环境保护项目可行性研究报告。

其次，针对社会资本参与生态环境保护项目实施阶段进行评估。在社会资本参与生态环境保护项目实施阶段，应该结合社会资本内部控制制度对生态环境保护项目的建设和运营情况进行监督与评估，具体包括三方面内容：一是对社会资本参与生态环境保护项目的计划管理进行评估；二是对社会资本参与生态环境保护项目预算编制、审核及控制制度进行评估；三是对社会资本参与生态环境保护项目的基本建设程序进行评估；四是对社会资本参与生态环境保护项目的安全措施和管理进行评估。

最后，针对社会资本参与生态环境保护项目的后续实施状况进行评估。在社会资本参与生态环境保护项目实施结束后，应该对该项目的成本效益、公众满意度和项目的可持续性等实施后续评价，从而为生态环境保护相关政策制定、完善和落实提供依据，优化生态环境保护管理，提升生态环境保护的整体效率和水平，增强生态环境与经济发展协同效应，为我国生态环境保护整体水平和效率提升做出重要探索和实践。

8.3.4　加强人才队伍建设

要确保引导社会资本参与生态环境保护从而推进生态环境保护市场化成功实施，必须加强社会资本参与生态环境保护领域的人才队伍建设，破除社会资本参与生态环境保护所面临的障碍。

首先，要鼓励政府部门积极统筹内部机构改革。进一步整合社会资本参与生态环境保护的专门人才和资源，通过提高专业水平和能力来更好地承担引导社会资本参与生态环境保护的宣传和推广职责，结合各地社会资本和生态环境保护发展实际情况，不仅要做好关于鼓励和引导社会资本参与生态环境保护的政策制定与解读，强化社会资本参与生态环境保护的舆论宣传和合作理念培育，还要做好社会资本参与生态环境保护示范推进工作，并及时总结经验、交流推广。

其次，社会资本应该积极与政府、高校和相关专业咨询机构合作，并构建社会资本参与生态环境保护人才的联合培养机制。社会资本参与生态环境保护涉及法律、经济、财务、项目管理等许多领域知识，具体内容复杂繁多。在生态环境保护领域发展政府和社会资本合作是理论与实践相结合的过程。因此，应该培养融资担保、税收、合同管理、特许经营权等各方面专业技术人才，熟悉并掌握社会资本参与生态环境保护各个流程的具体内容和要求，从而提高政府和社会资本在决策层面的可行性研究和决策水平。

　　最后，搭建社会资本参与生态环境保护的信息管理平台。引导社会资本参与生态环境保护。因此，应该积极搭建社会资本参与生态环境保护的信息管理平台，综合全方面因素充分了解社会资本参与生态环境保护的业务需求，明确社会资本参与生态环境保护项目的建设思路和目标，确保信息管理平台对社会资本参与生态环境保护的有效支撑。建设社会资本参与生态环境保护的信息管理平台应该从基础数据库、交换系统、统计分析系统、发布系统和内容管理平台五个方面来着手，从而对社会资本参与生态环境保护的信息进行全面搜集和处理。在此过程中，政府应该积极落实社会资本参与生态环境保护宣传培训和规划指导、社会资本参与生态环境保护风险识别和评估、社会资本参与生态环境保护咨询服务、社会资本参与生态环境保护绩效评价，以及社会资本参与生态环境保护的项目库建设等职责，并及时通过社会资本参与生态环境保护的信息管理平台向社会公开生态环境保护项目建设和运营等信息，从而促进社会资本参与生态环境保护快速发展。

第9章　江苏省社会资本参与生态环境保护
市场化机制状况

江苏省社会资本参与生态环境保护市场化机制对我国其他地区此类项目的推进具有一定的借鉴价值。例如，苏州市的垃圾焚烧发电项目和南京市城东仙林污水处理项目就是具有代表性的社会资本参与生态环境保护市场化项目。

9.1　江苏省社会资本参与生态环境保护市场化机制现状

9.1.1　江苏省社会经济发展概况

(1)江苏省总体发展状况

江苏省属于我国东部沿海发达地区省份，经济发展速度一直处于我国前列，2016 年其 GDP 达到 77 388.28 亿元，按可比价格计算，比上年增长 7.6%，如图 9-1 和图 9-2 所示。

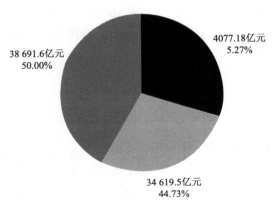

■ 第一产业增加值　■ 第二产业增加值　■ 第三产业增加值

图 9-1　2016 年江苏省三次产业增加值

资料来源：《2017 江苏统计年鉴》

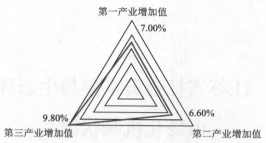

图 9-2　2016 年江苏省三次产业增长率

资料来源：《2017 江苏统计年鉴》

　　分产业看，第一产业和第三产业所占比例较大；从三次产业的增长速度来看，第一产业和第三产业有较大发展潜力，第二产业的增长空间更大。江苏省较强的经济实力为社会资本参与生态环境保护提供了支撑。

　　江苏省经济发展较快，发展潜力相对较大，第三产业的增长势头也较快，人均 GDP 处于全国前列。但随着资源对经济发展的制约作用越来越明显，生态环境遭到破坏的同时，第二产业增长疲软。要提升经济发展后劲，生态环境的改善不可避免，吸引社会资本参与生态环境保护，有利于提高环境保护效率。

　　(2)江苏省各市发展状况

　　江苏省内部经济发展状况也存在差异。江苏内部地区包括苏南、苏中和苏北，其中苏南包括苏州、无锡、常州、南京、镇江，苏中包括南通、扬州、泰州，苏北包括徐州、连云港、淮安、盐城、宿迁。如图 9-3 所示，苏州、南京和无锡 GDP 明显高于其他各市。如图 9-4 所示，苏南的经济发展速度远高于苏北和苏中。

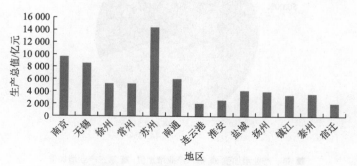

图 9-3　2015 年江苏省各市生产总值

资料来源：《2016 江苏统计年鉴》

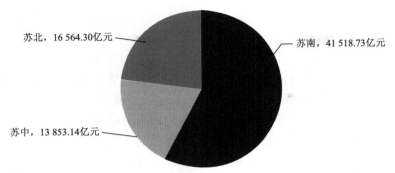

苏北，16 564.30亿元

苏南，41 518.73亿元

苏中，13 853.14亿元

图 9-4　2015 年江苏省分区域生产总值

资料来源：《2016 江苏统计年鉴》

通过以上数据分析，可得出江苏省经济发展实力整体较强，但区域内发展不平衡的问题也相对较严重，南京和苏州属于江苏省经济发展较快的地区，各项经济指标在全省 13 个省辖市中处于前列，基于此，本章将以苏州市吴中静脉园垃圾焚烧发电项目和南京市城东仙林污水处理项目为例，分析我国发达地区社会资本参与生态环境保护市场化机制运作现状。

9.1.2　社会资本参与生态环境保护市场化工作进展

2014 年初，江苏省财政厅正式建立了公私合作组织机构：政府与社会资本合作工作领导小组，并积极引导全省各地建立社会资本参与的工作机制，为全省社会资本参与公共事务的探索提供了有效保障。2015 年初，江苏省政府印发了《江苏省财政厅关于政府和社会资本合作(PPP)示范项目实施有关问题的通知》，对社会资本参与公共事务的基本原则和主要任务进行了明确规定。同时江苏省还结合国家部委有关社会资本参与生态环境保护市场化操作指南、合同管理和政府采购等规定，逐步形成了一套行之有效的制度体系。

江苏省政府对社会资本参与生态环境保护市场化十分重视，给予了非常大的支持力度，如建立项目基金，并配套相关的政策法规保障项目基金的良性运行，为社会资本参与生态环境保护市场化机制的运行提供有效保障。在项目基金设立过程中，由政府和社会资本共同出资，其中政府为项目基金发起人，社会资本处于主体地位，在 100 亿元的项目基金中，政府出资 10%，社会资本出资 90%，形成社会资本积极参与生态环境保护的新局面。项目基金的设立，能够将资金积聚起来，通过专业化的管理团队进行项目基金管理，对江苏省社会资本参与生态环境保护项目融资提供了有力支持。

江苏省积极推进相关项目实施。2015 年江苏省财政厅分两批推出 238 个社会资本参与公共事务入库项目，其中与生态环境保护有关的项目占 49 个。江苏省大批的政府与社会资本合作项目的推出为省内外私营企业及非本级财政的国有企业参与生态环境保护项目提供了机会。

2018 年，江苏省进一步健全社会资本参与生态环境保护市场化的相关政策制度，出台了《政府和社会资本合作 PPP 项目奖补资金管理办法》，规定了对参与公共事务的社会资本的奖补办法，按照社会资本出资额的 1%～5% 进项补贴奖励，省财政厅对一个社会资本参与项目的奖补资金最高限额为 2000 万元。同时规定了项目投入运营的具体时间，进一步将社会资本参与生态环境保护市场化相关项目运作流程规范化。根据 2016 年底的统计数据，江苏省财政支出 1 亿元对社会资本参与公共事务的项目进行奖补，获得奖补的项目达到 23 个。此外，相关部门也在加紧审查各项目的申报材料，对符合奖补要求的项目进行资金支持，并指出多方补贴可以同时获得。有力的政策支持和奖补方案，充分激发了社会资本参与生态环境保护项目的主动性，有利于生态环境保护领域社会资本参与市场化机制的进一步完善和运用。

9.1.3　社会资本参与生态环境保护市场化实施概况

随着江苏省经济实力的不断增强，市场自发调节能力不断优化，以及政府给予社会资本更加广阔的发展空间，江苏省社会资本参与生态环境保护市场化机制也在不断完善。下面以江苏省社会资本参与生态环境保护的具体案例来说明江苏省社会资本参与生态环境保护市场化机制实施情况。

1) 社会资本参与生态环境保护市场化的运行机制得到进一步完善。江苏省政府专门出台《省政府关于创新重点领域投融资机制鼓励社会投资的实施意见》和《江苏省政府关于在公共服务领域推广政府和社会资本合作模式的实施意见》等相关政策，并配套相关可操作性政策文件，制定了支持推广社会资本参与公共事务的政策措施，明确了推进实施社会资本参和生态环境保护市场化的方式和程序，规范了保障社会资本参与生态环境保护相关项目的具体要求。

2) 社会资本参与生态环境保护市场化的支持政策进一步完善。在社会资本参与生态环境保护市场化的项目筹备阶段，江苏省通过相关政策文件保障项目的顺利开展，由省政府直接批示用地指标，避免中间过程产生的低效率；在项目运行前期，省财政厅通过对社会资本投资额和投资方式的审查，确定相应的奖补标准，对按规定进入实施阶段的项目进行资金支持；在项目运行的整个过程中，政府提供一定的支持政策来保障项目的有效运营。

3) 社会资本参与生态环境保护市场化的项目储备制度进一步完善。充实社会资本参与生态环境保护市场化的项目库，并分为省级和市级两类，各级管理部门明确责任，依照相关制度规范组建项目储备库。截至 2016 年底，市级项目库共有项目 300 多个，投资额约为 0.5 万亿元，各级市的项目库也已基本成立。市级项目库的相关负责人对项目的入库做详细调查和审核，并进行各市分类管理，同时要及时更新调整项目库，最大限度地缩短新旧项目出入库的时间。以项目库的建立为依据，对发展成熟的社会资本参与生态环境保护市场化项目要及时进行推介。江苏省分别在 2014 年和 2016 年组织了项目推介会，公开推介的项目共有 308 个，投资资金达到 4900 亿元。

9.2　江苏省社会资本参与生态环境保护市场化项目

9.2.1　苏州市吴中静脉园垃圾焚烧发电项目

1. 项目概况

(1)项目背景

随着经济社会的持续发展，苏州市城市化进程深入推进。同时，垃圾种类也呈现出多样化发展趋势，不仅有厨卫垃圾，还有工业产生的有害垃圾、建筑业和制造业等产生的不同性质的垃圾，传统的垃圾处理方式已经无法满足需要。按照当前垃圾产生的增长率预计，到 2025 年苏州市现存的垃圾处理厂将无法满足需要，从而严重影响城市生态环境质量改善。快速增长的垃圾量给原有的垃圾处理带来了新的挑战，垃圾种类的多样化、成分的复杂性，急需建立新的垃圾处理厂进行垃圾分类回收处理，解决垃圾围城问题刻不容缓。苏州市原有的垃圾处理厂为填埋式处理方式，这种处理方式无法运用于成分日渐复杂的工业垃圾处理，同时从垃圾处理量来看，原有的七子山垃圾填埋场的处理量远不能满足需求。鉴于此，急需建立新的垃圾处理厂，同时要运用新的处理方式更加高效地对不同成分的垃圾进行处理。2003 年，苏州市政府通过多次探讨分析及项目招标，从众多垃圾处理厂商中选定中国光大集团股份公司(简称光大国际)，与光大国际达成合作，成立了在垃圾焚烧处理方面的首个社会资本参与的市场化项目。

(2)建设内容与规模

苏州市在吴中建立静脉园，打造资源—产品—再生资源的闭环经济模式，该垃圾焚烧发电项目总投资逾 18 亿元，考虑到各种垃圾的产生量在逐年增加，将垃圾处理厂的日处理量设计为 3550t，每年可处理 150 万 t 垃圾，通过垃圾焚烧产生的上网电量预计能达到 4 亿 kW·h，该垃圾处理项目在全国来看属于较大规模。

该项目共由三期组成，一期工程设计日处理量为 1000t，二期工程增加 1000t的日处理量，三期工程增加 1550t 的日处理量。在处理能力的设计上，预留 500t用来应对突发状况，保障垃圾处理的顺利进行。该项目采用的焚烧炉日处理能力为每台 350t，同时配备先进的除尘技术，运用先进技术规范垃圾焚烧发电的各个步骤，达到能源的最大化循环利用。在吴中静脉园中，苏州市政府通过与光大国际合作，建立一系列与垃圾焚烧发电有关的子项目，如沼气发电，垃圾分类、危险物储存等，以保证垃圾处理项目在整个运行过程中能最大化利用资源。

（3）实施进度

该项目始于 2003 年，一期项目建设期间，由苏州市政府与光大国际签订合同，合同规定的经营期限为 25.5 年。一期项目于 2006 年 7 月正式投入运营，将垃圾焚烧发电这种新的垃圾处理方式引入苏州市，打破了一直以来填埋式的垃圾处理模式。

2009 年，垃圾焚烧发电二期项目完工并开始运作，该项目依然采用垃圾焚烧处理的方式。二期项目的投入使用，使垃圾焚烧发电成为苏州市垃圾处理的主要方式，而填埋式的处理方式逐渐退出历史舞台。

垃圾焚烧发电这种处理方式更加环保，能够最大化利用资源，在解决垃圾处理问题的同时又能提供上网电量，产生循环经济效益，有利于经济社会的可持续发展。基于此，苏州市政府决定与光大国际继续合作建立三期垃圾焚烧发电项目，将垃圾处理方式完全转变为焚烧发电的方式，不再采用填埋式处理。三期项目于 2013 年投入运行。中标的社会资本，即光大国际成立苏州市吴中静脉园垃圾焚烧发电项目公司，该项目公司负责吴中静脉园垃圾焚烧发电项目有关事宜，苏州市人民政府、苏州供电公司及苏州市城市管理综合行政执法局与项目公司进行相关业务的商讨及费用支付，银行等金融机构为该项目提供资金支持，项目公司负责后期债务偿还工作。项目交易结构图如图 9-5 所示。

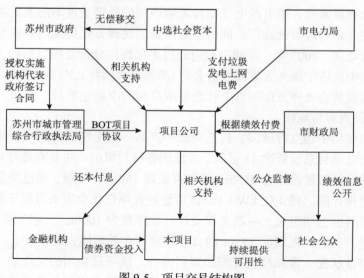

图 9-5　项目交易结构图

2. 运作方式

如图 9-6 所示，苏州市市政公用局作为政府代表与光大环保能源(苏州)有限公司签订项目合同，由光大环保能源(苏州)有限公司负责项目建立及运行过程中的一切事宜，合作期满之后移交政府有关部门。

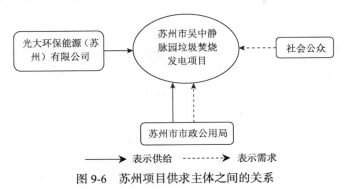

图 9-6　苏州项目供求主体之间的关系

为保证苏州市首个垃圾处理行业的社会资本参与项目能够顺利实施，苏州市政府与光大环保能源(苏州)有限公司达成了《苏州市垃圾处理服务特许权协议》，同时根据项目实际运行过程中的具体情况，对相关条款进行完善和补充，使项目正常进行，提高企业参与项目的积极性。

3. 市场化机制设计

(1)定价机制

该项目的定价包括垃圾焚烧发电产生的上网电量的定价和垃圾处理政府补贴费的定价。

第一，上网电量的定价。上网电量的定价由苏州供电公司与光大国际商议。一期建设项目产生的上网电量的单价为 0.575 元/(kW·h)，二、三期建设项目产生的上网电量的单价为 0.636 元/(kW·h)。

第二，垃圾处理政府补贴费的定价。项目合同签订时，双方设定了关于垃圾处理费的基础价格，并规定最终的处理费需要根据当年江苏省统计局公布的居民消费品价格指数进行确定，这样能提前规避通货膨胀或外部经济环境变化给参与项目的企业带来风险，在解决垃圾问题的同时能够实现企业的正常利润。考虑到影响企业经营效益的因素是多方面的，最终该项目的垃圾处理基础补贴费定位为 90 元/t，之后又根据经济环境的变化及实际执行情况进行了多次调整。

(2)投资回报机制

根据该项目的特征，项目公司的主要收益来源于垃圾焚烧发电产生的上网电量，通过将发电量提供给电力公司来赚取一定的收益。该项交易符合市场化规律，不需要政府作为中间人，由光大环保能源(苏州)有限公司直接与苏州市电力局进行交易，从而使环境保护项目的运行具有可持续性。

在该项目中，企业不直接通过居民和厂商回收垃圾，而是由政府出面回收。因此，为了防止项目公司的收益无法弥补垃圾处理过程中产生的成本，导致经营亏损，同时也为了刺激社会资本积极参与环境保护项目，苏州市政府要对光大环保能源(苏州)有限公司进行相应的补贴，保证其实现正常盈利。在具体实施过程中，苏州市政府根据光大国际的垃圾处理量来决定相应的补贴费用，此方式称为使用量付费。吴中静脉园的垃圾焚烧发电项目是一个循环系统，除了主要收益以外，还会产生一些附加收益，如炉渣综合利用的销售收入。

4. 约束机制

该项目具有准公共产品的性质，因此政府及社会公众对其污染防控预处理的性能尤为关注。在对垃圾进行焚烧处理的过程中，会产生不同成分的有害物质，项目公司要着重解决这些有害物质，避免对环境的二次伤害。在项目运行中，排放物的无害化处理可能会导致项目公司为节省开销而使排放物不符合标准的情况发生。这就需要做好对项目公司的监督管理和社会公示。要避免污染物排放引起周边居民抵制项目实施的情况出现，政府在进行监管时应着重关注废气废渣的排放是否符合相关标准。

该项目具有较为完善的监管体系，苏州市政府主要从以下三个方面进行监督。

首先，苏州市政府委派吴中静脉园所在地的地方政府相关部门对其进行监督管理，定期对垃圾焚烧发电产生的废气、废渣等废弃物的处理情况进行监测。同时在园区内设置办公场所，方便进行长期监管。同时建立主要观测点，通过相关设备实时记录各项指标的数据，并派专人进行不间断检查，确保尾气、残渣等废弃物的排除能达到国家标准。其次，通过网络对监控数据进行实时在线公布。通过与各监管部门的联网，将监控数据第一时间传输到各监管中心进行报备。同时，通过在厂区大门处安装大型电子显示屏，向公众公示各项数据指标，实现全民监督。最后，苏州市政府每年会对厂区的各项运行情况进行不定期抽查，主要关注点为烟气、炉渣等物质的排放是否符合相关标准，以及各处理环节能否达到绿色处理标准。企业也会委托第三方环境监测机构对各项指标进行检测。表 9-1 的数据显示，污染物排放指标均能达到国家污染物排放标准和欧盟标准，并长期稳定。

表 9-1　苏州垃圾焚烧发电项目 2014 年污染物排放情况(均值)(单位：mg N/m³)

指标	新国家标准	欧盟 1992 年标准	欧盟 2000 年标准	公司实际排放值
粉尘指标	20	30	10	6

续表

指标	新国家标准	欧盟 1992 年标准	欧盟 2000 年标准	公司实际排放值
氯化氢指标	50	50	10	4
二氧化硫指标	80	260	50	12
氮氧化物指标	250	400	200	143

资料来源：江苏省环境监测中心 2015 年报告

5. 实施效果

苏州市吴中静脉园从投入运行以来，不仅实现了自身经济效益，也解决了苏州市垃圾处理难的问题。通过垃圾焚烧发电这种新的垃圾处理方式，达到了绿色环保的目的。具体包括以下三个方面。

(1)改善苏州市生态环境

原本采用的填埋式垃圾处理方式需要占用大面积的城市用地，这与城市发展对土地的需求产生矛盾。通过采用垃圾焚烧法进行处理，保证了城市生态环境的健康和城市经济的发展。此外，也为项目带来持续稳定的现金流，进而有能力运用先进的处理技术对产生的废渣进行无害化处理，处理后的废渣可用于道路建设或制砖等，达到了废物再利用的目的，有效实现了园区的循环发展模式。

(2)缓解政府财政压力

吴中静脉园垃圾焚烧处理项目是一个以垃圾焚烧处理为主的项目群，投资金额较大，逾 18 亿元，同时还涵盖厂区建设、处理设备及联网设施等。如果全由政府出资会给当地财政造成很大负担，且不能保证项目的有效运行。光大环保能源有限公司是专业化进行固体废弃物处理的企业，拥有垃圾处理行业先进的科技水平和管理经验，通过市场化机制进行运作，有利于提高项目的盈利能力和融资能力，不仅使社会资本的利润得到保障，而且降低了苏州市财政压力。

(3)提高能源综合利用率

如图 9-7 所示，垃圾焚烧处理包括多个子项目，以垃圾焚烧发电为主体，同时又包含污泥处理、渗滤液处理、炉渣处理及余热再利用等多个子项目，将这些子项目进行有效整合，能够降低成本，达到物尽其用的效果。垃圾经过分拣及预处理进入焚烧发电环节，通过该环节产生的余热可以输送到污泥处理中心和餐厨垃圾处理中心进行再利用，渗滤液输送到渗滤液处理厂进行无害化处理后进入中水循环系统，处理后的炉渣可用于制砖修路等。

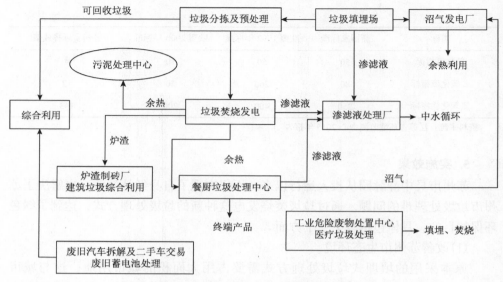

图 9-7　　各个子项目相互耦合关系图

9.2.2　南京市城东、仙林污水处理项目

1. 项目概况

（1）项目背景

污水厂的建立属于一项基础设施，先进的处理方式不仅有利于提高处理率，也有利于改善城市居民的生活环境，在合理区域建设污水处理厂是经济协调有序发展的基础。因此，它的建设和完善，将对改善城市投资环境、吸引外资、发展地方经济具有十分重要的社会意义。2003 年，南京市希望尝试通过与社会资本合作建厂的方式解决污水处理问题。社会资本对污水处理方面的技术已经进行了长期的研究。但由于在社会资本与政府合作提供生态环境保护商品方面还处于探讨阶段，经验不足，相关政策也不完善，南京市政府与中标的社会资本在进行污水处理厂建设细节的探讨中，意见难以达成统一，双方合作难以进一步推进，最终经历了长达十几年的谈判，双方达成合作。以南京城东、仙林污水处理政府与社会资本合作项目为例，在项目磋商中经历了矛盾的产生、解决，以及新的矛盾再次产生的过程。

（2）建设内容与规模

该 PPP 模式项目由南京市城东污水处理厂和仙林污水处理厂两个子项目组成，分别由北控水务（中国）投资有限公司和北京碧水源科技股份有限公司负责项目公司的建设与运营，这样做主要是考虑到服务地区的不同，同时为了在两个企业间产生竞争机制，便于提高项目的运作效率。

南京市城东污水处理厂于 2003 年 10 月开始进入建设期，主要是为市区东南部地区提供污水处理服务，该地区人口约 148 万人，占地面积为 175km²。在北控水务集团与政府签订的合同中，规定该项目的污水处理能力为 35 万 m³/d，并且要求处理后的水质达到《城镇污水处理厂污染物排放标准》(GB 18918—2002)一级 A 标准，同时规定将产生的无害化尾水排放到运粮河。该项目一共分为三期进行建设，2005 年 9 月完成一期项目的建设并投入运行，污水处理能力为 10 万 m³/d；2008 年二期项目完成，使污水处理能力增大到 20 万 m³/d，提高了处理水的水质，在污泥处理环节运用了深度脱水的先进技术；三期工程于 2013 年 11 月完工，新增污水处理能力为 15 万 m³/d，达到项目合同约定的总处理能力。

南京市仙林污水处理厂于 2009 年建成并投入使用，该子项目主要是为栖霞区的仙林大学城及周边地区提供污水处理服务，该地区共有人口 20 万人，服务面积为 80 km²，项目设计的总污水处理能力为 10 万 m³/d，对处理水质的要求为《城镇污水处理厂污染物排放标准》(GB 18918—2002)一级 A 标准，同时规定将产生的无害化尾水排放到九乡河。该项目分一期和二期完成，一期项目设计的污水处理量为 5 万 m³/d，采用循环式活性污泥工艺，该工艺的特点是占地面积小，设备集中，且处理效率较高。二期工程于 2014 年开始建立，2015 年建成并投入使用。同时还包含对一期项目的升级改建工程，完成更新改建的仙林污水处理厂使用更加先进的处理工艺 A20+MBR，其不仅能使加工过的污水所含的有害物质降到最低，还能将污泥的脱水率提高到 80%。

(3)项目实施进度

江苏省南京市的经济优势，以及项目招标前的扎实工作，吸引了大量优质的污水处理行业的社会资本前来投标，经过分析论证，南京市政府最终确定与北控水务(中国)投资有限公司合作建立城东污水处理厂项目，与北京碧水源科技股份有限公司合作建立仙林污水处理厂项目，合同规定的污水处理费分别为 0.742 元/m³ 和 1.290 元/m³，在项目处理费的设定上兼顾了政府和社会资本的利益，实现了经济效益与生态效益的统一。

2. 运作方式

(1)合作主体

如图 9-8 所示，政府方由南京市市政公用局作为代表签约，北控水务(中国)投资有限公司和北京碧水源科技股份有限公司作为入选的社会资本签约。在项目合作中，项目的筹建、运营和管理全权交由社会资本负责，进行市场化运作，政府部门为其提供相应的政策支持。

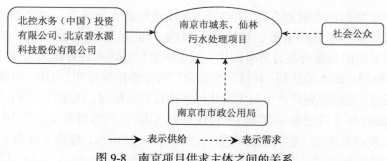

图 9-8　南京项目供求主体之间的关系

（2）合作模式

该项目采用移交-经营-移交（transfer-operate-transfer，TOT）模式，规定一定的经营期限。在合同规定的运营期满之后，社会资本需要将项目的所有权移交政府处置。该项目的两个子项目在经营权转让的价格评估上均定价为 4 亿元，合同约定社会资本的特许经营时间为 30 年。

在南京市城东、仙林污水处理项目中，南京市政府根据国家相关政策文件，委托南京市城乡建设委员会作为政府代表方，与南京水务集团有限公司和北京碧水源科技股份有限公司签订社会资本参与生态环境保护项目的主合同及特许经营合同。

（3）交易结构的设计

本项目中，由南京市政府指定代表分别与水务集团、北京碧水源科技股份有限公司签订合作协议，将南京市城东和仙林污水处理厂的经营权授让给社会资本，同时规定经营期限为 30 年，到期后社会资本方将项目无偿交回政府。从资金结构来看，股本金由政府与中选的社会资本按照一定比例进行分担，总的股本金不能低于项目投资额的 30%，在项目运营中的融资等开销由社会资本方支出，政府不再提供资金支持。社会资本提供的污水处理服务不直接由社会公众提供，由政府统一购买，购买资金来源于政府从接受污水处理的地区收缴的污水处理费。

3. 市场化机制设计

（1）定价机制设置

污水处理服务的调价通过调价公式来完成，在调价机制的具体运行过程中，要考虑到对污水处理费影响较大的因素，同时价格的变动要将各个因素对成本的影响综合起来进行考察。在污水处理项目运作过程中，污泥清理费、设备费及生产人员工资都会对项目成本产生较大影响。因此需要依据不同影响因素的重要程度，单独设定调价因子对污水处理费的价格进行周期性的调整。此外，对污水处理影响的其他因素也不能忽略，如折旧费、税费等，要综合起来设定为一个调价因子，减小调价公式的误差。

该项目的定价及调价机制不仅考虑了长期稳定因素产生的成本，同时考虑了短期的、临时性的成本，如借调的人员费用和设备费等，对借调的临时人员和公司固定成员设置不同的工资水平，对福利工资的设定也按照不同性质的员工做了具体规划，设置不同的调整系数，使该社会资本参与项目的调价公式更加科学合理。

(2)付费机制的设置

政府在结算污水处理费时是以基础水量为依据的。在处理设备运行过程中，实际发生的污水处理量可以高于或低于设定的基础水量。具体做法是：当企业的实际污水处理量低于设定的基础水量时，政府需要考虑到实际污水处理量与基础水量之间差值部分的成本，并在付费时以基础水量的处理费为依据，扣除这部分未发生的成本，这种做法使污水处理项目的付费更加精确。应该特别强调的是，该项目中引入了不足单价与超进单价。其一般根据国家公共设施建设的相关标准进行制定，同时要考虑污水处理费中利润与成本的比例，合理设置。

南京市政府需要与社会资本共同设置维修账户。在对大型设备的维护上，可能会产生项目公司为了节省开支而减少设备维修费用的风险。因此，政府需要对这一部分费用加强监管，通过与社会资本一起设置维修账户，可以有效规避这种风险，不仅保证了设备的有效运行，同时规避了项目公司的不正当行为。

(3)约束机制的设置

该污水处理项目的监管主体为政府相关部门，首先是项目所在地的区政府委派相关部门定期对污水处理的各项指标进行监控分析，判断其是否达到合同书约定的出水标准；其次是南京市政府委派市级相关监管部门，不定期对该污水处理厂的各种经济行为进行监管。从监管内容来看，主要包括污水处理厂的资金状况、盈利能力、污水处理水质及各项指标是否达到安全标准等。从项目的监管形式来看，主要包括三点，首先是根据订立的项目合同对整个项目的各个环节进行监控；其次是项目公司建立一套评估体系，政府定期对评估结果进行检查；最后是实施全民监督，实时披露各项指标，由社会公众发挥监督作用。

4. 实施效果

(1)改善南京市环境质量

有效及时的污水处理使周边河流的污染问题得到了进一步控制，有利于改善秦淮河等河流的水质问题；对污水管道的清理和维护工作，提高了污水排放效率，解决了局部管道的堵塞问题；引入社会资本参与南京市污水处理的市场化运作，加大了环境保护资金的投入；引入专业化的技术团队，有利于节省成本，提高南京市污水处理质量，改善居民生活环境。

(2)降低运行风险

南京市政府通过与社会资本进行多次实地考察,设计了科学的污水处理规模,保证了项目在建成之后生产能力与需求相匹配,避免了污水量过少,导致设备没有充分运行造成的固定成本浪费问题。通过对各种可能发生的风险的综合考量和应对措施的设计,降低了项目风险的发生。

(3)保障合理回报

该污水处理项目通过设置调价机制,使政府和社会资本双方的利益都得到了保证。调价机制是该污水处理项目的创新之一,避免了社会资本获得超额利润或社会资本经营不善的两种极端情况。在项目合同中,对污水处理费的调价条件做出了详细规定,以确保项目收益可以根据外部因素适当调整,使民生工程能够获得合理收益,从而有利于激发社会资本的参与热情。同时,通过提前锁定融资成本,也为政府节约了财政资金。

9.3　江苏省社会资本参与生态环境保护市场化机制的经验

江苏省社会资本参与生态环境保护市场化机制起步早,加之经济发展水平较高,使江苏省在建立社会资本参与生态环境保护市场化机制的建设方面形成了一系列可供其他地区借鉴的经验,主要包括以下几点。

(1)注重顶层设计

为了健全社会资本参与生态环境保护市场化机制相关制度和流程,江苏省政府配套国家政策法规出台了一系列指导意见,如《江苏省政府关于在公共服务领域推广政府和社会资本合作模式的实施意见》(苏政发〔2015〕101 号)等,江苏省财政厅在资金支持上也形成了一整套操作方案。具体到各市来看,根据当地生态环境保护商品的供给情况制定了符合各市的社会资本参与生态环境保护相关制度法规。截至 2016 年底,江苏省在社会资本参与生态环境保护市场化机制的制度构建上已经趋于完善,使社会资本参与生态环境保护项目的实施有章可循。

(2)坚持规范操作

在社会资本参与的生态环境保护项目的筹建及运营中,项目公司一直用高标准进行严格管控,对市场化机制进行深入分析,对每一个运营步骤都按照规范进行操作,从操作方案的制定、项目可行性评价分析、处理流程的复核等各个方面进行管控。项目运作中,政府部门对原材料的统一管理及政府与社会资本合作项目库的建立,有利于市场化机制的有效实现,也有利于防范社会资本的不规范行为,能够杜绝个别地区以市场化建设为由变现扩大地方政府债务。通过对市场化机制的规范操作,保证了试点项目的产权明确、分工合理、利益分配公平等。

(3)建立公平竞争机制

为了使社会资本对参与生态环境保护市场化的政策有一个全面的了解，江苏省政府通过新闻媒体、网络资源等对相关政策进行解读。项目推介会均邀请众多社会资本方的代表参加，将一些重点社会资本的信息收录到江苏省 PPP 信息平台系统。在项目招标阶段，对有意向的社会资本进行仔细审查，防止准入标准的设置不合理导致将部分资质良好的企业拒之门外的现象发生，平等对待有意向参与生态环境保护市场化的社会资本。

(4)创新推介方式

为了吸引各类优秀企业助力江苏省社会资本参与生态环境保护市场化机制的构建，江苏省政府牵头举办了多场项目推介会。从实践中总结经验，在推介方式上也进行了一定创新。江苏省充分利用网络媒体的优势，首次通过网络途径宣传江苏省 2016 年的社会资本参与生态环境保护试点项目。网络推介活动于 2016 年9 月举行，由中国江苏网和新华报业传媒集团的新闻手机客户端——"交汇点"联合推广，使广大社会资本方不仅能够从电脑端了解相关资讯，也能通过手机客户端了解详情。

此外，在江苏省社会资本参与生态环境保护市场化中仍然存在一些问题，如相关税收优惠政策不到位、市场化机制运行过程中不规范操作频发、中介咨询机构的服务有待提高等。江苏省政府应进一步完善相关配套政策，努力打造可复制推广的社会资本参与生态环境保护市场化机制模式。

第 10 章 陕西省社会资本参与生态环境保护市场化机制状况

本章以陕西省为例，在总体分析社会资本参与生态环境保护市场化机制基础上，选取典型项目进一步分析实施状况，厘清社会资本参与生态环境保护市场化运作过程中存在的问题，为促进西部地区社会资本参与生态环境保护市场化机制发展提供经验借鉴。

10.1 陕西省社会资本参与生态环境保护市场化机制现状

截至 2018 年 4 月，纳入陕西省的社会资本参与生态环境保护的项目共有 371 个，总投资金额为 19 288 030.8 万元，涉及污染物防治管理、生态环境保护建设、资源可持续发展三个领域。

（1）发展数量

陕西省社会资本参与生态环境保护市场化项目共有 371 个，其中，污染物防治管理有 224 个，占比为 60%；生态环境保护建设共有 126 个，占比为 34%；资源可持续发展有 21 个，占比为 6%（图 10-1）。

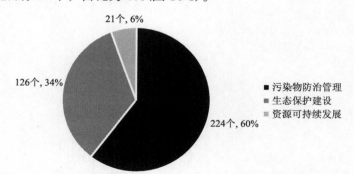

图 10-1　陕西省社会资本参与生态环境保护市场化项目数量规模

资料来源：陕西省发展和改革委员会 PPP 项目库

由以上数据可以看出，目前陕西省社会资本参与生态环境保护市场化项目主要集中在污染物防治管理和生态环境保护建设两个方面，总占比达到 94%，其中，污染物防治管理领域数量最多。

从陕西省各个地级市(区)的数据来看，渭南数量最多，除西安、咸阳、宝鸡和渭南外，其他地区的社会资本参与生态环境保护市场化项目数量还不多(图 10-2)。

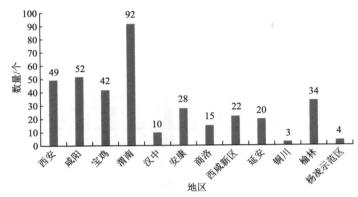

图 10-2　陕西省各地级市(区)社会资本参与生态环境保护市场化项目的数量规模
资料来源：陕西省发展和改革委员会 PPP 项目库

(2)投资规模

截至 2018 年 4 月，陕西省社会资本参与生态环境保护建设总投资金额为 19 288 030.8 万元，其中，污染物防治管理投资为 6 944 591.8 万元，占比为 36%；生态环境保护建设投资为 11 111 700 万元，占比为 58%；资源可持续发展投资为 1 231 739 万元，占比为 6%(图 10-3)。

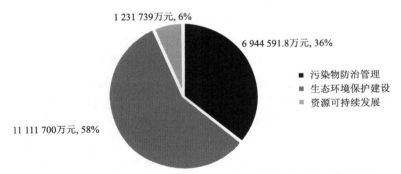

图 10-3　陕西省社会资本参与生态环境保护市场化项目投资规模
资料来源：陕西省发展和改革委员会 PPP 项目库

由以上数据可以看出，陕西省社会资本参与生态环境保护市场化项目中污染物防治管理的数量最多，但是由于生态环境保护建设的投资周期长、成本高，其投资金额最大。

由图 10-4 可以看出，陕西省社会资本参与生态环境保护建设投资的前三位分别是渭南、西安和咸阳，这也与其项目数量相对应。其中，渭南投资规模最大，已经突破 500 亿元。

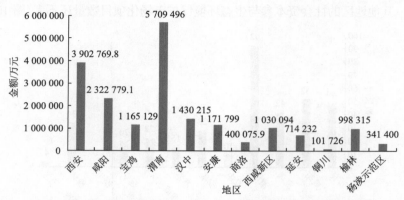

图 10-4　陕西省各地级市(区)社会资本参与生态环境保护投资规模

资料来源：陕西省发展和改革委员会 PPP 项目库

10.2　陕西省社会资本参与生态环境保护市场化项目

10.2.1　西安市浐河滨水生态景观建设项目

1. 项目概况

（1）项目简介

2016 年，西安浐灞生态区管理委员会为更好地推进浐河城市段生态及景观综合整治提升项目，丰富西安浐灞生态环境保护的内涵，采用政府与社会资本合作的方式建设"浐河滨水生态景观建设项目"，项目设计和建设围绕生态环境的整治提升，突出生态文明建设理念，改善区域生态环境，提升城市品位，为包括儿童在内的公众群体提供服务场所和设施。项目位于浐灞生态区南翼，北起南三环、南至西安绕城高速、西抵白龙池路、东临浐河西路。

（2）建设内容与规模

本项目建设内容为生态景观、道路广场、停车场及配套设施。项目设计和建设应围绕生态环境的整治提升，突出生态文明建设理念，改善区域生态环境，提升城市品位，为包括儿童在内的公众群体提供服务场所和设施。本项目总规划占地面积为 252 214.00m² (约合 378.32 亩①)，其中，陆地面积为 175 424.00m²，水系面积为 76 790.00m²。陆地面积中建筑物基底面积为 10 525.00m²，道路广场及停车场

---

① 1 亩≈666.67m²。

面积为 33 329.00m²,绿化面积为 131 570.00m²。总建筑面积为 27 000m²(表 10-1)。

表 10-1　项目建设内容与规模

序号	名称	面积/m²	比例/%	备注
1	占地面积(红线内)	252 214.00		约 378.32 亩
1.1	水系	76 790.00		
1.2	陆地	175 424.00		
其中	建筑物基底	10 525.00	6.0	管理建筑<2.0%,游览、休憩、服务、公用建筑<4.5%
	道路广场	28 939.00	16.5	
	停车场	4 390.00	2.5	
	绿化	131 570.00	75	
2	总建筑面积	27 000.00		

按照《西安城市总体规划》《浐灞生态区总体规划》的要求,结合规划用地的地形地貌特征,确定项目总体布局为六个功能区。

1)水系景观及水生植物展示区。水系景观及水生植物展示区位于项目区东北角,主要将原本长满绿萍的水道梳理调整,置石跌瀑,形成泉水小溪,并展示常见的水生植物。主要建设内容:东门、水生植物展示区。

2)五彩花田区。五彩花田位于项目区的西北角,所在地块高差较大,利用现有坡差进行四季大面积花卉种植,并在地势平坦地区建设儿童培训基地区。主要建设内容:五彩花田、宿舍、教学楼、食堂、礼堂、实验楼、运动馆等。

3)百香果园区。百香果园区位于项目区中部,呈带状分布,主要建设内容:永久建筑、果园、亲水台、雕塑等。

4)温室植物展示区。温室植物展示区位于湖心岛,四面临水,主要建设内容:温室植物展示区。

5)生态密林区(两块)。生态密林区分两个地块布置,分别位于项目区的西南角和东北角,主要建设内容:少儿交通安全培训园、各种游乐设施及丛林探险基地。

6)湿地植物区。湿地植物区位于项目的东南角,主要建设内容:湿地植物区。

(3)实施进度

本项目建设期为两年(2017~2018 年),分两个阶段实施。第一阶段为水体、硬化、绿化工程等生态环境治理阶段,即完成园区的基础设施及必要的配套设施的建设,保证第二年园区可以正常运营;第二阶段在不影响园区正常运营情况下完成其他建筑物的建设。

2. 运作方式

（1）合作主体

项目合作的政府方为西安浐灞生态区管理委员会，社会资本方为陕西沣美文化产业发展有限公司和陕西三鼎园林科技有限公司。作为政府方的西安浐灞生态区管理委员会在园区建设、管理方面积累了一些经验，有助于该项目的运作和管理。陕西沣美文化产业发展有限公司是陕西沣美文化产业集团（创立于 2001 年）的全资子公司，主要致力于城市人文与文化旅游发展研究。陕西三鼎园林科技有限公司为城市园林绿化二级资质企业、园林设计国家乙级资质企业，是一家致力于绿色环保事业，集园林景观设计、施工、苗木销售于一体的私营高科技工程公司。

（2）合作方式

本着利益共享、风险公担、长期合作的原则，本项目政府方、社会资本方适合采用设计-建设-经营-转让（design-build-operate-transfer，DBOT）的合作模式，即项目由社会资本方为本项目设立专门的项目公司，自主负责项目设计、投资、建设和经营维护（图 10-5）。

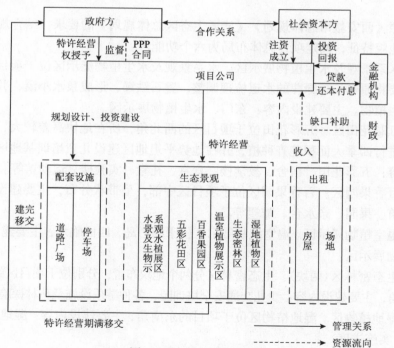

图 10-5　项目运作结构图

3. 市场化机制设计

（1）采取竞争性谈判方式对社会资本进行筛选

由于本项目投入成本较高并且能够为社会资本一方带来可观的收益，社会资本方选择多家社会资本进行协商，通过竞争谈判的方式选择合适的社会资本作为项目合作方并与之订立项目运行合同等。2017 年 5 月，西安浐灞生态区管理委员会聘请希格玛工程造价咨询有限公司以竞争性谈判的方式向社会公开募集项目合作社会资本。其中，参加招标的社会资本方需符合《中华人民共和国政府采购法》的相关规定，同时还要满足以下要求：①投资人为依法注册的独立法人实体；②投资人应具有与本项目投资相适应的资金保障能力及良好的财务状况和商业信誉；③投资人应具备建设行政主管部门核发的施工总承包相应资质；④投资人应具有符合国家规定的类似工程的施工经验和业绩。

2017 年 6 月 6 日在市政府采购网站上公布筛选结果，同时组织磋商小组对排在前四名的社会资本分别进行了多轮磋商，这四家分别为陕西沣美文化产业发展有限公司、陕西三鼎园林科技有限公司、陕西黎明置业有限公司、陕西华辰房地产开发有限责任公司。根据磋商小组结论最终选定陕西沣美文化产业发展有限公司和陕西三鼎园林科技有限公司为该项目的社会资本方。选择好项目投资主体是建立政府和社会资本合作机制的关键，采用竞争性谈判择优选取社会资本主体，体现了高效、经济、公平的特点。

(2) 投资回报机制

本项目收益回报方式是"资源补偿+可行性缺口补助"方式，即项目公司通过出租园区内的房屋和场地等方式取得收益，以补偿建设及运营成本、收回投资并获取合理回报，对资源补偿收入不足以补偿项目公司成本和取得合理回报的部分，政府给予可行性缺口补助。

1) 经营收入测算。收入主要来源于园区建筑物、广场、水系等出租收入，以及停车场收入及其他收入。第一，建筑物出租收入。首先，出租时间为运营期前 3 年，出租比例为建筑面积的 50%，第 4~8 年出租比例为建筑面积的 60%，第 9 年开始每年可出租面积按照 80%测算；其次，出租价格参照本项目现有周边建筑租金情况，运营期前 3 年可出租建筑租金暂定为 30 元/(m²·月)，以后每 5 年提高 10 元/(m²·月)，至 2037 年开始进入稳定期，租金按 70 元/(m²·月)测算。第二，广场出租收入。首先，可出租面积为：本项目道路广场面积为 28 939.00m²，可租面积按道路广场面积的 60%估算，即可租面积为 17 363.4m²。其次，出租比例：运营期前 4 年出租比例为可租面积的 20%，以后每 5 年出租比例提高 10%，至 2037 年开始出租比例每年为可租面积的 60%。最后，出租价格：参照项目区现有周边广场租金情况，运营期前 4 年租赁费暂定为 60 元/(m²·月)，第 5~9 年租赁单价为 80 元/(m²·月)，以后每 5 年增加 40 元/(m²·月)，至 2037 年开始进入稳定期，租金按 200 元/(m²·月)测算。第三，水系出租收入。运营期前 4 年水系收入暂定为 20 万元/a，第 5~9 年水系收入为 30 万元/a，第 10~19 年水系收入为 40 万元/a，第 20 年开始进入稳定期，水系收入按 50 万元/a 测算。第四，停车场收入。本项目停车场面积为 4390m^2，按 20m^2/车位估算，约有停车位 220 个。参照周边停车场收费标准，运营期第 1～9 年暂定为 2000 元/(车位·a)，第 10～19 年为 3000 元/(车位·a)，第 20～29 年按 4500 元/(车位·a)进行测算。第五，其他收入。其他收入主要包括广告费及观光车等收入。运营期前 4 年暂定为 20 万元/a，第 5～9 年其他收入按 40 万元/a，以后每 5 年增加 10 万元，至 2037 年开始进入稳定期，按 70 万元/a 测算。经测算，运营期 29 年，累计不含税营业收入为 41 538.14 万元。其测算分析结果见表 10-2。

表 10-2　财务测算分析结果

序号	项目	按年补助 400 万元测算	按年补助 440 万元测算	备注
1	经营收入/万元	41 538.14	41 538.14	包括园区建筑物、广场、水系等出租收入，以及停车场收入及广告费等收入
2	项目建设成本及项目运营成本、税费/万元	34 413.46	34 413.46	经营成本主要包括工资社保、能源动力、固定资产养护、其他税费等
3	项目结余/万元	7 124.68	7 124.68	
4	政府给予的可行性缺口补助/万元	11 600.00	12 760.00	
5	社会资本取得的投资回报总计/万元	18 724.68	19 884.68	
6	年投资利润率/%	5.14	5.45	年投资利润率=社会资本取得的投资回报总计÷建设投资÷经营期限
7	内涵报酬率/%	5.08	5.41	
8	静态投资回收期/年	17.79	17.24	包含建设期

注：项目结余=经营收入–项目建设成本及项目运营成本、税费
社会资本取得的投资回报总计=项目结余+政府给予的可行性缺口补助

2)成本费用测算。第一，工资福利费。本项目人力资源配置主要分为园林养护人员、保洁人员及管理人员三大部分，园林养护人员为 20 人，保洁人员为 20 人，管理人员为 3 人，共计 43 人。首年保洁人员工资为 1630 元/月，园林养护人员工资为 2500 元/月，管理人员工资为 4500 元/月。考虑物价上涨，以后每年按照 2%递增。第二，能源动力费。本项目年耗水量为 54 202.5m^3，年耗电量为 1 784 149.2kW·h。根据西安市标准，水费按 3.8 元/t，电费按 0.8531 元/(kW·h)估算，则每年能源动力费约为 172.80 万元(不含税)。第三，社会保险。按照员工工资总

额的 33.5%(其中，养老 20%，住房 5%，医保 7%，失业 1%，工伤生育 0.5%)测算。第四，固定资产养护费。固定资产养护费按固定资产原值的 2%进行测算。第五，其他费用。其他费用主要包括日常办公、差旅、招待等费用，按照不含税收入的 1%预计。第六，其他税费。其他税费包括房产税和防洪基金，房产税按照不含税房屋出租收入的 12%测算，防洪基金为不含税营业收入的 0.08%。第七，折旧。固定资产折旧按照平均年限法在运营期内计提。经测算，运营期 29 年，累计不含税成本费用为 34 105.90 万元。其测算分析结果见表 10-2。

3) 主要税金测算。第一，增值税。不动产租赁销项税按照 11%、服务业按照 6%测算；进项税按照各自对应的税率抵扣，建设投资按照 11%的税率进行进项税抵扣，运营期 29 年，累计应缴纳增值税为 2563.04 万元。第二，税金及附加。其包括城市维护建设税及教育费附加税，分别按照增值税的 7%和 5%测算，经测算，运营期 29 年，累计税金及附加为 307.56 万元。第三，所得税。按照应纳税所得额的 25%测算，运营期 29 年，累计应缴纳所得税为 2356.12 万元。其测算分析结果见表 10-2。

建立动态收益调节机制，当社会资本盈利收益远大于成本时，政府应通过调节机制对社会资本的收益进行调整，使其取得合理回报，在满足投资者获得合理回报的前提下，政府方有权参与超额收益部分的红利分配。

(3) 激励约束机制

为鼓励社会资本方投入更多的精力进行项目的经营管理，当项目的特许经营净收入高于计划特许经营净收入时，超出的金额全部属于社会资本方，政府方和其他各方均没有获取该收益的权利。同时政府方给予社会资本方在开发项目方面的一定的税收优惠政策，水系景观及水生植物展示区、五彩花田区等项目的特许经营权受法律保护。

政府方对社会资本方的监督主要有建设期监管和运营期监管两个部分。

1) 建设期监管。第一，政府相关部门有权对项目的施工质量、施工管理和资金使用等进行监督与检查；第二，政府相关部门若发现工程施工或所用材料等有严重缺陷或其他不符合官方批复要求(可研、施工图设计)时，应当通告社会资本方，社会资本方应当根据要求进行整改，直到整改结果审核通过为止，社会资本方应无条件服从；第三，为开展项目施工情况的相应监督和检查，社会资本方应按要求无偿为政府相关部门人员进出施工场地提供协助及必要的设备(包括临时的办公设备)；第四，政府方有权派代表对项目进行监督检查，但不得影响社会资本方的正常施工。

2) 运营期监管。项目运营阶段社会资本方会同行业主管部门并联合政府相关其他部门、项目实施主体对 PPP 项目进行中期评估，重点分析项目运行的规范性、适应性、合理性，科学评估风险，制定应对措施。

4. 实施效果

"浐河滨水生态景观建设项目"是西安浐灞生态区践行生态文明建设的重大生态工程,是西安建设国际化大都市坚持绿色发展的具体体现,也是"八水润西安"总体格局的重要组成部分。西安浐灞生态区以浐河、灞河为尝试和先导,在城市河流治理、生态环境改善等方面进行积极探索,从西安东部的"生态重灾区"转型为西安的"生态补偿区"。本项目建设充分体现了人与自然的完美和谐,不仅可以满足市民休闲娱乐的需要,也可以进一步提升浐灞生态区乃至西安市的整体形象。中标的社会资本享有排他性经营地位,这在一定程度上弥补了由制度缺失产生的长期投资信心的不足,创新了非自偿性或非经营性项目筹集资金的方法,能够缓解政府方资金不足的压力、提升项目实施效率和优化项目的内部管理结构,对加快生态环境等基础设施建设起到关键作用。它能够促进生态环境保护市场化机制的建设,有利于形成生态景区的可持续发展的创新模式。

10.2.2　延安市姚店污水处理厂项目

1. 项目概况

(1)项目简介

近年来延安市各个县区的经济发展取得了很大的进步,但随之而来的环境问题也越发突出。延河流域附近各乡镇都没有建立污水处理厂,居民生活所产出的污水和雨水直接排入延河,导致延河水体污染严重。延河流域由于污水处理设施不完善,截污治污能力较差,目前的污水处理能力无法与需求相匹配,延河水体污染是亟须解决的问题。为了满足城市污水处理和延河水体污染治理需求,依据城市总体规划和污水处理专项规划,市政府同意实施延安市姚店污水处理厂项目。

(2)建设内容与规模

根据本项目交易结构,项目公司承担的相关费用包括征地拆迁的项目前期费用和工程建设投资费用,工程建设主要内容包括污水收集与处理设施及配套管网建设,一期污水计划处理能力为 2.5 万 m^3/d,二期污水计划处理能力为 5 万 m^3/d。总投入金额为 20 422.19 万元,具体为征地费用 1497.75 万元、厂区建设 8948.37 万元、管网设施 9976.07 万元。

污水处理厂厂区主要包括生产区和辅助区设施两个部分,生产区的设施主要有沉砂池、粗(细)格栅、厌氧-缺氧-好氧(anaerobic-anoxic-oxic,A2O)反应池、配电间和消毒室等;辅助区设施具体包括办公楼、员工食堂及宿舍、供水间、供热间和传达室等。在预处理构筑物和深度处理构筑物上按照污水处理能力为 5 万 m^3/d 设计,而在生化反应池等构筑物上按污水处理能力为 2.5 万 m^3/d 设计,同时预留污水处理能力为 2.5 万 m^3/d 的设备基位。在厂区外从柳树店至姚店污水处理厂沿着延河铺设管网，铺设主管道总长度为 14 812m，直路总长度为 1214m，全线铺设各类检查井 276 座。

(3)实施进度

本项目已经完成地质勘查、土地预审、科研报告及批复、初步设计、环境评价、水土保持评价报告等工作。

2. 运作方式

(1)合作主体

延安市城市管理执法局作为本项目的实施机构，负责项目方案设计及社会资本的筛选等工作，并在项目建设和运营过程中代表政府对项目进行监管和绩效考核。项目建设的社会资本方为中节能水务发展有限公司，该公司是中国节能环保集团有限公司为获取水务市场份额、促进水污染治理发展而建立的下属公司。

(2)合作方式

本项目作为新建项目，具有融资属性，需要项目公司在项目合作期内负责姚店污水处理厂的投资、建设及污水运营维护，在项目运营结束之后，社会资本方需要将投资形成的资产或设施免费交给政府方；同时本项目范围内的污水收集设施由项目公司进行建设，竣工验收通过后交由政府方进行维护。本项目中污水处理厂和污水收集设施等主要建设内容实行统一打包运作，所以以 BOT 模式对本项目进行运作(图 10-6)。

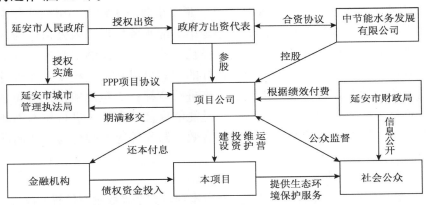

图 10-6　延安市姚店污水处理厂项目运作结构图

延安市人民政府委托延安市城市管理执法局作为本项目的执行单位，主要负责执行方案的编制、社会资本的筛选、PPP 项目协议和污水处理服务协议的签署、后续项目执行过程中的监督管理和绩效考核。

3. 机制设计

(1)通过公开招标方式选择社会资本主体

延安市姚店污水处理厂项目边界比较清晰、技术成熟且产出易于标准化，使用公开招标的方法选择社会资本比较合适。公开招标是应用最为普遍、较有利于竞争、程序较为透明的方法。本项目采用综合审核法对社会资本提交的投标资料进行审核，主要对社会资本的投标报价(即污水处理服务费单价、政府年补贴金额)、财务实力和项目业绩(净资产、单位业绩等)、技术方法(工程建设、工程建设管理、运营维护、移交等)、财务方案(投融资、经营收入、成本测算过程等)和法律方案分别设置相应的权重，采用综合评分的方法选择最优的社会资本。综合考虑总投入成本等因素，对本项目投标的社会资本必须符合下列要求：①在国内登记并注册的法人团体；②在 2014 年底，公司资本总额高于 15 亿元，净资产高于 6 亿元(或者等值外币)，且资产负债率不得高于 60%；③投标企业注册资本不低于 5 亿元；④拥有丰富的污水治理及水环境综合整治的经验，过往实施的项目污水处理能力累计应当超过 40 万 m^3/d，最近几年在国内至少经营一个污水处理能力超过 3 万 m^3/d 的污水治理项目；⑤拥有丰富的污水管网铺设及维护经验，并且参加过污水管网建设项目；⑥本项目不接受联合体投标。

在对参与竞标的社会资本资格进行初步审核后，共有三家社会资本满足要求，分别是北京碧水源科技股份有限公司、湖南首创投资有限责任公司、中节能水务发展有限公司。2016 年 8 月 1 日，延安市政府采购中心组织评标小组对满足要求的社会资本进行筛选，最终确定中节能水务发展有限公司作为该项目的社会资本方。采用公开招标的方式选择社会资本方，能够引起最大范围内的竞争，其优点主要有：一是采用公开招标的方式可以在最大程度上促进各社会资本的竞争，使其以自身能够承受的价格进行竞标；二是使项目公司能够以可接受的价格采购所需的各种原材料；三是能够促使社会资本进行技术创新，从而降低成本，提升运营效率；四是能够有效遏制作弊等不端行为，从而促进招标工作的公正。

(2)投资回报机制

污水处理厂缺乏使用者付费机制，所以本项目完全采取政府付费的模式。根据本项目回报机制的设计，污水处理管网及征地拆迁的投资通过政府按年等额支付补贴的方式收回并获得回报，污水处理管网建成后移交给政府方统一运营维护。

1)污水处理服务费。根据社会资本投标报价，视污水处理厂竣工决算额实际情况对初始污水处理服务费进行调整：第一，当最终审计决算价低于社会资本方投标文件中的污水处理厂近期工程投资估算价时，以社会资本方投标时所报的全投资内部收益率不变的原则，再次核算单位污水处理费用。第二，当政府方要求的工程变更导致厂区投资额提高时，以社会资本方投标时所报的全投资内部收益率不变的原则，另外核算单位污水处理费用。第三，其他由社会资本方导致的投资额高于其投标报价中投资额的，超出的部分由社会资本自行承担，不对初始污水处理服务费单价进行调整。第四，经政府方批准，投资人提出的工程变更使得污水处理厂区投资额合理降低时，政府方将与项目公司按照 1∶1 的比例分享，以分享后的投资额在社会资本投标所报的全投资内部收益率不变为原则，再次核算单位污水处理费用。暂定单位污水处理费用为 1.63 元/m³，收支的缺口部分由财政提供补助。政府方每个月按照当月应付的污水处理费用的 80%向项目公司付费。

2) 单位污水处理费用调整。单位污水处理费用在运营期间每 4 年进行一次价格调整，政府方根据社会资本提出的申请，委托专业的第三方机构或聘请相关专家进行中期评估，结合届时消费物价水平、项目收益率、运营维护成本、税收、服务供给流量等指标，重新评估确定社会资本的盈利能力和水平，对单位污水处理费用进行适当的调整。

在每个调价周期内人工、药剂、电耗等运营成本的一项或多项成本变动幅度超过 10%时，项目公司可以向延安市城市管理执法局申请启动临时调价程序，在本次调整价格 4 年之后再进行下一次调价。延安市城市管理执法局亦可在符合调价程序启动条件的情况下自行启动调价程序。

污水处理基本单价调价公式：

$$P_{4n} = P_{4(n-1)}K_n \tag{10-1}$$

式中，P_0 为初始单位污水处理费用；$4n$ 为价格开始调整的年份（每 4 年进行一次调整），$n=1, 2, 3, \cdots, 6$；P_{4n} 为运营期第 $4n$ 年起开始执行的单位污水处理费用；K_n 为调价系数，其表达式如下：

$$K_n = aE_{4n}/E_{4(n-1)} + bL_{4n}/L_{4(n-1)} + cCh_{4(n-1)}Ch_{4n-3}Ch_{4n-2}Ch_{4n-1} \\ + dT_{4n}/T_{4(n-1)} + eCPI_{4(n-1)}CPI_{4n-3}CPI_{4n-2}CPI_{4n-1} + f \tag{10-2}$$

式中，E_{4n} 为第 $4n$ 年污水处理厂实际适用的电度电价；$L_{4(n-1)}$ 为第 $4(n-1)$年由延安市统计局公布的当地在岗职工平均工资；Ch_{4n-1} 为第 $4n-1$ 年由国家统计局公布的全国工业生产者价格指数中的化工原料购进价格指数/100；T_{4n} 为第 $4n$ 年污水处理厂对应的企业应纳所得税税率；CPI_{4n-1} 为第 $4n-1$ 年由国家统计局发布的全国居民消费价格指数/100；$a\sim e$ 分别为电费占单位污水处理费用的比例、员工工资福利占单位污水处理费用的比例、化学品采购费用占单位污水处理费用的比例、企业缴纳的所得税占单位污水处理费用的比例、其他直接经营成本及利润占单位污水处理费用的比例；f为调整系数，$f=1-(a+b+c+d+e)$。

其中，上述 $a \sim f$ 的初始取值根据延安市姚店污水处理厂项目中标社会资本投标文件财务方案中关于初始单位污水处理费用的测算进行确定。

(3)项目激励约束机制

1)激励机制。本项目采取划拨方式将项目用地无偿提供给项目公司使用，项目建设及更新改造形成的资产均归项目公司所有。在风险分配方面，政府方主要承担法律法规的变更和无法满足需求量的风险，不能预见、不能避免及不能克服的客观风险由政府方同社会资本一起承担。

2)约束机制。为了保障项目的顺利实施，在建设和运行期间需要构建适当的约束机制。从延安市政府机构的设置和项目所涉及的审批监管部门来看，本项目中涉及行政监管的部门主要有以下三类：第一类是行业主管部门，即延安市城市管理执法局，延安市城市管理执法局为后续项目执行过程中监管的牵头主体；第二类是职能监管部门，主要涉及各级发改委、国土、住建、水利、环保、审计、税务等；第三类是一般监管部门，其关系紧密程度可能弱于职能监管部门，如电力、公安、工商等。除此之外，与项目公司有业务联系的其他机构，如金融机构、保险机构、设备供应商及监理机构等均通过相应合同的约定进行履约监管。本项目实行的监督管理机制的主要内容包括行政监管、履约监管和公众监督三个方面，涵盖污水处理厂运营的完整生命周期。

第一，行政监管。就本项目而言，前期阶段选定社会资本、规划、科学调研、立项、投资等一系列工作均需要行业主管部门、职能监管部门(规划、发改委、国土、审计、环保等)等单位进行审批，即政府方需要履行该项目的资格审查和投资监管的职责。

从建设阶段开始，行政审批减少，行政监管的重点有所转移，主要集中在公共安全、环境保护、价格及绩效等方面。

第二，履约监管。履约监管是基于延安市人民政府、延安市城市管理执法局与社会资本间的协议关系实现的。项目协议厘清了签约各方的权利义务边界，对政府授权、项目设施的建设运营、协议终止等关键环节，以及污水处理服务费、政府补贴、绩效评价、服务管理等重要事项均有约定。从项目各阶段来看，履约监管的重点内容在建设期主要是建设质量、工期和成本管理，在运营期主要是运营绩效。

第三，公众监督。在信息传播日益迅速、民众参与意识日益高涨的今天，发挥公众的监督作用越发重要。政府应该鼓励公众参与，以促进项目公司服务水平和管理水平的提升。项目公司也非单纯的公众监督的被动承受者，应主动建立一套有效的公众沟通机制。

4. 实施效果

延安市姚店污水处理厂项目的建成运营和顺利实施，将会有效地收集和处理延安市的污水，对改善延河水体和保护生态环境起着至关重要的作用，同时还能保护延安市自来水厂取水点的水质，进而提升延安市居民的生存环境质量，产生良好的环境效益、社会效益。污水处理还能使社会资本获取一定的收益，促进延安市环境保护产业的健康发展，对陕西省社会资本参与生态环境保护市场化机制建设也会起到示范带头作用。

10.3　陕西省社会资本参与生态环境保护市场化机制的经验

社会资本参与生态环境保护市场化机制的推进在缓解政府资金压力、规范市场等方面已经取得了明显的功效，对改善陕西省的投资机构做出了明显的贡献，有效地提高了陕西省整体的环境质量。

(1)设计合理的盈利模式

社会资本进行投资活动的主要目标是实现利润最大化。因此，能够获取稳定的收益是社会资本进行生态环境保护投资的重要基础。大多数生态环境保护项目不仅投资量巨大，而且回收周期较长，直接影响社会资本参与的积极性。为了保证社会资本参与生态环境保护市场化机制的顺利运行，陕西省为社会资本构建了有效的盈利模式。政府方主要通过转让收费权、可行性缺口补贴或者政府付费的方法予以社会资本一定的投资收益，同时创新性地提出了采用捆绑私人产品、配补收益来源、冠名公共产品、增值社会资本声誉等方式吸引社会资本进入生态环境保护市场。为了应对成本上涨，保障生态环境保护项目的运营质量，在特许经营期内，对社会资本的服务费在一定时间内根据运营维护期间的通货膨胀及利率情况调整一次，特殊情况下，根据政策法规的变化和市场情况进行适时调整。

(2)组建专业服务机构

一是建立咨询机构库。为促进陕西省社会资本参与生态环境保护市场化机制的高效有序运行，应当令第三方的专业组织参与进来，组建陕西省政府与社会资本合作咨询机构库，并通过专栏向各地区部门推荐，从而提升社会资本参与生态环境保护市场化的运行质量和效率。同时，政府与社会资本合作咨询机构库要根据具体实施状况进行实时更新和调整。二是建立专家库。目前各地在进行财政承受能力评估和资产价值评价过程中缺乏有关专家的指导，所以陕西省建立了由200位专家组成的政府与社会资本合作专家库，为各地区提供流程指导等服务。三是借助专业力量。通过政府采购程序，陕西省社会资本参与生态环境保护市场化工作选择专业的咨询公司提供咨询及技术服务，对需要帮助的地区提供建议和指导，并对相关人员进行培训，依靠专业化的团队增强对项目运行阶段的技术指导，有序推进社会资本参与生态环境保护市场化机制发展、加快项目开发建设。

（3）发挥财政引导作用

财政补贴政策是政府加大投入的一种方式。政府通过各种政策工具改善社会资本参与生态环境保护市场化机制的政策环境，从而为其发展创造便利条件。为了加快推进社会资本参与生态环境保护市场化机制的项目示范工作，陕西省专门制定了社会资本参与生态环境保护市场化机制示范项目奖补政策，以此激励和引导社会资本规范自己的行为，加快项目的实施进度。陕西省各地区也分别根据自身的具体情况出台了相关政策，铜川市、榆林市也发布了示范项目的奖补政策，宝鸡市发布了前期费用补助政策。

（4）合理分摊责任与风险

社会资本参与生态环境保护市场化机制是一个繁杂的运行体系，实施过程比较复杂。确立政府与社会资本之间的合作关系、合理公平地分配责任与风险，是社会资本参与生态环境保护市场化机制能够成功运行的关键。因此，陕西省在实施过程中合理调节各参与主体在项目实施过程中的风险，明确划分政府和社会资本的权利和责任。同时在项目策划阶段注重政府的作用，拟定周密的规划方案，妥善安排交易结构。在对各参与主体的利益提供保障的前提之下，合理分摊责任与风险，才能保证项目的顺利实施并取得良好的效果。

（5）构建完善的监督管理体系

健全和完善社会资本参与生态环境保护市场化机制监管体制，主要包括建立监管机构、加强社会监督和完善法律法规。一是强化环境质量的监督和执法力度，在主要污染地点进行及时在线监测，扩大环境质量监督管理的范围，严厉惩处环保违法行为，为社会资本参与生态环境保护市场化机制实施营造良好的市场环境。二是发挥行业协会的协调管理作用，通过协会制定的社会资本参与生态环境保护市场化规章制度，组织制定各类标准合同文本和规范性文件。三是联合审计、工商、环保等部门对社会资本进行监管，同时鼓励公众对社会资本进行监督，使社会资本能够履行合同，保障项目的顺利实施。

陕西省社会资本参与生态环境保护市场化机制建设已经取得了一定的成效，但是也存在如项目推进进程缓慢、政府部门对政策理解不彻底、项目融资困难等一系列问题，在以后的发展过程中需要及时解决。

参 考 文 献

安广峰. 2016. 近十年草原生态环境保护政策实施效果的调查与思考. 经济纵横, (11): 100-103.

安娜, 高乃云, 刘长娥. 2008. 中国湿地的退化原因、评价及保护. 生态学杂志, (5): 821-828.

白秀萍, 余涛, 颜国强. 2017. 国外森林权属制度改革现状与路径. 世界林业研究, 30(2): 1-7.

白永亮. 2012. 区域环保合作制度创新的路径选择:武汉城市圈环保合作研究. 科技进步与对策, 29(2): 49-54.

边振, 张克斌. 2010. 我国荒漠化评价研究综述. 中国水土保持科学, 8(1): 105-112.

蔡长昆. 2016. 制度环境、制度绩效与公共服务市场化: 一个分析框架. 管理世界, (4): 52-69, 80, 187-188.

陈都. 2016. 试论我国污水处理 PPP 项目绩效评价——以江苏省南京市 CDXL 污水处理项目为例. 财政监督, (16): 55-57.

陈健鹏, 李佐军. 2013. 中国大气污染治理形势与存在问题及若干政策建议. 发展研究, (10): 4-14.

陈珂, 曹天禹, 孙亚男, 等. 2013. 生态彩票与生态林业建设资金筹集:理论与实证. 中国人口·资源与环境, 23(11): 88-93.

陈青文. 2008. 环境保护市场化机制研究. 浙江树人大学学报(人文社会科学版), (6): 71-75.

程诚. 2017. 同伴社会资本与学业成就——基于随机分配自然实验的案例分析. 社会学研究, 32(6): 141-164, 245.

储成君, 王依, 王晓婷, 等. 2017. 环保产业的市场环境变化与制度建设思考. 环境保护, 45(9): 66-68.

崔昊哲. 2014. 民间资本进入自然垄断行业问题研究——以铁路、电力、石油天然气行业为例. 山东理工大学学报(社会科学版), 30(5): 24-28.

戴红坤. 2014. 环境污染治理投资效率的综合评价研究. 河北大学硕士学位论文.

邓远建, 张陈蕊, 袁浩. 2012. 生态资本运营机制:基于绿色发展的分析. 中国人口·资源与环境, 22(4): 19-24.

董丹辉. 2015. 社会资本视角下的家庭社会经济地位与大学生就业分析. 电子制作, (2): 290.

段帷帷. 2016. 印度环境法制发展研究. 云南大学学报(法学版), 29(5): 144-151.

樊胜岳, 赵丹华, 徐裕财. 2012. 市场化的生态环境补偿制度研究. 中国人口·资源与环境, 22(S1): 29-33.

范纯. 2011. 巴西环境保护法律机制评析. 北方法学, 5(2): 80-89.

范阳. 2013. 新《森林法》主要法规对巴西粮食生产和出口潜在影响分析. 南京农业大学硕士学位论文.

付金存, 龚军姣. 2016. 政府与社会资本合作视域下城市公用事业市场准入规制政策研究. 中央财经大学学报, (4): 28-34.

高吉喜, 范小杉, 李慧敏, 等. 2016. 生态资产资本化:要素构成·运营模式·政策需求. 环境科学研究, 29(3): 315-322.

高兴佑, 郭昀. 2010. 可持续发展观下的自然资源价格构成研究. 资源与产业, 12(2): 129-133.

顾新莲. 2013. 民间资本对区域经济发展的影响研究. 宏观经济管理, (8): 70-71.

韩冬, 韩立达, 何理, 等. 2017. 基于土地发展权和合作博弈的农村土地增值收益量化分配比例研究——来自川渝地区的样本分析. 中国土地科学, 31(11): 62-72.

何凌云, 祝婧然, 边丹册. 2013. 我国环保投资对环保产业发展的影响研究——基于全国和区域样本数据的经验分析. 软科学, 27(1): 37-41.

胡想全, 李元红. 2012. 干旱区荒山荒坡绿化灌溉技术适宜性评价. 节水灌溉, (12): 75-77.

胡振通, 柳荻, 靳乐山. 2016. 草原生态补偿:生态绩效、收入影响和政策满意度. 中国人口·资源与环境, 26(1): 165-176.

华章琳. 2016. 生态环境公共产品供给中的政府角色及其模式优化. 甘肃社会科学, (2): 251-255.

黄立新. 2016. 我国发展环保产业的必要性及对策建议. 新西部(理论版), (6): 51, 47.

黄文平. 2011. 城镇污水处理厂污泥环境监管对策研究——以江苏省为例. 环境科技, 24(5): 67-69.

回超, 胡继成. 2010. 城市建设中融资模式的选择. 金融教学与研究, (6): 73-74.

靳杭. 2017. 环保产业领域引入 PPP 投资模式探讨. 中国环保产业, (4): 21-24.

靳小翠. 2016. 市场化程度、企业社会责任与企业社会资本研究. 财会通讯, (7): 34-36.

景婉博. 2017. PPP 模式的日本经验及启示. 中国财政, (2): 66-67.

李宝娟, 王政, 王妍, 等. 2016. 我国环保产业的市场化发展及对策. 中国环保产业, (6): 36-41.

李宝林, 袁烨城, 高锡章, 等. 2014. 国家重点生态功能区生态环境保护面临的主要问题与对策. 环境保护, 42(12): 15-18.

李繁荣, 戎爱萍. 2016. 生态产品供给的 PPP 模式研究. 经济问题, (12): 11-16.

李树. 2014. 中国环保产业发展的投融资策略选择. 经济社会体制比较, (3): 60-69.

李为. 2015. 德国生态环境保护的观察与思考. 科学与管理, 35(2): 55-59.

李晓莉. 2012. 市场化改革背景下城市污水处理总成本的构成、影响因素及其优化. 特区经济, (10): 137-139.

李馨月, 高杰. 2010. 环保产品及其在哥伦比亚食品业的发展. 东方企业文化, (2): 71-72.

李赟萍. 2010. 环境公益保护视野下的巴西检察机构之环境司法. 法学评论, 28(3): 99-105.

林丽梅, 郑逸芳, 苏时鹏. 2015. 市场化改革前后城镇污水处理服务水平变动研究. 经济体制改革, (1): 74-79.

刘德海, 张成霞, 刘羽. 2011. 越南农村地区环境问题: 现状及解决措施. 东南亚纵横, (7): 80-83.

刘惠敏. 2012. 能源消耗、环保投资与生态足迹的灰色系统分析. 中国人口·资源与环境, 22(11): 157-164.

刘情. 2015. 民间资本参与 PPP 项目的问题与对策. 东方企业文化, (13): 300.

刘晓峰. 2011. 社会资本对中国环境治理绩效影响的实证分析. 中国人口·资源与环境, 21(3): 20-24.

刘岩. 2007. 德国《循环经济和废物处置法》对中国相关立法的启示. 环境科学与管理, (4): 25-28, 34.

刘震. 2013. 依靠政策 创新机制 积极引导民间资本参与水土流失治理. 中国水土保持, (11):
　　1-5.

卢丽文, 宋德勇, 李小帆. 2016. 长江经济带城市发展绿色效率研究. 中国人口·资源与环境,
　　26(6): 35-42.

陆晓春, 杜亚灵, 岳凯, 等. 2014 . 基于典型案例的 PPP 运作方式分析与选择——兼论我国推广
　　政府和社会资本合作的策略建议. 财政研究, (11): 14-17.

逯元堂, 陈鹏, 高军, 等. 2016. 中国环境保护基金构建思路探讨. 环境保护, 44(19): 27-30.

罗鹏. 2012. 我国环保投资的环境效应研究. 湖南大学硕士学位论文.

骆建华. 2014. 环境污染第三方治理的发展及完善建议. 环境保护, 42(20): 16-19.

吕连宏, 罗宏, 张型芳. 2015. 近期中国大气污染状况、防治政策及对能源消费的影响. 中国能
　　源, 37(8): 9-15.

马珩, 张俊, 叶紫怡. 2016. 环境规制、产权性质与企业环保投资. 干旱区资源与环境, 30(12):
　　47-52.

马连杰, 邓辉. 1999. 日本中小企业融资政策及其借鉴. 适用技术市场, (11): 36-38.

毛佩瑾, 徐正, 邓国胜. 2017. 不同类型社区社会组织对社会资本形成的影响. 城市问题, (4):
　　77-83.

孟春, 李晓慧, 张进锋. 2014.我国城市垃圾处理领域的 PPP 模式创新实践研究. 经济研究参考,
　　(38): 21-27, 53.

牛东旗. 2014. 城镇化下多元投资主体战略联盟动态博弈研究——帕累托有效协同视角. 经济
　　问题, (6): 20-24.

潘红, 马春生, 周洪英, 等.2010. 环境保护市场化的探索与研究之路. 科技资讯, (1): 165, 167.

庞洪涛, 薛晓飞, 翟丹丹, 等. 2017. 流域水环境综合治理 PPP 模式探究. 环境与可持续发展,
　　42(1): 77-80.

彭本红, 屠羽. 2017. 双重社会资本嵌入视角的雾霾治理机制研究. 软科学, 31(5): 75-79, 89.

仇颖. 2011. 引导民间资本进入民营中小企业融资领域之管见. 现代财经(天津财经大学学报),
　　31(6): 71-80.

祁毓, 卢洪友, 吕翅怡. 2015. 社会资本、制度环境与环境治理绩效——来自中国地级及以上城
　　市的经验证据. 中国人口·资源与环境, 25(12): 45-52.

史晓燕, 邹新, 李铭书, 等. 2015. 江西省环境保护产品发展现状分析. 环境与可持续发展,
　　40(4): 187-190.

宋健, 刘艳. 2016. 社会资本的思想渊源及理论发展. 经济研究参考, (12): 35-41.

宋瑞祥. 1999. 我国环境保护市场化问题的思考. 环境保护, (8): 3-5.

汤明, 裴劲松. 2013. 中国环保产业发展及投资问题研究. 北京: 北京交通大学出版社.

万林葳. 2012. 生态文明理念下企业环保投资博弈分析与建议. 甘肃社会科学, (1): 242-244.

汪霄, 李曼. 2013. 民间资本参与废弃矿山治理与开发的研究. 矿业研究与开发, 33(5): 125-128.

王金南, 龙凤, 葛察忠, 等. 2014. 排污费标准调整与排污收费制度改革方向. 环境保护, 42(19):
　　37-39.

王岭. 2014. 城镇化进程中民间资本进入城市公用事业的负面效应与监管政策. 经济学家, (2):
　　103-104.

王楠, 闫如玉. 2015. 城市生活垃圾收费制度国际经验与政策启示. 国际经济合作, (8): 59-63.

王韶华, 苏颖, 李贵宝. 2007. 中国环境保护法与俄罗斯联邦环境保护法的对比.环境科学与管理, (1): 21-24.

王瑶. 2017. PPP 项目核心利益相关者的利益分配研究. 全国流通经济, (4): 108-109.

王译. 2012. 利用民间资本建设高速公路的思考. 现代经济探讨, (5): 35-39.

王友明. 2014. 巴西环境治理模式及对中国的启示. 当代世界, (9): 58-61.

王岳龙. 2017. 系统视角下社会资本的定义、类型与创造. 经济论坛, (1): 134-140.

辛璐, 逯元堂, 李扬飏, 等. 2015. 环境保护市场化推进实践与思考. 环境保护科学, 41(1): 26-30.

徐嘉伟, 郑学林. 2015. 海洋环境污染现状分析. 绿色科技, (3): 208-209.

徐进才, 徐艳红, 庞欣超, 等. 2017. 基于"贡献—风险"的农地征收转用土地增值收益分配研究——以内蒙古和林格尔县为例. 中国土地科学, 31(3): 28-35.

徐宁, 徐向艺. 2012. 控制权激励双重性与技术创新动态能力——基于高科技上市公司面板数据的实证分析. 中国工业经济, (10): 109-121.

徐顺青, 逯元堂, 陈鹏, 等. 2013. 民间资本投资环保项目创新模式分析. 中国人口·资源与环境, 23(S2): 251-254.

徐孝明. 2017. 美国能源安全与布什政府的能源立法. 能源与环境, (5): 32-33, 36.

徐业傲. 2014. 环保投资对中国工业废气减排影响研究. 浙江理工大学硕士学位论文.

薛涛. 2014. 我国垃圾处理领域 PPP 发展及其改革方向探讨. 环境保护, 42(19): 29-31.

严成樑, 龚六堂. 2014. 基础设施投资应向民间资本开放吗? 经济科学, (6): 41-52.

晏红杏, 何蒲明. 2017. 如何引导和鼓励社会资本投向新农村建设. 农业经济, (1): 96-98.

杨冬民, 李永卓. 2016. 社会资本视角陕西生态环境保护绩效评价研究. 环境科学与技术, 39(7): 200-204.

杨美丽, 刘庆, 赵庚星. 2014. 山东省环保性投资运行效率实证研究. 山东农业大学学报(社会科学版), 16(4): 66-72.

叶静怡, 周晔馨. 2010. 社会资本转换与农民工收入——来自北京农民工调查的证据. 管理世界, (10): 34-46.

叶晓甦, 吴书霞, 单雪芹. 2010. 我国 PPP 项目合作中的利益关系及分配方式研究. 科技进步与对策, 27(19): 36-39.

尹希果, 陈刚, 付翔. 2005. 环保投资运行效率的评价与实证研究. 当代财经, (7): 89-92.

于少青, 王芳. 2017. 环保众筹模式下社会资本参与环境治理研究. 改革与战略, 33(3): 38-41.

俞会新, 林晓彤. 2018. 京津冀环境污染治理投资效率及其影响因素研究. 工业技术经济, 37(5): 136-144.

虞慧怡, 许志华, 曾贤刚, 等. 2016. 社会资本对环境政策的影响研究进展. 软科学, 30(1): 22-25.

苑德宇. 2013. 民间资本参与是否增进了中国城市基础设施绩效. 统计研究, 30(2): 23-31.

张丽, 杨增亮. 2014. 社会资本视角下我国环保市场的激励机制研究. 企业改革与管理, (17): 18, 74.

张平. 2015. 地方基础设施建设引入公私合作模式的困境及突破路径. 经济纵横, (4):69-72.

张耀启. 1997. 森林生态效益经济补偿问题初探. 林业经济, (2): 70-76.

张英, 成杰民, 王晓凤, 等. 2016. 生态产品市场化实现路径及二元价格体系. 中国人口·资源与环境, (3): 171-176.

赵丽. 2017. 河北省环保投资运行效率实证分析. 长春工业大学硕士学位论文.

赵雪雁. 2010. 社会资本与经济增长及环境影响的关系研究. 中国人口·资源与环境, 20(2): 68-73.

郑秉文. 1993. 试论外国政府对公共产品供给的介入方式. 中国社会科学院研究生院学报, (5): 55-60.

周海炜, 郑莹, 姜骞. 2013. 黑龙江流域跨境水污染防治的多层合作机制研究. 中国人口·资源与环境, 23(9): 121-127.

朱建华, 逯元堂, 吴舜泽. 2013. 中国与欧盟环境保护投资统计的比较研究. 环境污染与防治, 35(3): 105-110.

邹萍. 2011. 论印度环境公益诉讼的特点. 商品与质量, (S5): 35.

Agampodi T C, Agampodi S B, Glozier N, et al. 2015. Measurement of social capital in relation to health in low and middle income countries (LMIC): a systematic review.Social Science & Medicine, (128): 95-104.

Baumol W J, Oates W E. 1988. The Theory of Environmental Policy. Cambridge: Cambridge University Press.

Blackman A. 2008. Can voluntary environmental regulation work in developing countries? Lessons from case studies. Policy Studies Journal, 36(1): 119-141.

Boulding K E. 1966. The economics of the coming spaceship earth. Environmental Quality Issues in a Growing Economy, 58(4): 947-957.

Busse M R, Keohane N O. 2007. Market effects of environmental regulation: coal, railroads, and the 1990 clean air act. The Rand Journal of Economics, (38): 1159-1179.

Buzinkayová M. 2011. Opportunities for PPP in culture. Studia Commercialia Bratislavensia, 4(14): 171-181.

Caplan A J, Silva E C D. 2010. An efficient mechanism to control correlated externalities: redistributive transfers and the coexistence of regional and global pollution perkmit markets. Journal of Environmental Economics and Management, 49(1): 68-82.

Chavez C A, Stranlund J K. 2003. Enforcing transferable permit systems in the presence of market power. Environment and Resource Economics, 25(1): 65-78.

Clayton G, Strategic N. 1994. Environmental assessment of urban underground infrastructure development policies.Tunnelling and Underground Space Technology Incorporating Trenchless Technology Research, 46-49.

Coase R H. 1960. The problem of social cost.Journal of Law and Economics, 3(1): 1-44.

Coleman J S. 1988. Social capital in the creation of human capital. American Journal of Sociology, (94): S95-S120.

Colman W G. 1989. State And Local Government And Public-private Partnerships. New York: Colman Greenwood Press.

Davis J L, Le B, Coy A E. 2011. Building a model of commitment to the natural environment to predict ecological behavior and willingness to sacrifice. Journal of Environmental Psychology, 31(3): 257-265.

Durlauf S N, Aghion P. 2005. Handbook of Economic Growth Volume1B. Amsterdam: Elsevier Science Ltd: 1639-1699.

Erdogan B, Bauer T N, Taylor S. 2015. Management commitment to the ecological environment and employees: implications for employee attitudes and citizenship behaviors. Human Relations, 68(11): 1669-1691.

Esman M J, Uphoff N T. 1984. Intermediaries In Rural Development. Cornell: Cornell University Press.

Forsman A K, Nyqvist F, Schierenbeck I, et al. 2012. Structural and cognitive social capital and depression among older adults in two Nordic regions. Aging and Mental Health, 16(6): 771-779.

Germond B, Germond-Duret C. 2016. Ocean governance and maritime security in a placeful environment: the case of the European Union. Marine Policy, (66): 124-131.

Glaeser E L, Laibson D I, Scheinkman J A, et al. 2000. Measuring trust.Quarter Journal of Economics, 115: 811-864.

Ha S K. 2010. Housing, social capital and community development in Seoul. Cities, 27(s1): 35-42.

Herian M N, Tay L, Hamm J A, et al. 2014. Social capital, ideology, and health in the United States . Social Science & Medicine, (105): 30-37.

Hotelling H. 1931. The Economics of Exhaustible Resources. The Journal of Political Economy, 39(2): 137-175.

Iyer S, Kitson M, Toh B. 2005. Social capital, economic growth and regional development. Regional Studies, 39(8):1015-1040.

Jenkins R. 2012. Municipal demand for solid waster disposal services: the impact of user fees. phD. Dissertation. Department of Economics, University of Maryland, (2): 263-272.

Koppen B V. 2013. Water reform in Sub-Saharan Africa: what is the difference? Physics and Chemistry of the Earth, 28(20-27): 1047-1053.

Li B, Akintoye A, Edwards P J, et al. 2008. The allocation of risk in PPP/PFI construction projects in the UK. International Journal of Project Management, 23(1): 25-35.

Matthews R L, Marzec P E. 2012. Social capital, a theory for operations management: a systematic review of the evidence. International Journal of Production Research, 50(24): 7081-7099.

Merlo M, Briales E R. 2011. Public goods and externalities linked to mediterranean forests:economic nature and policy. Land Use Policy, 17(3): 197-208.

Miranda M L, Aldy J E. 2008. Unit pricing of residential municipal solid waste: lessons from nine case study communities. Journal of Environmental Management, 52(1): 79-93.

Mulder E, Jong T P R D, Feenstra L. 2007. Closed cycle construction: an integrated process for the separation and reuse of C&D waste. Waste Management, 27(10): 1408-1415.

Murray S F, Akoum M S, Storeng K T. 2012. Capitals diminished, denied, mustered and deployed. A qualitative longitudinal study of women's four year trajectories after acute health crisis, Burkina Faso. Social Science & Medicine, 75(12): 2455-2462.

Nyqvist F, Forsman A K, Cattan G G M. 2013. Social capital as a resource for mental well-being in older people: a systematic review. Aging & Mental Health, 17(4): 394-410.

Ostrom E.1999. Social capital: a fad or a fundamental concept//Dasgupta P, Serageldin I. Social Capital: A Multifaceted Perspective.Washington D C: The World Bank: 172-214.

Peiró-Palomino J, Tortosa-Ausina E. 2015. Social capital, investment and economic growth: some evidence for spanish provinces. Spatial Economic Analysis, 10(1): 102-126.

Picazo-Tadeo A J, Sáez-Fernández F J, González-Gómez F. 2008. Does service quality matter in measuring the performance of water utilities. Utilities Policy, (16): 30-38.

Pigou A C. 1920. The Economic of Welfare. London: Macmillan.

Putnam R. 1993. Marking Democracy Work Civie Traditions in Modern Italy. Princeton: Princeton University Press.

Putnam R. 2000.Bowling Alone: The Collapse and Revival of American Community. New York: Simon & Schuster.

Samuelson P A. 1954. The pure theory of public expenditure. The Review of Economics and Statistics, 36(4): 387-389.

Smith E, Umans T, Thomasson A. 2017. Stages of PPP and principal–agent conflicts: the Swedish water and sewerage sector. Public Performance & Management Review, 41(1): 100-129.

Smythe T C. 2017. Marine spatial planning as a tool for regional ocean governance? An analysis of the New England ocean planning network. Ocean & Coastal Management, (135): 11-24.

Sven W. 2005. Payments for environmental services: some nuts and bolts. CIFOR Occasional Paper, (42).

Swieczko-Zurek B. 2012. The influence of biological environment on the appearance of silver-coated implants. Advances in Materials Sciences, 12(2): 45-50.

Tanka Y. 2004. Zonal and integrated management approaches to ocean governance: reflections on a dual approach in international law of the sea. International Journal of Marine & Coastal La, 19(4): 483-514.

Waldstrom C, Svendsen G L H. 2008. On the capitalization and cultivation of social capital: towards a neo-capital general science. The Journal of Socio-Economics, (37): 1495-1514.

Wang J Y, Touran A, Christoforou C, et al. 2014. A systems analysis tool for construction and demolition wastes management. Waste Management, 24(10): 989-997.

Woodwell G M. 2000. Regulation, not private enterprise, is the key to a healthy environment. Nature, 405 (6787): 613.

Wright G. 2015. Marine governance in an industrialised ocean: a case study of the emerging marine renewable energy industry. Marine Policy, (52): 77-84.

后　记

　　本书的出版得到了西安理工大学陕西城市战略研究院、西京学院、西安理工大学经济与管理学院等部门的大力支持。这些单位及其领导的大力支持，使本书得以顺利出版。我衷心地祝愿这些相关部门和学科发展蒸蒸日上，事业不断繁荣光大。在此特别感谢西京学院任芳教授、西安理工大学科研处薛伟贤教授、西安理工大学经济与管理学院胡海青教授等，在本书的出版过程中给予我多方面的鼓励和支持。

　　另外，本书能顺利出版，与科学出版社领导和编审专家的充分肯定密切相关。特别在出版过程中，从最初的选题申报，到出版方案落实和审稿校对，再到最后终审定稿，作为本书责任编辑的徐倩老师从方方面面都付出了极其艰辛的劳动。在此，对科学出版社领导和编审的充分肯定及编辑所付出的劳动，我也表示衷心的感谢，感谢他们热忱的合作精神和不辞劳苦的牺牲精神。

　　最后，也要衷心感谢我的家人在书稿整理和出版过程中给予了我精神上极大的安慰和支持。因为有你们无私的奉献，我才能全身心地投入工作，本书能够如此快地与读者见面也有你们一大半的功劳。

杨冬民

2019 年 9 月于西安